これだけは知っておきたい
機械屋の確率論

慶應義塾大学名誉教授
工 学 博 士
下 郷 太 郎 著

養 賢 堂

まえがき

　筆者は機械工学を看板としており，特に振動や衝撃のような動力学的現象をどう解析するか，どう制御するかを業とする者であるが，中でも不規則な現象，たとえば乱気流の中を飛ぶ航空機，荒波を蹴って進む船舶には，どのような負荷がかかるのか，どのようにすればそれに耐えられるのかという問題に興味をもっていた．

　もともと機械の機は物事の起こるきっかけを意味し，械は戒めを意味しているから，機械はいつも決められた仕事をするように制御されたシステムであり，どんなに不規則な現象であっても，工学的にはそれを規則的なものとして問題を解決するわけである．一方，どんなに規則的な現象であっても，超精密な運動を実現するにはそこに現われる不規則な揺らぎを無視することはできないわけである．

　不規則な現象と見なすかどうかは工学の問題であって，確率論の問題ではない．確率論の歴史と工学の歴史がクロスし出したのは今から100年くらい前である．その先駆は物理や生物の分野であり，通信の分野であったが，機械の分野では，それが自然物との接点で運用されるようになってからのことである．機械が人工物であり，その運用環境も人工物，たとえば建屋の中である限り，予め決められた挙動しかしない退屈な存在ですんだのである．土木建造物は人工物であっても，古来常に風雨，地震，雷など自然界に曝されてきたが，土木建築の分野に確率論が顔を出したのは機械の分野よりもあとのはずである．造船の歴史も古いが土木建築と同じである．航空機の出現によって確率論が設計の中に現われてきたのである．それはなぜか．それほどに航空機は傷つきやすい（vulnerable）ともいえるが，地震などに比べれば，その環境が確率論に乗りやすいわけである．つまり乱気流などには等出現性（equal likelihood）が成り立つと考えられるからである．

　技術者にとって確率論は力学と同じように一つの独立した基礎的学問であるという考え方がある．力学計算をしなくても自動車一台を設計できる人がいることは事実だが，これは経験を通じて計算結果が身に付いているからであり，

[2]

　確率論を使うときも同様である．しかし確率論の多くのテキストは数学者の視点で書かれており，それは実際の機械を一度も設計した経験をもたない力学者が書いた力学書と同じである．公理や法則が厳密に表現されているが，技術者がそれを読んでも実際との関連がつかない．公理が技術的課題にどうように適用されるかを豊富な事例を用いて示されなければならない．それは日本語を外国人に教授するときと同じで，詳細な文法だけを教えようとするのは素人教授であって，どれだけ豊富な文例を使うことができるかが，玄人と素人の違いの証となる．

　本書は，1969年11月から1972年4月まで「機械の研究」（養賢堂）に連載された「ランダム振動入門」を下敷きにして，早稲田大学，慶應義塾大学，東京大学等の大学院において講述した「確率論応用」「不規則振動論」等の内容を加味したものである．特に早稲田大学では1965年から1999年までの35年間に亘って講義を担当し，多くの学生からの反響を参考にすることができた．また，筆者は1980年以降，中国の上海交通大学，東北大学（瀋陽），電子科技大学（成都）等多くの中国の大学において「不規則振動」の講義を担当してきた．本書は技術者の視点で書かれた確率論であるが，本書において意図した点の一つは，理系，文系を問わず初心者に解りやすく記述したことであり，本書によってさらに深い学習意欲をもてれば幸いである．したがって本書は，教科書，参考書，専門書，実務書というよりも，ランダム現象に多少でも興味をもつ人々のための教養書であり，たとえば統計的データ処理法や実験計画法などの実務的な手法についての解説は割愛した．

　本書は「機械の研究」の連載講座の反響に合わせて，30年前に出版されるはずであったが，筆者の都合で出版に至らず，養賢堂には大変なご迷惑をかけた．それにもかかわらず，今回本書の出版を快く引き受けてくださった及川　清社長には深く感謝する次第である．また編集に際しては，養賢堂の関係者に大変なお世話になった．ここに感謝申し上げる次第である．

　2003年9月

下郷　太郎

目 次

I. 当たるも八卦，当たらぬも八卦 ——確率の話
  1. ランダム現象とは ……………………………………………… 1
  2. 標本空間と確率 ………………………………………………… 7
  3. 条件つき確率 …………………………………………………… 17
  4. 確率変数 ………………………………………………………… 26

II. なぜ正規分布なのか ——ばらばら因子の無限集団
  5. 最大値と最小値の分布 ………………………………………… 35
  6. 統計的パラメータと母関数 …………………………………… 40
  7. 二項分布とポアソン分布 ……………………………………… 51
  8. 正規分布 ………………………………………………………… 59

III. 乱気流でどれだけ揺れるか ——ダイナミックスと確率
  9. 標本関数と確率過程 …………………………………………… 65
  10. スペクトル密度と相関関数 ………………………………… 71
  11. 線形システム ………………………………………………… 82
  12. 非線形システムの線形化近似 ……………………………… 97

IV. 粒子はどこまで散らばるか ——酔歩と拡散
  13. マルコフ連鎖と推移確率 …………………………………… 103
  14. 酔歩モデルと拡散過程 ……………………………………… 111

V. 平均値は安定か ——モーメント方程式
  15. コルモゴロフ方程式 ………………………………………… 118
  16. 確率微分方程式 ……………………………………………… 125
  17. モーメント方程式 …………………………………………… 133

VI. どれだけ混むか ——出生死滅と待ち行列
  18. 出生死滅過程 ………………………………………………… 141
  19. 待ち行列過程 ………………………………………………… 150

VII. 突発事故か劣化事故か ——信頼性設計
  20. 初通過問題と極値分布 ……………………………………… 157
  21. 負荷・強度モデル …………………………………………… 170

[4]

22. 信頼性設計 ··· 181

Ⅷ. チャンスはいつ来るか ——最適購入計画

23. 最適購入計画 ·· 192

文　献 ·· 199
索　引 ·· 201

1. ランダム現象とは

　くじびき，お天気，株価，人の寿命，車の揺れ，突風，地震，ノイズなどを，なぜランダム現象と考えるのか．このような現象はどのような方法で扱えばよいのか．宝くじの当選確率は先験的にわかるが，お天気の確率は経験的にしかわからない．一方，主観確率の心理的根拠はなんだろう．さらに学問としての確率論はどうして成り立つのか．　遺伝的な情報が入手できるようになると，生命保険は偶然をその基盤とすることがむずかしくなるだろうといわれている．相手のカードがすべてわかってしまうギャンブラーを相手にトランプをする人はいないように，保険業は成り立たなくなる．科学や技術が発達すると，今まで偶然と思っていたことが，必然ということになり，遺伝子に手を加えることによって寿命を任意に設定できるようになるかもしれない．しかし遺伝学者の言を借りると，このような操作による影響は，われわれの気がつかないところで起きている進化上の変化に比べれば，とるに足らない小さな影響でしかないともいわれている．未来のことはやはり不確実であり，蓮如上人の白骨の文「朝（あした）には紅顔ありタベには白骨となれる身なり・・・」はまだ生きているようである．　なぜ未来は不確実なのか．それは遺伝子の問題に限らず，あまりにも雑多な，数えきれないほど多くの要因によって未来の出来事が決まるからである．地震の発生やお天気の変化など，自然界にはランダムといわれる現象が多い．寸法を測ったり，ものを作ったりするときも必ず不確実なばらつきが生じる．株価の変動も不確実に見えるが，これは人為的な操作が入るから，自然界の現象のようにランダムとはいえないかもしれない．金融工学ではこれも不確実なものとして扱っているが，すこし無理があるようだ．原子力発電所の耐震基準は過去の大地震を参考にして決めているわけであるが，参考にした過去の大地震よりもさらに大きい地震に遭遇すれば，基準を改定しなければならない．そこでどのくらい過去に遡って考えておけばよいかという問題に

直面する．最大値というものはより長い期間を考えればより大きくなることが証明されている（第5章）．より大きな地震が発生する確率は低いにもかかわらず，これを想定すればそれだけ建設費は高くなる．そこで地震の被害によって被る損失とそれを防止するために要する費用とを比較して，経済的に平衡する条件で基準をきめればよいという考え方が出てくる．しかしこの大地震発生確率の推定とそれによる被害の推定が容易でないのが実情である．もう一つの考え方は，われわれ人類が関心をもっている年限がたとえば100年とすれば，この100年の間に起きると考えられる最大地震に対して耐震基準を考える．それには人類の文化遺産をどのくらい長期間にわたって保持したいかという問題に答えなければならない．

　地球の温暖化を防ぐために温室効果ガスの排出を削減するという問題があるが，これも未来に備える問題である．未来は不確実であるが，われわれはそれに備えなければならない．しかし未来がまったくの暗やみであれば，備えようがない．すこし見えるわけである．人類の破滅と文明の崩壊に関する意識調査によると，われわれはせいぜい100年後までのことしか考えていないらしい．つまり100年後まではすこし見えるらしい．20世紀初頭（明治34年）に100年後の科学技術を予測した話があるが，今日のほとんどの先端技術が，当時予測したとおりになっているのは驚くべきことである．予測に参加した人々が新聞記者のような素人で，彼らは一般大衆が抱いている願望や夢を述べたに過ぎなかった．未来は不確実であっても，未来はこうあってほしいという願望ないしは欲求が強ければ，それが実現するらしい．専門家が予測していたら外れていたに違いない．

　宝くじを買うとき，もしかすれば当たるぞと思う．頭で考えた当たりの確率は本当の確率よりも高くなる．われわれはなんでも都合がよいように解釈する癖があって，自分の行動を心理的に合理化してしまうわけである．しかしこれは一つの錯覚であって，当たりの確率を高めるような客観的な効果はない．こうした錯覚はその人の頭の中に貯えられた知識や経験によって大きく左右される．知識の中身に応じて，外界についてのいろいろな状況モデルが頭の中に作り上げられていて，外界から刺激を受けると，その一つの状況モデルが引き出される．引き出された状況モデルは，外界の事物と必ずしも一致していないわ

けである．くじに当たるという状況モデルが頭の中にあれば，たとえ当たりの確率が低いくじであっても，当たると錯覚してしまう．

　英語で"possibly"というと確率は20％だそうで，かなり危ういわけだが，"perhaps"というと30～40％，"maybe"で40～50％，"likely"で60～70％，"probably"では70～80％とだんだん確かになって，"presumably"といえば80％以上，"certainly"といえば90％以上の確率でOKという話になるそうである（"Asahi Weekly"より）．これなどは主観確率の典型的な表現といえる．日本語では，「ことによると」「もしかすると」といえば確率50％以下の話である．「もっともらしい」「ありそうな」といえば60～70％，「多分」「十中八九は」といえば文字通り80～90％，「きっと」「確かに」「間違いなく」といえば90％以上の話といえるが，それでも100％確実などという言葉は見当たらない．

　さて，不確実な未来はどのように扱えばよいか．色々な出来事が生起する確率を調べる方法としては，大きく分けて2通りある．一つはトランプのカードを引くときのように，結果が何通りかあって（トランプでは52通り，一般にn通りとしよう），しかもそれぞれの結果が出るチャンスが等しい（特定のカードが出やすいなどということがない）場合である．これらの結果からm個を指定して（たとえば13枚のハート），ある実験の結果（抜き取られたカード）がそのm個の中の一つであるという事象をE（ハートが出るという事象）としよう．このとき事象Eの確率は，

$$P(E) = m/n = 13/52 = 1/4 = 0.25 \quad\cdots\cdots\cdots\cdots\cdots\cdots (1.1)$$

として与えられる．簡単にいえば，ハートが出る確率は25％である．このときの大事な前提は，nが有限で，それぞれの結果が出るチャンスが等しいことである．このことを**等出現性**（equal likelihood）が成り立つという．このような**確率**（probability）は実験をしなくてもわかるから，**先験的確率**（a priori probability）または**数学的確率**（mathematical probability）という．等出現性が成り立つとはどういうことか，実験的観察によって調べてみよう．たとえば，52枚のカードから無作為に1枚のカードを抜き取る．このような抜き取りをn回繰り返して，クイーンが出た回数がm回あったとすれば，その相対的度数m/nは，nを大きくしていくと，限りなく4/52に近づく．すなわち

$$\lim_{n\to\infty} m/n = 4/52.$$

これは 52 枚のカードのどれも出るチャンスが等しいからである．このような性質が等出現性であり，52 枚の中にクイーンが 4 枚あれば，クイーンが出る事象 E の確率は，$P(E)=4/52$ として与えられる．　確率を調べるもう一つの方法は，結果の数が決まっていない場合である．たとえば，ある地方における 70 才の住民が 1 年間に死亡する確率を調べる場合，まず 70 才の人をたとえば 1,000 人選んで，1 年間に 30 人が死亡したとすれば，その確率は 30/1000 として与えられる．すなわち，一般に実験を同じ条件で多数回行なって結果を調べて，

$$P(E)=(特定の事象Eが生起する回数)/(実験の回数) \cdots\cdots (1.2)$$

とおき，以降の実験で事象 E が生起する確率は $P(E)$ であると見なす．このような確率を **経験的確率**（empirical probability）または **統計的確率**（statistical probability）という．この場合の特徴は，n がもともと有限でないし，等出現性が成り立たない場合であり，実際にはこのような場合が多い．たとえば，明日晴れる確率は 60 % といえば，観測データをもとにして明日の天気図を描いたとき，過去における同様な事例 100 個のうち 60 個は晴れたから，晴れる確率は 60 % としたわけであり，もともと事例の数は太古の昔から無限個あるはずである．

　統計的確率は数学的確率の基礎を与える．実際の確率の概念からの要求を満足するように定義や公理を決めて，これらから数学的方法で色々な理論の結果を演繹したものが **確率論**（theory of probability）である．したがって確率論は公理に基礎をおき，公理は確率の基礎計算の規則を与えるが，与えられた事象の確率を決める方法にはならない．理論を実際問題に適用するには，物理的な仮定や数値の資料が必要であり，この仮定や資料の正確さによって理論の適用の良否がきまる．理論と実際との関係はちょうど物理学における理論と実際との関係と同じである．確率論は哲学ではない．また，実際問題を確率論的現象と見なすか，決定論的現象と見なすかは，観測者の立場によって決まるものであり，現象そのものは確率論的でも決定論的でもない．すなわち確率現象というのは一つの数学的模型であることに注意しなければならない．

　図 1.1 はフリーハンドで描かれた円である．これを幾何学的に厳密な円と見なすことはできないが，われわれはこれを円と見なして話を進めても構わない

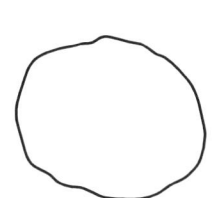

図1.1 フリーハンドで描かれた円

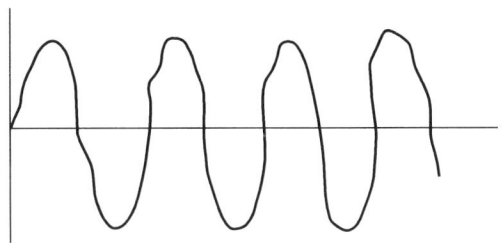

図1.2 フリーハンドで描かれた波形
(決定論的現象と見なすか)

だろう．しかしこの図がもっと歪んでいれば，円というモデルを持ち出すよりも別のモデル，たとえば楕円というモデルを当てはめて，長径，短径の大きさを調べることに意味があるかもしれない．図1.2はフリーハンドで描かれた波形である．これに正弦関数 $A\sin(\omega t+\phi)$ という数学

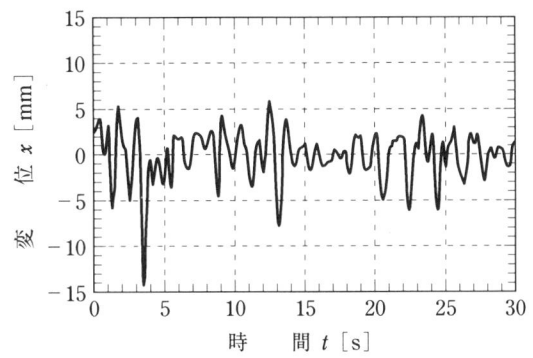

図1.3 自動車の車体の上下加速度
(確率論的現象と見なすか)

モデルを当てはめて，振幅 A や振動数 ω や位相角 ϕ の概略値を求めて議論を進めることができる．図1.3は走行中の自動車の車体の上下加速度の波形の一例である．このような波形では正弦関数を当てはめて議論するのは無理のようである．ほかの数学モデルが必要である．つまり観測された現象から何を抽出したいかによって，そこに用いる数学モデルは違ってくる．正弦関数を用いれば，任意の時刻 t における値を決定することができる．すなわち決定論的モデルを当てはめたことになる．図1.3では後述の確率論的モデルを用いたほうが良さそうであるが，図1.2でも厳密な正弦波形ではないから，確率論的モデルを用いることによって別の情報を抽出できるかもしれない．しかし本来，不確実な状況というのは，確率すらわかっていない状況のことである．このような不確実な状況についても，われわれはなんらかの確率，たとえば主観的確率を

考えるわけである．ところが最近，不確実性を確率の問題に還元しないで分析する方法が，経済学の分野で考えられるようになっている[1]．

2. 標本空間と確率

　確率の大きさを調べるとき，実際には数多くの実験や観測を行なって，その結果の集合の中に特定の結果が何個含まれているかを調べて，その個数の割合から特定の結果が生起する確率が決定される．すなわち確率は特定の結果の集合に対して決定された一つの実数である．したがって確率の計算においては，集合の性質や集合の演算が一つの基礎を与えてくれる．　そこで本章では，まず集合の性質や演算の方法を例題によって解説し，そこから確率の概念を導入することにする．　集合に関する基礎的な用語を，参考までに挙げておくと，

　　集合の理論（theory of set）　　　　：　Georg Cantor（1845-1918）によって体系化された理論．

　　集合（set）　　　　　　　　　　　：　共通の性質をもつ要素（element, point）の集まり．

　　有限集合（finite set）　　　　　　：　要素の数が有限な集合，（例）日本のすべての男性．

　　無限集合（infinite set）　　　　　：　要素の数が無限の集合，（例）すべての正の整数．

　　可附番集合（countable set）　　　：　要素を正の整数の集合と1対1の対応で置くことができる集合，（例）無限の日数．

　　非可附番集合（noncountable set）：　（例）線分上のすべての点．

　　集合族（class, aggregate）　　　　：　集合の集まり．

　　集合の演算（図 2.1 参照）

　　　和（sum, union）$A+B$　　　：　要素が A または B または両方に含まれる．

　　　積（product, intersection）AB　：　要素が A と B の両方に含まれる．

2. 標本空間と確率

同等 (equal) $A = B$: 両方の要素が1対1で対応する.

差 (difference) $B - A\,(A < B)$: A に含まれない B のすべての要素の集合.

部分集合 (subset) $A < B$: A のすべての要素が B の要素である.

余集合 (complement) $A^* = C - A\,(C < A)$

: A を含む集合 C に関する余集合.

空集合 (empty set, null set) O : 要素を含まない集合.

共通なし (disjoint) $AB = O$: A と B が共通の要素をもたない.

結合則 : $(A + B) + C = A + (B + C)$ $(AB)C = A(BC)$

交換則 : $A + B = B + A$ $AB = BA$

分配則 : $A(B + C) = AB + AC$

(ここで用いた記号には集合論で用いられる記号と異なるものもあることに注意)

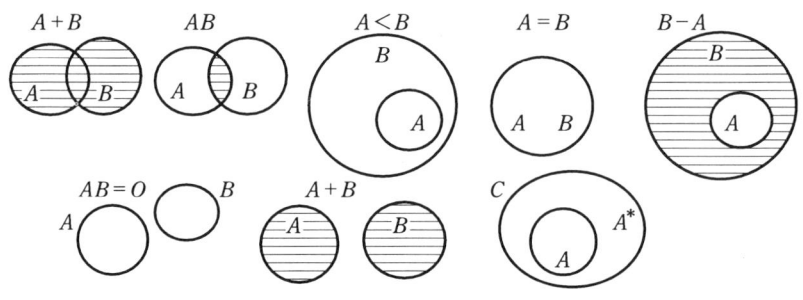

図 2.1　集合の演算

例 2.1

有限集合 E の要素の数を $N(E)$ として表わす. いま A, B, C を有限集合とすると, 次式が成り立つことを示せ.

$$N(A + B) = N(A) + N(B) - N(AB)$$
$$N(A + B + C) = N(A) + N(B) + N(C) - N(AB) - N(BC)$$
$$\qquad - N(CA) + N(ABC)$$

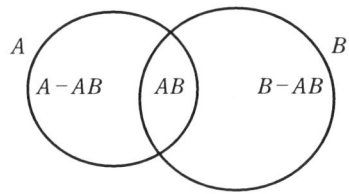 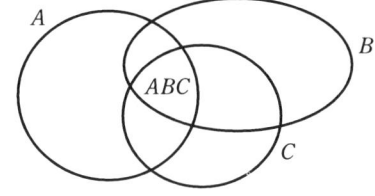

図 2.2　例 2.1 の説明

[答]

図 2.2 に示されるように，$AB, A-AB, B-AB$ には共通要素がないから，
$$N(A+B)=N(A-AB)+N(B-AB)+N(AB) \cdots\cdots\cdots (a)$$
一方，$N(A)=N(A-AB)+N(AB)$，$N(B)=N(B-AB)+N(AB)$
書き換えると
$$N(A-AB)=N(A)-N(AB), \quad N(B-AB)=N(B)-N(AB) \cdots (b)$$
(b)を(a)に代入すると $N(A+B)=N(A)+N(B)-N(AB) \cdots\cdots\cdots (c)$
同様にして　$N(A+B+C)=N(A)+N(B)+N(C)-N(AB)-N(BC)$
$$-N(CA)+N(ABC) \cdots\cdots\cdots (d)$$

例 2.2

A：すべての男性，B：すべての既婚男女，C：すべての男女とすると，$A+B, AB, A^*, B^*, A-AB$ は，それぞれどのような集合を表わすか．

[答]

$A+B$：すべての男性と既婚女性，AB：既婚男性，A^*（C に関する）：すべての女性，B^*：独身男女，$A-AB$：独身男性

例 2.3

さいころについて集合演算の例を示そう．

E：1個のさいころを4回ころがしたときのすべての可能な結果，

A_i：第 i 回に 2 の目が出るすべての結果（$A_i < E$, $i=1, 2, 3, 4$），

A：どれかが 2 の目となるすべての結果，$A = A_1 + A_2 + A_3 + A_4$

A^*（A に関する）：2 の目が 1 回も出ない結果，

$A_i A_j$：第 i 回と第 j 回に 2 の目が出る結果，

$A_1 A_2 + A_1 A_3 + A_1 A_4 + A_2 A_3 + A_2 A_4 + A_3 A_4$：2 回以上 2 の目が出る結果，

(10)　2. 標本空間と確率

$A - A_i$: 2の目が出るが，第 i 回には出ない結果，
$A - A_1 \neq A_2 + A_3 + A_4$
$A_1 A_2 = O, A_1 A_3 = O, A_1 A_4 = O$ のとき，　$A - A_1 = A_2 + A_3 + A_4$

例2.4

ある小都市における 1,000 人の男の経済調査の結果：

(1) 年収 100 万円以下が 579 人いる．

(2) その内 502 人が妻帯者である．

(3) 653 人は収入以上に消費している．

(4) 317 人は妻帯者であって 100 万円以上の収入がある．

(5) 217 人は 100 万円以上の収入があり，消費は収入より小さい．

(6) 382 人は妻帯者であり，収入以上に消費している．

(7) 101 人は独身で 100 万円以上の収入があり，収入以上に消費している．

これらの資料は互いに矛盾していないか．

[答]

$S = $ 調査対称全員の集合

$A = $ 年収 100 万円以下の人の集合，

$B = $ 妻帯者の集合，

$C = $ 収入以上に消費する人の集合　　とおくと，

(1) $N(A) = 579$, (2) $N(AB) = 502$, (3) $N(C) = 653$, (4) $N(A^*B) = 317$, (5) $N(A^*C^*) = 217$, (6) $N(BC) = 382$, (7) $N(A^*B^*C) = 101$

これらの式から $N(A+B+C) = N(A)+N(B)+N(C)-N(AB)-N(BC)-N(CA)+N(ABC)$ の値を計算して，$N(A+B+C) \leq N(S) = 1000$ であれば，矛盾していない．

$N(B) = N(AB) + N(A^*B) = 502 + 317 = 819$,
$N(AC) = N((S-A^*)(S-C^*)) = N(S - A^* - C^* + A^*C^*)$
　　$= N(S) - N(A^*) - N(C^*) + N(A^*C^*) = 1000 - (1000 - 579) - (1000 - 653) + 217 = 449$ (AC と $(A^* + C^*)$ は共通要素なし)

$N(ABC) = N((S-A^*)(S-B^*)C) = N((S - A^* - B^* + A^*B^*)C)$
　　$= N(C - A^*C - B^*C + A^*B^*C) = N(C) - N(A^*C) - N(B^*C) + N(A^*B^*C) = N(C) - N(C-AC) - N(C-BC) + N(A^*B^*C)$

$$= -N(C) + N(AC) + N(BC) + N(A^*B^*C)$$
$$= -653 + 449 + 382 + 101 = 279 \quad (ABC \ \text{と} \ (A^* + B^*)C \ \text{は共通要素なし})$$
$$\therefore N(A+B+C) = 579 + 819 + 653 - 502 - 382 - 449 + 279 = 997 < 1000$$
矛盾なし．

例2.5

A, B, C は任意の集合とする．次の関係は正しいか．

(1) $(A+B+C) - C = A+B$ （$AC = 0, BC = 0$ のときのみ正しい）
(2) $(ABC)^* = A^* + B^* + C^*$ （常に正しい）
(3) $(A - AB)C^* = A(B+C)^*$ （常に正しい）
(4) $A(B+C)^* = AB^* + AC^*$ （$AB = 0, AC = 0$ のときのみ正しい）
(5) $AB^* < A+B$ （常に正しい）

いま，A, B 2人が硬貨を投げて，2人とも表（H : head），すなわち（HH），または2人とも裏（T : tail），すなわち（TT）となったとき，Aの得点が+1点，さもなければ-1点とする．このようなゲームにおいて，すべての可能な結果は（HH），（HT），（TH），（TT）の4通りであり，これらを要素（点）x とする集合を S とすると，Aの得点は点 x に対して決まる一つの実数 $f(x)$ である．すなわち，$f(x)$ は集合 S において定義された**点関数**（point function）である．このゲームでは，$f(\mathrm{HH}) = f(\mathrm{TT}) = +1, f(\mathrm{HT}) = f(\mathrm{TH}) = -1$ という値をとる．一般に，実数 x の関数 $f(x)$ は，座標軸 x の1点に対して決まる一つの点関数ということができる．

実数 x の集合を C, すべての開区間 A $(a < x < b, a < b)$ の集合族を R としよう．各区間にその長さに等しい実数 $F(A)$ を対応させると，$F(A) = b - a$ はすべての開区間の集合族 R において定義された**集合関数**（set function）である．すなわち，$F(A)$ は点 x の関数ではなく，点の集合 A に対して決まる関数である．各区間に $G(A) = \int_A f(x) \, dx$（ただし $f(x) : C$ で定義された連続な点関数）を対応させると，$G(A)$ もまた R において定義された集合関数となる．このような集合関数の概念は，確率の大きさを考えるときの基礎となる．

任意の要素 x_i $(i = 1, 2, \cdots)$ の集合を C, C の部分集合 A の集合族を R としよう．各 x_i に正数 p_i（ただし $\sum_{i=1}^{\infty} p_i = 1$ とする）を対応させると，$P(A) =$

Σp_i（ただしΣはAに属するx_iに対応するiの値について加える）は，Rにおいて定義された集合関数である．Aに属する要素の数$N(A)$もまたRにおいて定義された集合関数である．

すべての連続関数$x(t)$の集合をSとしよう．各関数xに$f(x)=\int_0^1 x^2(t)\,dt$を対応させると，$f(x)$はSにおいて定義された集合関数である．$f(x)$の値は$x(t)$の関数形によって決まり，独立変数x自身が一つの関数である．このような関数$f(x)$を**汎関数**（functional）といい，汎関数は集合関数の一つである．

さて，実験のすべての可能な結果の集合（set = space）を**標本空間**（sample space），標本空間に属する要素を**標本点**（sample point）という．標本空間の選び方は必要な情報の性質によって異なる．たとえば，2個のさいころの目の和が7であるという標本空間は，(m, n)（ただしm, nは1から6までの整数）というペアで，$(1, 6), (2, 5), \cdots, (6, 1)$を標本点とする集合である．

参考

　　離散的標本空間（discrete sample space）
　　　　　　　　　　：有限集合または可附番無限集合の標本空間．
　　連続的標本空間（continuous sample space）
　　　　　　　　　　：非可附番無限集合の標本空間．

標本空間Cにおける一つの実験結果xがCの部分集合Eに属するならば，事象Eが生ずるという．Eを**事象空間**（event space）という．

参考

　　単純事象（simple event）　　：一つの標本点．
　　複合事象（compound event）　：単純事象の集まり．

すべての実験回数をN，その中で事象Aが生ずる回数を$N(A)$として，その比を

$$p(A) = N(A)/N \quad \text{ただし } 0 \leq p(A) \leq 1 \ (0 \leq N(A) \leq N)$$

としよう．ここで実験回数を十分に大きくして，$N \to \infty$とすると，

$$P(A) = \lim p(A) = \lim_{N \to \infty} N(A)/N \quad \text{ただし } 0 \leq P(A) \leq 1 \quad \cdots\cdots (2.1)$$

は，標本空間Cにおけるすべての集合Aに対して定義される負でない実数で，一つの集合関数である．

$P(A)$を標本空間Cにおける**確率関数**（probability function）といい，$P(A)$

がとる値を事象 A が生ずる**確率** (probability) という．なお，空集合 O に属する標本点の数は，$N(O) = 0$ であり，集合 C に属する標本点の数は，$N(C) = N$ であるから，$P(O) = 0$, $P(C) = 1$ となる．

互いに共通要素なし (disjoint) の部分集合を A, B とすると，これらは**排反事象** (exclusive event) となり，A か B のどちらかが生ずる回数は，
$$N(A+B) = N(A) + N(B)$$
$$\therefore P(A+B) = P(A) + P(B)$$
事象 $A_1, A_2, \cdots A_n$ を排反事象の有限列とすると，
$$P(A_1 + A_2 + \cdots + A_n) = P(A_1) + P(A_2) + \cdots + P(A_n) \cdots\cdots (2.2)$$
事象 $A_1, A_2, \cdots$ を排反事象の可附番無限列とすると，
$$P(A_1 + A_2 + \cdots) = P(A_1) + P(A_2) + \cdots$$
事象 A, B が排反でないときは，例2.1，式 (c) より
$$N(A+B) = N(A) + N(B) - N(AB)$$
$$\therefore P(A+B) = P(A) + P(B) - P(AB) \cdots\cdots\cdots\cdots\cdots\cdots (2.3)$$
事象 A, B, C が排反でないときは，例2.1，式 (d) より
$$P(A+B+C) = P(A) + P(B) + P(C) - P(AB) - P(BC)$$
$$- P(CA) + P(ABC) \cdots\cdots\cdots\cdots\cdots\cdots (2.4)$$
いま，ある銘柄の株価が時刻 t で1,000円を越える事象を A，一定時間内にその株式が k 単位（$k = 0, 1, 2, \cdots$）売却される事象を E_k としよう．このとき，$AE_0, AE_1, AE_2, \cdots$ は，排反事象の可附番無限列となり，
$$A = AE_0 + AE_1 + AE_2 + \cdots$$
$$\therefore P(A) = P(AE_0) + P(AE_1) + P(AE_2) + \cdots \cdots\cdots\cdots\cdots (2.5)$$
すなわち，一つの事象 A を排反事象の和として表わすことができれば，その確率を排反事象の確率の和として求めることができる．

$t_1 \leq t \leq t_2$ において定義された連続実関数 $x(t)$ は，時刻 t における一つの単純事象を表わしており，標本空間は非可附番無限集合，すなわち連続実関数から成る．したがって一つの単純事象の確率関数は0となるが，たとえば，$a \leq x(t) \leq b$ を満足する $x(t)$ が属している複合事象を考えれば，これについては確率を論ずることができる．また，たとえば $\int_{t_1}^{t_2} x^2(t) \mathrm{d}t \leq 2$ を満足する $x(t)$ が属している複合事象についても確率を与えることができる．このよう

な連続実関数の確率は，乱流や雑音の物理現象の問題としてしばしば現われる．

確率論におけるすべての事象は，加法性が成り立つ集合の族，すなわち**加法的集合族**（additive class of sets）A に属している．すなわち
(1) 空集合 O が A に属する．
(2) 集合 E が A に属すれば，その余集合 $E^* = C - E$（$E < C$）もまた A に属する．
(3) C の部分集合 $E_1, E_2, \cdots$ の有限または可附番無限列の各集合 E_n が A に属すれば，ΣE_n もまた A に属する．

このとき，A に属する集合の有限または可附番無限の代数的組み合わせもまた A に属する．すなわち，すべての複合事象がその事象の集合族に含まれる．

例2.6

52 枚のカードから 1 枚のカードを抜き取る．標本空間 C は 52 の標本点（単純事象）から成る．どれか 1 枚を抜き取る確率（単純事象の確率）はいくらか．エースを抜き取る確率（複合事象の確率）はいくらか．

［答］

単純事象の確率 $= 1/52$

エースは 4 種類（A_c, A_d, A_h, A_s）あるから，それぞれは単純事象で，そのいずれかを抜き取る複合事象 $A (= A_c + A_d + A_h + A_s)$ の確率は
$$P(A) = P(A_c) + P(A_d) + P(A_h) + P(A_s) = 4 \times (1/52) = 1/13$$

例2.7

硬貨を 4 回投げる．表裏の出方を考えると，一つの単純事象の確率はいくらか．また，表が 3 回出るという複合事象の確率はいくらか．

［答］

$2^4 = 16$ の単純事象があるから，その確率はすべて $1/16$．表が 3 回出るのは，HHHT, HHTH, HTHH, THHH の 4 通りであるから，複合事象 A の確率は $P(A) = 4 \times (1/16) = 1/4$

例2.8

2 個のさいころを転がす．二つの目の和 N を標本点とすれば，$N = 2, 3, 4, \cdots$ となる確率 $P(N)$ はいくらか．

[答]

標本点の数は $6 \times 6 = 36$ であるから,
$$P(2) = 1/36, \ P(3) = 2/36, \ P(4) = 3/36, \ P(5) = 4/36, \ \cdots$$

例2.9

2個のさいころを転がす．1個または2個とも目が3となる確率はいくらか．

[答]

A：第1のさいころの目が3となる事象,

B：第2のさいころの目が3となる事象　とすると,
$$P(A) = P(B) = 1/6$$

AB：2個とも3となる事象　とすると,

6個のものから2個をとってできる重複を許す順列の数は $6^2 = 36$ であるから,
$$P(AB) = 1/36$$

$A + B = $ 1個または2個とも3となる事象　とすると,
$$P(A+B) = P(A) + P(B) - P(AB) = 1/6 + 1/6 - 1/36 = 11/36$$

例2.10

A, B, C は任意の事象として，次の事象に対する式を作れ．

(1) A, B, C のうち，すくなくとも一つの事象が生ずる．

(2) A が生じ，B または C が生ずるが，B と C が同時には生じない．

(3) 二つ以上の事象は生じない．

(4) 一つまたは二つの事象が生じ，それ以上の事象は同時には生じない．

[答]

(1) $A + B + C$

(2) $A + B + C - BC$

(3) $A + B + C - AB - BC - AC + 2ABC$

(4) $A + B + C - ABC$

例2.11

さいころを転がしたとき，偶数の目が出る事象を A，4以上の目が出る事象を B，2から5までの目が出る事象を C とする．次の事象はどういう事象か．

2. 標本空間と確率

(1) ABC^*　(2) $A(B+C)^*$　(3) $(A+B^*)C$　(4) $A+(BC)^*$

[答]

(1) 6

(2) 0

(3) 2, 3, 4

(4) 1, 2, 3, 4, 6

3. 条件つき確率

すべての実験回数を N, その中で事象 A, B が生起する回数をそれぞれ $N(A)$, $N(B)$ とすると, 式 (2.1) に与えられるように, 事象 A, B の確率関数は, それぞれ

$$P(A) = \lim p(A) = \lim_{N \to \infty} N(A)/N \quad P(B) = \lim p(B) = \lim_{N \to \infty} N(B)/N$$

同様に, 事象 A, B が同時に生起する回数を $N(AB)$ とすると,

$$P(AB) = \lim p(AB) = \lim_{N \to \infty} N(AB)/N$$

A の生起が B の生起によって影響されない, または B の生起が A の生起によって影響されないとき, 事象 A, B はお互いに**独立** (independent) である. このとき, まず事象 A が生じたとして, それが事象 B にも属する確率は, A とは無関係にもともと B が生ずる確率に等しいはずであるから,

$$N(AB)/N(A) = N(B)/N \quad \therefore p(AB)/p(A) = p(B)$$

$$\therefore P(AB) = P(A)P(B) \quad \cdots\cdots\cdots\cdots\cdots\cdots\cdots\cdots\cdots\cdots\cdots\cdots (3.1)$$

逆に $P(AB) = P(A)P(B)$ のとき, 事象 A, B はお互いに独立で, またこのときのみ独立である.

52 枚のカードから 2 枚を抜き取る場合, 第 1 のカードをもとに戻して, よく混ぜてから第 2 のカードを抜き取れば, 第 1 のカードがエースという事象 A と第 2 のカードがエースという事象 B は, お互いに独立である. すべての 2 枚のカードの組の集合を標本空間とすれば, 標本点の数は 52×52 であり, すべての点の確率は等しい. 事象 A に属する点の数は 4×52, 事象 B に属する点の数も 4×52, 2 枚ともエースという事象 AB に属する点の数は 4×4 である. したがって

$$P(A) = 4 \times 52/52 \times 52 = 4/52, \quad P(B) = 4 \times 52/52 \times 52 = 4/52$$

$$P(AB) = 4 \times 4/52 \times 52$$

となり, $P(AB) = P(A)P(B)$ が成り立つことがわかる.

三つの事象 E_1, E_2, E_3 が独立のとき，またこのときのみ，そのなかの二つずつは互いに独立である．すなわち

$$P(E_i E_j) = P(E_i) P(E_j), \quad i \neq j, \quad i, j = 1, 2, 3 \quad \cdots\cdots\cdots\cdots\cdots (3.2)$$

一方，

$$P(E_1 E_2 E_3) = P(E_1) P(E_2) P(E_3) \quad \cdots\cdots\cdots\cdots\cdots\cdots\cdots (3.3)$$

も直観的には独立を意味するが，式(3.3)から二つずつの独立を導くことはできないから，完全な定義にはならない．そこで式(3.2)，(3.3)の両方を合わせて独立の定義とする．

一般に，次式が成立するときのみ，事象 $E_1, E_2, \cdots E_n$ は独立である．

$$P(E_{i1} E_{i2} \cdots E_{im}) = P(E_{i1}) P(E_{i2}) \cdots P(E_{im}) \quad m = 2, 3, \cdots n \cdots\cdots (3.4)$$
$$1 \leq i1 < i2 < \cdots < im \leq n$$

(上式の個数は ${}_nC_2 + {}_nC_3 + \cdots + {}_nC_{n-1} + {}_nC_n = 2^n - n - 1$)

$E_1, E_2, \cdots, E_n$ が独立のとき，$E_1^*, E_2, \cdots, E_n$ も独立である (E_1^*：E_1 の余事象)．すなわち，任意の E_1 を E_1^* としても独立である．また，$E_1, E_2, \cdots, E_m$ から成る複合事象を F，$E_{m+1}, E_{m+2}, \cdots, E_n$ から成る複合事象を G とすると，F と G は独立である．

例 3.1

かご		白球が		赤球が	
	A の中に		1 個		3 個
	B		2 個		2 個
	C		3 個		1 個　入れてある．

各かごから1個の球を無作為に取り出す．かご A, B からの球がともに白である確率およびすべての球が白である確率を求めよ．

[答]

かご A, B, C から白球が出る事象をそれぞれ A, B, C とすれば，A, B, C は互いに独立であり，その確率は $P(A) = 1/4, \ P(B) = 2/4, \ P(C) = 3/4$．したがって，かご A, B からの球がともに白である確率は，$P(A)P(B) = 1/8$，すべての球が白である確率は，$P(A)P(B)P(C) = 3/32$．

例 3.2

2人が交互に硬貨を投げる．最初に表(H)を出したほうが勝ちとする．最初に投げた人が勝つ確率はいくらか．

[答]

各回の試行は独立として，奇数番目が H となる確率 P を求めればよい．第 1 回目に H となる確率は $1/2$，第 3 回目に H となる確率は $(1/2)^3$，…，

∴ $P = 1/2 + (1/2)^3 + \cdots = (1/2)/(1-(1/2)^2) = 2/3$

例 3.3

排反事象 E_1, E_2, E_3, E_4 から成る標本空間があって，各事象の確率は $1/4$ である．三つの複合事象 $A = E_1 + E_2$, $B = E_1 + E_3$, $C = E_1 + E_4$ について，以下のことを証明せよ．

(1) $P(AB) = P(A)P(B)$, (2) $P(AC) = P(A)P(C)$,

(3) $P(BC) = P(B)P(C)$

は成り立つが，(4) $P(ABC) = P(A)P(B)P(C)$ は成り立たない．

[証明]

$P(A) = P(E_1 + E_2) = P(E_1) + P(E_2) = 1/4 + 1/4 = 1/2$

同様に $P(B) = P(C) = 1/2$

$P(AB) = P((E_1+E_2)(E_1+E_3)) = P(E_1E_1 + E_1E_2 + E_1E_3 + E_2E_3)$

$= P(E_1) = 1/4$

同様に $P(AC) = P(BC) = 1/4$，したがって (1), (2), (3) は成り立つ．

A, B, C は，E_1 が共通しているから独立でないが，(1), (2), (3) は成り立つ．しかし $P(ABC) = P((E_1+E_2)(E_1+E_3)(E_1+E_4)) = P(E_1) = 1/4$ となるから，(4) は成り立たない．

例 3.4

3 ダースの卵から 1 ダースを抜き取る．3 ダースの中に 4 個の悪い卵があれば，抜き取った 1 ダースのすべてが良い卵である確率はいくらか．

[答]

良品の個数 = $36 - 4 = 32$

第 1 回の抜取で良品が出る確率は　　　　　　　　　$P_1 = 32/36$

第 1 回に良品が出たとして，第 2 回の抜取で良品が出る確率は

$P_2 = 31/35$

第 2 回にも良品が出たとして，第 3 回の抜取で良品が出る確率は

$P_3 = 30/34$

同様にして第12回まで続けて，すべてが良品である確率は，各回の抜取が独立であるとすれば，

$P = P_1 \cdot P_2 \cdot P_3 \cdots P_{12} = (32/36)(31/35) \cdots (21/25) = 46/255 = 約18\%$

一般に，良品 N_1 個，不良品 N_2 個の山から品物を抜き取って検査した結果，良品が n_1 個，不良品が n_2 個出る確率は，次式のような**超幾何分布**（hyper geometrical distribution）によって与えられる．

$$P = {}_{N_1}C_{n_1} \cdot {}_{N_2}C_{n_2} / {}_{N_1+N_2}C_{n_1+n_2} \quad \cdots\cdots\cdots\cdots\cdots\cdots\cdots (3.5)$$

例 3.4 の場合，$N_1 = 32$, $N_2 = 4$, $n_1 = 12$, $n_2 = 0$ であるから，

$P = {}_{32}C_{12} \cdot {}_{4}C_0 / {}_{36}C_{12} = 46/255$

参考

一般に　組合せ ${}_NC_n = N!/(N-n)!n!$

$n!$ の計算は，n が大きいとき，

スタイリング（Stirling）の近似式 $n! = \sqrt{2\pi}\, n^{n+1/2} \exp(-n)$

を用いることができる[2]．この近似式の誤差は，

$n = 1, 2, 5, 10, 100$ のとき，それぞれ 8, 4, 2, 0.8, 0.08 % である．

例 3.5

3個の独立な部品 A, B, C のどれかが故障すればその機械が故障するとしよう．1年間の操業において部品 A, B, C が故障する確率はそれぞれ 1/3, 1/4, 1/5 である．1年以内に機械が故障する確率はいくらか．

［答］

部品の故障確率をそれぞれ $P(A) = 1/3$, $P(B) = 1/4$, $P(C) = 1/5$ とおくと，お互いに独立であるから，

$P(AB) = P(A)P(B) = 1/12$, $P(BC) = P(B)P(C) = 1/20$,

$P(CA) = P(C)P(A) = 1/15$, $P(ABC) = P(A)P(B)P(C) = 1/60$,

どれかが故障する確率は，式 (2.4) より

$P(A+B+C) = P(A) + P(B) + P(C) - P(AB) - P(BC) - P(CA) + P(ABC)$
$= 1/3 + 1/4 + 1/5 - 1/12 - 1/20 - 1/15 + 1/60 = 3/5$

一般に，n 個の要素のどれか一つでも故障すればシステムが故障するような系を**直列系**（series system）という．このような直列系が故障しない確率 R〔**信頼度**（reliability）という〕はすべての要素が故障しない確率に等しい．要素の

故障確率を $P_1, P_2, \cdots, P_n$ とすれば，要素が故障しない確率は，それぞれ $R_1 = 1 - P_1, R_2 = 1 - P_2, \cdots, R_n = 1 - P_n$ であるから，すべての要素の故障が独立とすれば，直列系の信頼度は

$$R = R_1 R_2 \cdots R_n = (1 - P_1)(1 - P_2) \cdots (1 - P_n) \cdots \cdots \cdots (3.6)$$

したがって直列系の故障確率は

$$P = 1 - R = 1 - (1 - P_1)(1 - P_2) \cdots (1 - P_n) \cdots \cdots \cdots (3.7)$$

例 3.5 の場合，$n = 3, P_1 = 1/3, P_2 = 1/4, P_3 = 1/5$ であるから，

$$P = 1 - (1 - 1/3)(1 - 1/4)(1 - 1/5) = 3/5$$

すべての実験回数を N，その中で事象 A, B が生起する回数をそれぞれ $N(A), N(B), A, B$ が同時に生起する回数を $N(AB)$ とすると，

$$P(A) = N(A)/N, \quad P(B) = N(B)/N, \quad P(AB) = N(AB)/N \quad (\text{lim を省略})$$

事象 A が生じたという条件のもとで事象 B が生じる確率は

$$P(B|A) = N(AB)/N(A) = (N(AB)/N)/(N(A)/N) = P(AB)/P(A)$$

$$\text{ただし } P(A) > 0$$

$$\therefore P(AB) = P(A)P(B|A) \cdots \cdots \cdots \cdots \cdots \cdots \cdots (3.8)$$

$P(B|A)$ を **条件つき確率** (conditional probability) という．A と B がお互いに独立であれば，$P(B|A) = P(B)$ となり，式 (3.8) は式 (3.1) に一致する．

一般に n 個の事象 $E_1, E_2, \cdots, E_n$ については，

$$P(E_1 E_2 \cdots E_n) = P(E_1) P(E_2|E_1) P(E_3|E_1 E_2) \cdots P(E_n|E_1 E_2 \cdots E_{n-1})$$
$$\cdots \cdots \cdots \cdots \cdots \cdots \cdots \cdots (3.9)$$

$$P(E_i) > 0 \ (i = 1, 2, \cdots, n-1)$$

標本空間が n 個の排反事象 $E_i \ (i = 1, 2, \cdots, n)$ から成るとき，任意の事象 E を n 個の排反事象 $EE_1, EE_2, \cdots, EE_n$ の和として表わすことができる．すなわち

$$E = EE_1 + EE_2 + \cdots + EE_n$$
$$\therefore P(E) = P(EE_1) + P(EE_2) + \cdots + P(EE_n)$$
$$= P(E_1)P(E|E_1) + P(E_2)P(E|E_2) + \cdots + P(E_n)P(E|E_n) \cdot (3.10)$$

式 (3.10) を **ベイズ (Bayes) の定理** (Bayes theorem) という．事象 E の確率を直接求めるのが困難な場合でも，排反事象 E_i に対する条件つき確率 $P(E|E_i)$

を用いて，式 (3.10) から $P(E)$ を求めることができる．

例 3.6

硬貨を 4 回投げる．そのうち 3 回が表となる確率を求めよ．また 1 回目に表が出たと仮定すると，この確率はどうなるか．

[答]

第 1 回が表となる事象を E_1，3 回が表となる事象を E_2 とする．

すべての可能な結果の数は $N=2^4=16$，事象 E_1 の数は $N_1=2^3=8$，事象 E_2 の数は $N_2=4$，E_1 と E_2 が同時に生じる数は $N_{12}=3$ であるから，

E_1 が生じたと仮定しなければ，　　$P(E_2)=N_2/N=4/16=2/8$

E_1 が生じたと仮定すれば，　　　　$P(E_2|E_1)=N_{12}/N_1=3/8$

すなわち E_1 が生じれば E_2 は生じやすくなる．

例 3.7

52 枚のカードから 2 枚を抜き取る．第 1 のカードを戻さないで，第 2 のカードを抜くとすれば，2 枚ともエースとなる確率はいくらか．

[答]

第 1 のカードがエースとなる事象を E_1，第 2 のカードがエースとなる事象を E_2 とすると，$P(E_1)=4/52$，$P(E_2|E_1)=3/51$，したがって 2 枚ともエースとなる確率は

$$P(E_1 E_2) = P(E_1) P(E_2|E_1) = (4/52) \cdot (3/51) = 1/221$$

例 3.8

パチンコの玉が入るまで打つ．毎回のあたりの確率は p，はずれの確率は $q=1-p$ とすると，第 3 回以降に始めてあたりとなる確率はいくらか．

[答]

あたり (Hit) を H，はずれ (Mistake) を M とすると，この場合の標本空間は
　　(H), (MH), (MMH), (MMMH), ⋯

第 n 回が H となる事象を A_n，M となる事象を A_n^* とすれば，
　　$P(A_n)=p$，$P(A_n^*)=q=1-p$

第 n 回が最初の H となる事象は　　$E_n = A_1^* A_2^* \cdots A_{n-1}^* A_n$

各回の事象は独立とすると，

$$P(E_n) = P(A_1^*) P(A_2^*) \cdots P(A_{n-1}^*) P(A_n) = q^{n-1} p$$

第3回以降に始めて H となる事象を F とすると,
$$F = E_3 + E_4 + \cdots \quad (E_3, E_4, \cdots : 排反)$$
$$\therefore P(F) = P(E_3 + E_4 + \cdots) = P(E_3) + P(E_4) + \cdots = (q^2 + q^3 + \cdots)p$$
$$= pq^2/(1-q) = q^2$$
これは最初の2回が M となる確率 $P(A_1^* A_2^*) = P(A_1^*)P(A_2^*) = q^2$ に等しい.

例3.9

かご1の中に	白球が6個,	赤球が3個
かご2の中に	白球が6個,	赤球が9個
かご3の中に	白球が3個,	赤球が3個 入っている.

かごを無作為に選んでから,そのかごから球を無作為に取り出す.
(1) 取り出した球が白である確率はいくらか.
(2) 取り出した球が白であるとすれば,それがかご1から取り出された確率はいくらか.

[答]
(1) 白球がでる事象を E_1 とすると,
$$P(E_1) = (1/3) \cdot 6/(6+3) + (1/3) \cdot 6/(6+9) + (1/3) \cdot 3/(3+3) = 47/90$$
(2) かご1から白球がでる事象を E_2 とすると,
$$P(E_1 E_2) = (1/3) \cdot 6/(6+3) = 2/9$$
$$\therefore P(E_2 | E_1) = P(E_1 E_2)/P(E_1) = (2/9)/(47/90) = 20/47$$

例3.10

3個のさいころを転がす.どの面も異なるという条件のもとで,どれか一つの面が4の目となる確率はいくらか.

[答]
どの面も異なる確率は $P(E_1) = (6 \times 5 \times 4)/6^3 = (6!/3!)/6^3$
どの面も異なってどれか一つの面が4の目となる確率は
$$P(E_1 E_2) = (5 \times 4) \times 3/6^3 = (5!/3!) \times 3/6^3$$
$$\therefore P(E_2 | E_1) = P(E_1 E_2)/P(E_1) = (5!/3!) \times 3/(6!/3!) = 1/2$$

例3.11

遺伝学上の調査の結果,ある部落では,(1) 52 % が女,(2) 24 % が青い目を

もつ女,(3) 14％が青い目をもち,その親も青い目をもつ,(4) 13％が青い目をもつ男で,その親は青い目をもたない,(5) 54％は男,または青い目をもち,親も青い目をもつ.無作為に青い目の人を抽出したとき,それが男である確率はいくらか.

［答］

まず 事象 A, B, C を次のように定義する.

A：女，A^*：男，B：青い目をもつ，B^*：青い目をもたない，C：青い目の親をもつ，C^*：青い目の親をもたない.

調査結果は次式によって表わされる.

$P(A) = 0.52, \ P(AB) = 0.24, \ P(BC) = 0.14,$
$P(A^*BC^*) = 0.13, \ P(A^* + BC) = 0.54,$
$\therefore P(A^*BC) = P(A^*) + P(BC) - P(A^* + BC)$
$\quad = 1 - P(A) + P(BC) - P(A^* + BC)$
$\quad = 1 - 0.52 + 0.14 - 0.54 = 0.08$
$P(A^*B) = P(A^*BC^*) + P(A^*BC) = 0.13 + 0.08 = 0.21$
$P(B) = P(AB) + P(A^*B) = 0.24 + 0.21 = 0.45$
$\therefore P(A^*|B) = P(A^*B)/P(B) = 0.21/0.45 = 0.47$

例3.12

a 個の不良品と b 個の良品の集まりから成るロットから,1個ずつ順次に製品を取り出して検査するとき,k 番目 $(a \leq k \leq a+b)$ の抽出の際に最後の不良品が発見される確率はいくらか.ただし一度取り出したものはもとに戻さないものとする.

［答］

$(a+b)$ 個から $(k-1)$ 個を抽出する組合せは ${}_{a+b}C_{k-1}$

a 個の不良品から $(a-1)$ 個の不良品を抽出する組合せは ${}_aC_{a-1}$

b 個の良品から $(k-1)-(a-1) = (k-a)$ 個の良品を抽出する組合せは ${}_bC_{k-a}$

したがって最初の $(k-1)$ 回までに $(a-1)$ 個の不良品が抽出される確率は

$P(E_1) = {}_aC_{a-1} \cdot {}_bC_{k-a} / {}_{a+b}C_{k-1}$　（式 (3.5) の超幾何分布を参照）

第 k 回の抽出では,残りの $(a+b-(k-1))$ 個の中に不良品が1個あるから,

第 k 回に不良品が抽出される条件つき確率は

$P(E_2|E_1) = 1/(a+b-k+1)$

したがって第 k 回の抽出で最後の不良品がでる確率は

$P(E_1 E_2) = P(E_1) P(E_2|E_1)$

$$= \frac{\{a!/(a-1)!\}\{b!/(k-a)!(b-k+a)!\}}{\{(a+b)!/(k-1)!(a+b-k+1)!\}(a+b-k+1)}$$

$= ab!(k-1)!/(a+b)!(k-a)!$

4. 確率変数

　実験結果に実数 X を対応させることにしよう．たとえば，硬貨を投げて表が出れば $X=1$，裏が出れば $X=0$ とする．このとき，X を確率変数という．すなわち，実験結果の標本空間 S において定義された実数値の点関数 $X(u)$ (u は S における任意の標本点) を**確率変数** (random variable) という．このとき標本空間は実数の集合となり，表現が簡単になるばかりでなく，算術的計算を可能にする．なお，確率変数には離散的標本空間に対するものと連続的標本空間に対するものがある．

　すべての実数値 x に対して事象 $X(u)<x$ は，標本空間 S の部分集合の加法的集合族に属し，これに対して確率が定義される．すなわち，確率変数が $X(u)<x$ となる確率，または $X(u)$ の有限または可附番無限の組合せ (代数演算の結果) に対する確率が定義される．これを**可測条件** (measurability condition) という．実際問題では可測条件が大抵成り立つ．たとえば，ある観測点における乱気流の瞬間風速 $X(u)$ (u は時刻) が $x=10$ m/s より低い確率が 60 % であったとしよう．この観測点における送電線の揺れの大きさ $Y(u)$ が風速の 2 乗に比例する，すなわち $Y=CX^2$ ($C=2$ mm/(m/s)^2) であるとすれば，揺れが 200 mm より小さい確率は 60 % となる．

　いま，標本空間 S において定義された確率変数を　X_1, X_2
　　　　　標本空間 S の部分集合 (実数の集合) を　　S_1, S_2
としよう．X_1 の値と X_2 の値がお互いに影響を与えないとすれば，X_1 が S_1 に属して (事象 E_1 が生起する)，同時に X_2 が S_2 に属する (事象 E_2 が生起する) 確率は

　　　$P(E_1E_2)=P(E_1)P(E_2)$　　(確率変数 X_1, X_2 の独立)・・・・・・・・・・・・(4.1)

として表わされる．一般に，確率変数 X_i が部分集合 S_i に属する事象を E_i ($i=1, 2, \cdots, n$) として，

4. 確率変数　(27)

$$P(E_1 E_2 \cdots E_n) = P(E_1) P(E_2) \cdots P(E_n) \cdots\cdots\cdots\cdots\cdots\cdots (4.2)$$

が成り立つとき，またこのときのみ，確率変数 $X_1, X_2, \cdots, X_n$ はお互いに独立である．またこのとき，X_1 などの関数 $f_1(X_1), f_2(X_2), \cdots, f_n(X_n)$ もお互いに独立である．

測定誤差の問題を考えて見よう．n 回の測定を行ない，第 j 回の測定誤差を $e_j = r_j + s_j$ $(j = 1, 2, \cdots, n)$ とする．r_j は**偶然誤差**(random error)，s_j は**系統誤差**(systematic error) または**偏り誤差**(bias error) である．前者は原因不明の誤差だからそのままでは取り除けないが，後者は原因がわかっているから取り除ける．一般に測定の精度は**精密さ**(precision) と**正確さ**(accuracy) によってきまるが，前者は偶然誤差に依存し，後者は系統誤差に依存する．

さて，n 回の測定のうち，1 回以上 $e_j = 0$ となる確率を求めることにする．ここではまず，$r_1, r_2, \cdots, r_n, s_1, s_2, \cdots, s_n$ はお互いに独立な確率変数とし，簡単のため $r_j, s_j = -1, 0, 1$ の値を取り得るとしよう．したがって $e_j = -2, -1, 0, 1, 2$ の値を取り得る．ただし r_j, s_j の確率は

$$P(r_j = -1) = P(r_j = 1) = P(s_j = -1) = P(s_j = 1) = p$$
$$P(r_j = 0) = P(s_j = 0) = q = 1 - 2p$$

とする．まず，$e_j = 0$ となる確率は

$$P(e_j = 0) = P(r_j = 0, s_j = 0) + P(r_j = 1, s_j = -1) + P(r_j = -1, s_j = 1)$$
$$= P(r_j = 0) P(s_j = 0) + P(r_j = 1) P(s_j = -1) + P(r_j = -1) P(s_j = 1)$$
$$= q^2 + p^2 + p^2 = (1 - 2p)^2 + 2p^2 = 1 - 4p + 6p^2 \quad (j = 1, 2, \cdots, n)$$

1 回以上 $e_j = 0$ となる事象を E，1 回も $e_j = 0$ とならない事象を E^*，第 j 回に $e_j \neq 0$ となる事象を M_j とすると，$M_1, M_2, \cdots, M_n$ はお互いに独立であるから，

$$P(E^*) = P(M_1) P(M_2) \cdots P(M_n) = [P(e_j \neq 0)]^n$$
$$= [1 - P(e_j = 0)]^n = (4p - 6p^2)^n$$
$$\therefore P(E) = 1 - P(E^*) = 1 - (4p - 6p^2)^n \cdots\cdots\cdots\cdots\cdots\cdots (4.3)$$

次に，$s_j = s$ $(j = 1, 2, \cdots, n)$ とする．すなわち $r_1, r_2, \cdots, r_n, s$ はお互いに独立であるが，$e_1, e_2, \cdots, e_n$ はお互いに独立ではなくなる．n 回の測定誤差において s_j の部分は変化しないが，n 回の測定を一つの集合と見なせば，集合間では s が変化する．$s = -1$ となる事象を A，$s = 0$ となる事象を B，$s = 1$

(28) 4. 確率変数

となる事象を C とすると，A, B, C は排反事象であるから，
$$P(E^*)=P(A)P(E^*|A)+P(B)P(E^*|B)+P(C)P(E^*|C)$$
A の条件のもとで E^* となるためには，$r_j \neq 1$ $(j=1, 2, \cdots, n)$ であるから，
$$P(E^*|A)=[P(r_j \neq 1)]^n=[1-P(r_j=1)]^n=(1-p)^n$$
同様に $P(E^*|B)=[P(r_j \neq 0)]^n=(1-q)^n=(2p)^n$,
$$P(E^*|C)=[P(r_j=-1)]^n=(1-p)^n$$
なお $P(A)=P(s=-1)=P(C)=P(s=1)=p$，$P(B)=P(s=0)=p=1-2p$
とすると，
$$P(E^*)=2p(1-p)^n+(1-2p)(2p)^n$$
$$\therefore P(E)=1-2p(1-p)^n-(1-2p)(2p)^n \quad \cdots\cdots\cdots\cdots\cdots\cdots\cdots (4.4)$$
たとえば $p=0.1$，$n=6$ とすると，
　　偏り誤差がない場合　式 (4.1) より　　$P(E)=0.9985$
　　偏り誤差がある場合　式 (4.2) より　　$P(E)=0.8937$
すなわち　偏り誤差がない方が　測定誤差が 0 となる確率が大きくなる．

　　確率変数 X が x を超えない確率
$$F(x)=P(X \leq x) \geq 0 \quad \cdots\cdots\cdots\cdots\cdots\cdots\cdots\cdots\cdots\cdots\cdots\cdots\cdots\cdots (4.5)$$
を X の **累積分布関数** (cumulative distribution function)，または単に **分布関数** という．$P(X \leq b)=P(X \leq a)+P(a<X \leq b)$ $(a<b, a, b：実数)$ が成り立つから，$a<X \leq b$ となる確率は
$$P(a<X \leq b)=F(b)-F(a)>0 \quad \cdots\cdots\cdots\cdots\cdots\cdots\cdots\cdots (4.6)$$

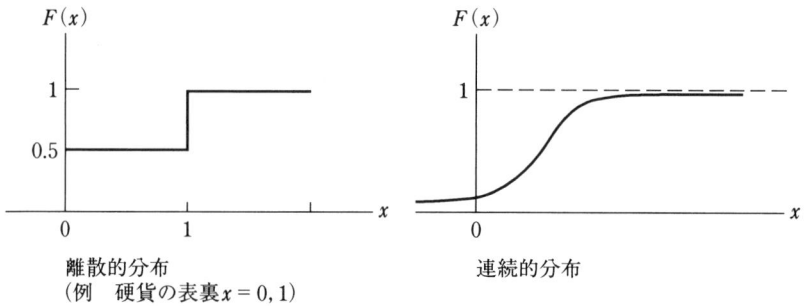

図 4.1　累積分布関数

したがって $F(a) \leqq F(b)$ $(a \leqq b)$ すなわち分布関数 $F(x)$ は単調非減少関数であり, $F(-\infty)=0$, $F(\infty)=1$ となる (図 4.1).

式 (2.1) の確率関数と分布関数は等価であるが, 前者よりも後者を考えたほうが 計算が容易であり, 加法的集合族に対する確率関数は分布関数によって決められる.

変数 X の値が微小区間 $(x, x+\Delta x)$ 内にある確率 $F(x+\Delta x)-F(x)=\Delta F(x)$ は Δx に比例するものとし, 単位区間あたりの確率, すなわち確率密度を $f(x)$ とすれば, $\Delta F(x)=f(x)\Delta x$ なる関係が得られる. そこで $F(x)$ が微分可能であれば,

$$f(x) = \mathrm{d}F(x)/\mathrm{d}x \geqq 0 \quad\cdots\cdots\cdots\cdots\cdots\cdots\cdots\cdots\cdots\cdots\cdots\cdots\cdots (4.7)$$

を **確率密度関数** (probability density function), または単に **密度関数** という.

$$\therefore F(x) = \int_{-\infty}^{x} f(u)\,\mathrm{d}u \quad\cdots\cdots\cdots\cdots\cdots\cdots\cdots\cdots\cdots\cdots (4.8)$$

すなわち 密度関数の累積値が分布関数であり (図 4.2),

$$P(a < X \leqq b) = \int_a^b f(x)\,\mathrm{d}x \quad \int_{-\infty}^{\infty} f(x)\,\mathrm{d}x = 1 \cdots\cdots\cdots\cdots (4.9)$$

離散的確率変数のとき, $p_j = P(X=x_j)$ $(j=1, 2, \cdots)$ とすれば,

$$\text{分布関数}: F(x) = \sum_j p_j \qquad (x_j \leqq x) \quad\cdots\cdots\cdots\cdots\cdots\cdots (4.10)$$

$$\text{密度関数}: f(x) = \sum_j p_j \delta(x-x_j) \quad\cdots\cdots\cdots\cdots\cdots\cdots\cdots (4.11)$$

ただし $\delta(x)$: デルタ関数, 単位インパルス関数

$$\delta(x) = 0 \quad (x \neq 0), \quad \int_a^b \delta(x)\,\mathrm{d}x = 1 \quad (a<0<b) \cdots\cdots\cdots\cdots (4.12)$$

連続的確率変数と離散的確率変数とが混合しているとき, デルタ関数を使えば, 両者の $F(x) = \int_{-\infty}^{x} f(u)\,\mathrm{d}u$ を区別する必要がない. ただし $f(x) =$

離散的分布
(例 硬貨の表裏 $x=0, 1$)

連続的分布

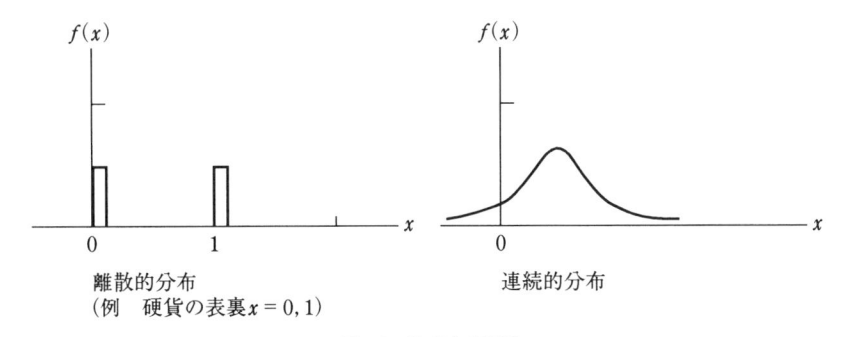

図 4.2 確率密度関数

$\mathrm{d}F(x)/\mathrm{d}x$ は別である.

確率変数 X について得られた N 個の数値データを k 個の区間 Δx に分けて, j 番目の区間にはいるデータの個数 $N_j\,(j=1,2,\cdots,k)$ を調べれば, 度数分布 N_j が求められる. このとき

$$P_j = N_j/N \quad (N = \sum_{j=1}^{k} N_j) \quad\cdots\cdots\cdots\cdots\cdots\cdots\cdots\cdots\cdots\cdots (4.13)$$

を確率分布といい, 前述の密度関数および分布関数に対応するものは,

$$f_j = P_j/\Delta x \,:\, \text{密度関数} \quad\cdots\cdots\cdots\cdots\cdots\cdots\cdots\cdots\cdots\cdots (4.14)$$

$$F_j = \sum_{i=1}^{j} f_i \Delta x = \sum_{i=1}^{j} P_i = \sum_{i=1}^{j} N_i/N \,:\, \text{分布関数} \quad\cdots\cdots\cdots\cdots\cdots (4.15)$$

例 4.1

電球を x 日使ったとき, 次の $\mathrm{d}x$ 日以内に故障する確率は $0.01\,\mathrm{d}x$ であるとすれば, 30 日使って次の 10 日以内に故障する確率はいくらか.

[答]

X : 電球が故障するまでの日数, すなわち電球の寿命,

A : 電球が x 日まで故障しない事象,

B : 電球が x 日と $(x+\mathrm{d}x)$ 日との間に故障する事象

とする.

題意より $\quad P(B|A) = 0.01\,\mathrm{d}x$

一般に $\quad P(B|A) = P(AB)/P(A) = P(B)/P(A),\; AB = B$

$\qquad\qquad\qquad\qquad\qquad$ (B は A の部分集合)

$P(A) = P(X>x) = 1 - P(X \leq x) = 1 - F(x)\; (x \geq 0),\; F(0) = 0$

$P(B) = P(x < X \leq x + \mathrm{d}x) = \mathrm{d}F(x) = f(x)\,\mathrm{d}x$

$\therefore\; 0.01\,\mathrm{d}x = \mathrm{d}F(x)/(1-F(x)) \quad 0.01x = -\log(1-F(x)) + c \; (c=0)$

$\therefore\; F(x) = 1 - \exp(-0.01x) \quad f(x) = \mathrm{d}F(x)/\mathrm{d}x = 0.01\exp(-0.01x)$

$x=30,\; \mathrm{d}x=10$ のとき,

$P(A) = 1 - F(30) = \exp(-0.3)$

$P(B) = F(40) - F(30) = \exp(-0.3) - \exp(-0.4)$

$\therefore\; P(B|A) = P(B)/P(A) = 1 - \exp(-0.1)$

二つの確率変数 X, Y がそれぞれ x, y を同時に超えない確率

$$F(x,y) = P(X \leq x, Y \leq y) \cdots\cdots\cdots\cdots\cdots\cdots\cdots\cdots\cdots\cdots (4.16)$$

を**同時分布関数**(joint distribution function)といい,

$$F(\infty, \infty) = 1, \quad F(x, -\infty) = F(-\infty, y) = F(-\infty, -\infty) = 0 \cdots\cdots\cdots (4.17)$$

が成り立つ.また,$F(x,y)$ が x,y について微分可能であれば,

$$f(x,y) = \partial^2 F / \partial x \, \partial y \cdots\cdots\cdots\cdots\cdots\cdots\cdots\cdots\cdots\cdots\cdots (4.18)$$

を**同時密度関数**(joint density function)という.したがって

$$F(x,y) = \int_{-\infty}^{y} \int_{-\infty}^{x} f(x,y) \, dx \, dy \cdots\cdots\cdots\cdots\cdots\cdots\cdots\cdots (4.19)$$

$$P(a < x \leq b, c < y \leq d) = \int_{a}^{b} \int_{c}^{d} f(x,y) \, dy \, dx, \quad \int_{-\infty}^{\infty} \int_{-\infty}^{\infty} f(x,y) \, dx \, dy = 1$$
$$\cdots\cdots\cdots\cdots\cdots\cdots\cdots\cdots\cdots\cdots\cdots\cdots\cdots\cdots\cdots\cdots (4.20)$$

連続的確率変数の場合,$f(x,y)$ は xy 平面上の曲面として表わされ,xy 平面上の特定領域に対する確率は,その領域上における $f(x,y)$ の積分,すなわち体積によって与えられる(図4.3).離散的確率変数の場合は,xy 平面上の点または曲線に対する確率が与えられるから,1変数のようにデルタ関数だけで $f(x,y)$ を表わすことができない.

1変数の分布関数と密度関数は,2変数のそれらから導くことができる.すなわち

$$\left.\begin{array}{l} P(X \leq x) = P(X \leq x, Y \leq \infty) = F(x, \infty) = F_1(x) \\ P(Y \leq y) = P(X \leq \infty, Y \leq y) = F(\infty, y) = F_2(y) \end{array}\right\} \cdots\cdots\cdots (4.21)$$

$$\left.\begin{array}{l} f_1(x) = \partial F(x, \infty)/\partial x = \partial(\int_{-\infty}^{x} dx \int_{-\infty}^{\infty} f(x,y) \partial y)/\partial x = \int_{-\infty}^{\infty} f(x,y) \, dy \\ f_2(y) = \partial F(\infty, y)/\partial y = \partial(\int_{-\infty}^{y} dy \int_{-\infty}^{\infty} f(x,y) \, dx)/\partial y = \int_{-\infty}^{\infty} f(x,y) \, dx \end{array}\right\}$$
$$\cdots\cdots\cdots\cdots\cdots (4.22)$$

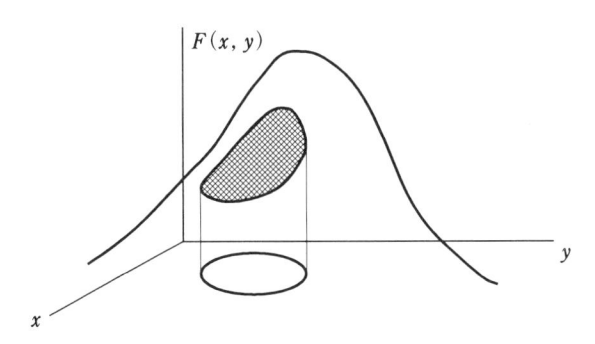

図4.3 2変数の確率密度関数

X, Y がお互いに独立のときの必要充分条件は

$$F(x, y) = P(X \leq x) \cdot P(Y \leq y) = F_1(x) F_2(y)$$
$$f(x, y) = dF_1(x)/dx \cdot dF_2(y)/dy = f_1(x) f_2(y)$$
.... (4.23)

2変数の和 $Z=X+Y$ (または差 $Z=X-Y$) の密度関数は, 2変数の同時密度関数 $f(x, y)$ によって表わすことができる. $Z=X+Y$ の密度関数を $f_3(z)$ とすると,

$$P(a < Z \leq b) = \int_a^b f_3(z) dz$$

しかるに $a < X+Y \leq b$ を満足する XY 面上の領域を R (図4.4) とすると,

$$\int_a^b f_3(z) dz = \iint_R f(x, y) dx dy = \int_{-\infty}^{\infty} dx \int_{a-x}^{b-x} f(x, y) dy$$
$$= \int_{-\infty}^{\infty} dx \int_a^b f(x, z-x) dz = \int_a^b dz \int_{-\infty}^{\infty} f(x, z-x) dx$$
$$\therefore f_3(z) = \int_{-\infty}^{\infty} f(x, z-x) dx \quad \cdots\cdots\cdots\cdots\cdots\cdots\cdots\cdots\cdots (4.24)$$

X, Y がお互いに独立のときは,

$$f_3(z) = \int_{-\infty}^{\infty} f_1(x) f_2(z-x) dx \quad \cdots\cdots\cdots\cdots\cdots\cdots\cdots\cdots (4.25)$$

すなわち, X の密度関数 $f_1(x)$ と Y の密度関数 $f_2(y)$ の**たたみこみ積分** (convolution integral) となる.

差 $Z=X-Y$ の場合には, 式(4.24), (4.25)における $z-x$ を $x-z$ に置き換えればよい.

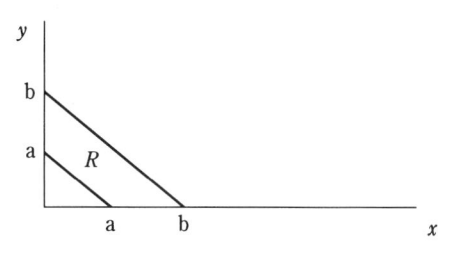

図4.4 和 $X+Y$ の確率密度の積分範囲 R

例 4.2

X, Y はお互いに独立な確率変数で, その密度関数は区間 $(-1, 1)$ の外側で0, 内側で $1/2$ である. $Z=X+Y$ の密度関数を求めよ.

[答]

題意より $f_1(x) = 1/2 \quad (-1 \leq x \leq 1)$
$\qquad\qquad\qquad = 0 \quad (x > 1, x < -1)$

式(4.25)より $f_3(z) = (1/2) \int_{-1}^{1} f_2(z-x) dx$

$z \leq -2, z \geq 2$: $f_2(z-x) = 0 \quad \therefore f_3(z) = 0$

$-2 < z \leq 0$: $f_3(z) = (1/2)(1/2) \int_{-1}^{z+1} dx = (z+2)/4$

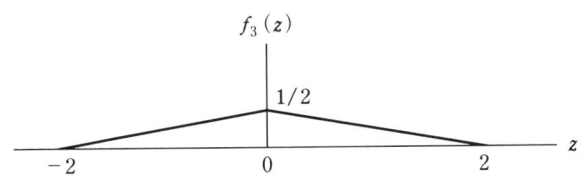

図4.5　Z の確率密度関数 $f_3(z)$

$0 < z < 2 : f_3(z) = (1/2)(1/2) \int_{z-1}^{1} dx = (-z+2)/4$

検算すると，$\int_{-2}^{2} f_3(z) dz = 1$，$f_3(z)$ は図4.5に示す．

例 4.3

A君とB嬢が正午から1時までの間に渋谷駅で会う約束をした．ただしお互いに10分以上は待たないことにした．正午と1時の間に駅に来る時刻の確率密度は2人とも一様であり，かつ2人の到着時刻は独立であるとすれば，2人が会える確率はいくらか．

［答］

2人の到着時刻を X, Y とすれば，これらの確率密度は

$f_1(x) = f_2(y) = 1 \quad (0 \leq x \leq 1, 0 \leq y \leq 1)$
$ = 0 \quad (x, y < 0, x, y > 1)$

$Z = |X - Y| \leq 1/6$（10分）の範囲 R（図4.6）の面積が所要の確率を与える．ただし $0 \leq x \leq 1$, $0 \leq y \leq 1$ の範囲内とする．面積を計算すると，$11/36$．

図4.6　二人が会える確率 R

例 4.4

独立な2変数 X, Y の密度関数はともに区間 $(0, 1)$ において一様に分布している．$Z = XY \leq 1/2$ となる確率はいくらか．

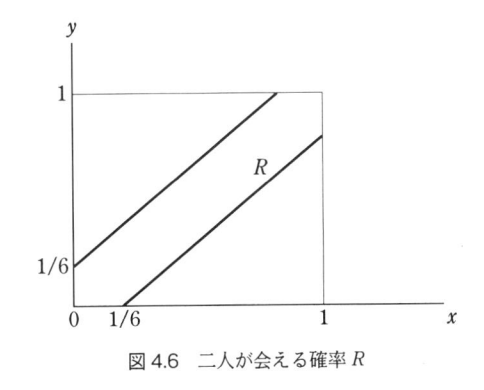

［答］

直角双曲線 $xy = 1/2$ と $x = 0, x = 1, y = 0, y = 1$ によって囲まれる面積 R を求めればよい．

$$R = 1 \times 0.5 + \int_{0.5}^{1} (1/2x)\,dx = (1 + \log 2)/2$$

例 4.5

確率変数 X が $-\pi/2$ と $+\pi/2$ の区間において一様な確率密度をもつとき，$Y = \tan X$ の確率密度を求めよ．

[答]

一般に $Y = g(X)$ のとき，$dy = g'(x)\,dx$，$x = g^{-1}(y)$．X, Y の確率密度をそれぞれ $f_1(x)$, $f_2(y)$ とすると，$f_1(x)\,dx = f_2(y)\,dy$，すなわち X と Y の対応する区間における確率は等しい．

$$\therefore f_2(y) = f_1(x)\,dx/dy = f_1(x)/g'(x) = f_1(g^{-1}(y))/g'(g^{-1}(y))$$

$y = \tan x$ のとき，$g'(x) = \sec^2 x = 1 + \tan^2 x = 1 + y^2$，$f_1(x) = 1/\pi$

$$\therefore f_2(y) = (1/\pi)/(1 + y^2)$$

例 4.6

独立な 2 変数 X, Y の比 $S = Y/X$ $(X > 0, Y \geq 0)$ の確率密度関数 $k(s)$ を求めよ．ただし X, Y の確率密度関数はそれぞれ $f(x), g(y)$ とする．

[答]

S の累積分布関数は

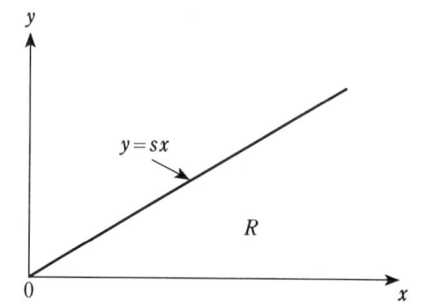

$$\int_0^S k(s)\,ds = \int_R \int f(x)g(y)\,dx\,dy \cdots\cdots (a)$$

ただし右辺の積分範囲 R は $0 \leq y/x \leq s$（図4.7）である．したがって上式は

$$\int_0^S k(s)\,ds = \int_0^\infty \int_{y/s}^\infty f(x)g(y)\,dx\,dy = \int_0^\infty \int_0^S f(y/s)g(y)(y/s^2)\,ds\,dy$$

$$= \int_0^S \{(1/s^2) \int_0^\infty y f(y/s) g(y)\,dy\}\,ds \cdots\cdots (s)$$

となり，両辺の s に関する被積分関数を比較すると，

$$k(s) = (1/s^2) \int_0^\infty y f(y/s) g(y)\,dy \cdots\cdots (c)$$

図 4.7 比 Y/X の確率密度の積分範囲

5. 最大値と最小値の分布

引張強さ x の確率密度関数が $f(x)$, 累積分布関数が $F(x)$ の機械部品がある. この部品の引張試験を n 回行なった. i 回目の測定値を X_i ($i=1, 2, \cdots, n$) とし, 測定値はお互い独立であるとする. n 個の値の中の

最小値を $U = \min(X_1, X_2, \cdots, X_n)$

最大値を $V = \max(X_1, X_2, \cdots, X_n)$ とすると,

最大値 V が v を越えない確率, すなわち最大値 V の累積分布関数は

$$P(V \leq v) = P(X_1 \leq v, X_2 \leq v, \cdots, X_n \leq v)$$
$$= P(X_1 \leq v)P(X_2 \leq v) \cdots P(X_n \leq v) \quad \text{(測定値はお互いに独立)}$$

しかるに $P(X_i \leq v) = F(v)$ ($i=1, 2, \cdots, n$) であるから,

$$P(V \leq v) = F(v)^n \cdots\cdots\cdots\cdots\cdots\cdots\cdots\cdots\cdots\cdots\cdots (5.1)$$

したがって最大値 V の確率密度関数は

$$\mathrm{d}\{F(v)^n\}/\mathrm{d}v = nF(v)^{n-1}f(v) \quad (\mathrm{d}F(v)/\mathrm{d}v = f(v)) \cdots\cdots (5.2)$$

最小値 U が u を越える確率は

$$P(U > u) = P(X_1 > u, X_2 > u, \cdots, X_n > u)$$
$$= P(X_1 > u)P(X_2 > u) \cdots P(X_n > u)$$

しかるに $P(X_i > u) = 1 - P(X_i \leq u) = 1 - F(u)$ ($i=1, 2, \cdots, n$) であるから, 最小値 U の累積分布関数は

$$P(U \leq u) = 1 - P(U > u) = 1 - \{1 - F(u)\}^n \cdots\cdots\cdots (5.3)$$

したがって最小値 U の確率密度関数は

$$\mathrm{d}[1 - \{1 - F(u)\}^n]/\mathrm{d}u = n\{1 - F(u)\}^{n-1}f(u) \cdots\cdots\cdots (5.4)$$

次に最小値と最大値の同時分布関数

$$W(u, v) = P(U \leq u, V \leq v)$$

について考えよう. いま $P(V \leq v)$ を二つの排反事象 $U \leq u$ および $U > u$ に分けて考えると,

$$P(V \leq v) = P(U \leq u, V \leq v) + P(U > u, V \leq v)$$
$$\therefore W(u, v) = P(V \leq v) - P(U > u, V \leq v) = \{F(v)\}^n - P(U > u, V \leq v)$$

しかるに $u \geq v$ のとき $P(U > u, V \leq v) = 0$

$u < v$ のとき $P(U > u, V \leq v) = P(u < X_1 \leq v, \cdots, u < X_n \leq v)$
$$= \{F(v) - F(u)\}^n$$

したがって最小値と最大値の同時分布関数は

$$\left. \begin{array}{l} u \geq v \text{ のとき } W(u, v) = \{F(v)\}^n \\ u < v \text{ のとき } W(u, v) = \{F(v)\}^n - \{F(v) - F(u)\}^n \end{array} \right\} \cdots\cdots (5.5)$$

したがって最大値と最小値の同時密度関数は

$$\left. \begin{array}{l} u \geq v \text{ のとき } w(u, v) = \partial^2 W(u, v)/\partial u \partial v = 0 \\ u < v \text{ のとき } w(u, v) = \partial^2 W(u, v)/\partial u \partial v \\ \qquad\qquad\qquad = n(n-1)\{F(v) - F(u)\}^{n-2} f(u) f(v) \end{array} \right\} \cdots (5.6)$$

$n > 2$ のとき $w(u, v)$ は $u = v$ において連続であるが,

$n = 2$ のとき $w(u, v)$ は $u = v$ において不連続である.

最大値と最小値の差,すなわち n 回の引張試験によって得られた測定値のばらつきの範囲 s の確率密度関数 $g(s)$ について考えよう.$V - U \leq s$ となる確率は図 5.1 に示されるように,$u-v$ 面において直線 $v = u + s$ より下の領域 R に入

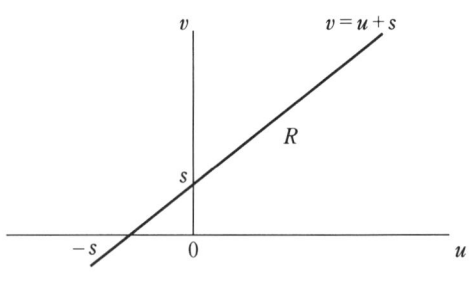

図 5.1 差 $V-U$ の確率密度の積分範囲 R

る確率となるから,この領域で同時確率密度 $w(u, v)$ を積分すれば,$V - U \leq s$ となる確率が求められる.すなわち

$$P(V - U \leq s) = \int_{-\infty}^{s} g(s) \mathrm{d}s = \iint_R w(u, v) \mathrm{d}u \mathrm{d}v = \int_{-\infty}^{\infty} \int_{v-s}^{\infty} w(u, v) \mathrm{d}u \mathrm{d}v$$
$$= \int_{-\infty}^{\infty} \int_{-\infty}^{s} w(v-s, v) \mathrm{d}s \mathrm{d}v = \int_{-\infty}^{s} \int_{-\infty}^{\infty} w(v-s, v) \mathrm{d}v \mathrm{d}s$$

上式における s の被積分関数を比較すると,

$$g(s) = \int_{-\infty}^{\infty} w(v-s, v) \mathrm{d}v \cdots\cdots\cdots\cdots\cdots\cdots\cdots\cdots\cdots\cdots (5.7)$$

これは 2 変数の差 s の密度関数を表わしており,式 (4.24) に与えられる和の

密度関数に対応するものである．$v-s>v$ すなわち $s<0$ のとき，式 (5.6) より $w(v-s,v)=0$ であるから，範囲 s の確率密度関数は

$$\left.\begin{array}{ll} s<0 \text{ のとき} & g(s)=0 \\ s>0 \text{ のとき} & g(s)=n(n-1)\int_{-\infty}^{\infty}(F(v)-F(v-s))^{n-2}f(v-s)f(v)\mathrm{d}v \end{array}\right\}$$
.... (5.8)

　一般に機械やシステムの良し悪しを判定する基準の一つとして，信頼性がある．これを客観的に測定したり計算したりして定量的に評価できるようにするため，**信頼度**（reliability）として次のような定義が行なわれている．「信頼度とは，規定の条件のもとで，意図する期間中，規定の機能を遂行する確率である」．ここでいう期間としては，スイッチのように動作回数を意味したり，自動車のように距離を意味することもある．したがって信頼度は，一般には時間 t の関数として与えられる．また規定の条件としては，機械が使用される環境（温度，湿度，圧力，振動など）のほかに，負荷，運転，保全などの状況があり，これらを規定しておかないと信頼性を客観的の把握することができない．規定の機能を失うことが**故障**（failure）であるが，たとえばテレビの画面がすこしでもチラチラすればこれを故障と見なすか，全く見えなくなったときを故障と見なすか，これも規定しておかなければ客観性がなくなる．

　さて，このような信頼度を調べる方法などについては，信頼性設計（第 22 章）で述べるが，一般に機械やシステムを構成する個々の要素の信頼度を向上させると同時に，これらの要素をどのように組み合わせれば，システムとしての信頼度を上げることができるかという問題がある．要素の信頼度からシステムの信頼度を計算するには，そのシステムの数学モデルが正しくなければならないが，特に機械系では要素間の空間的拘束条件が多くて，しかもそれが劣化現象に影響を及ぼし，さらにそれが要素の負荷配分を変える場合が多いから，システムのモデル化は一般に容易でない．

　ここでは最も基本的な直列系モデルと並列系モデルの信頼度について考えることにする．いま，システムが n 個の要素から成り，各要素の信頼度をそれぞれ $R_1, R_2, \cdots, R_n$ とする．また，各要素の故障は独立に起こるものとする．たとえば図 5.2 のように，n 個の変電設備を直列に結合した送電システム，n 個

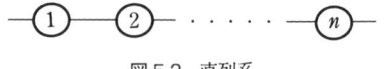

図5.2 直列系

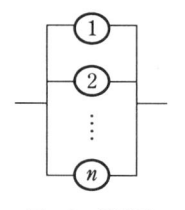

図5.3 並列系

の環を繋いだ鎖に張力が作用する例などでは，n個の要素のどれか一つでも故障したらシステムは故障する．したがってシステムが故障しないということは，各要素がすべて故障しないということであり，システムの信頼度Rはすべての要素の信頼度の積（独立事象）として与えられる．

$$R_1 R_2 \cdots R_n = \prod_{i=1}^{n} R_i \quad (直列系) \cdots\cdots\cdots\cdots (5.9)$$

これはすでに述べた式(3.6)と同じである．一方，図5.3のように，n個の変電設備が並列に結合した送電システム，n本のワイヤを束ねたロープに張力が作用する例などでは，n個の要素のどれか一つでも故障しなければシステムは故障しない．したがってシステムが故障するということは，各要素がすべて故障するということであり，システムの故障確率$(1-R)$はすべての要素の故障確率の積（独立事象）として与えられる．したがって

$$R = 1 - (1-R_1)(1-R_2)\cdots(1-R_n) = 1 - \prod_{i=1}^{n}(1-R_i) \quad (並列系) \cdots (5.10)$$

いまn個の要素の信頼度がすべて等しく，$R_1 = R_2 = \cdots = R_n = R_c$とすると，システムの信頼度は

$$\left.\begin{array}{ll} R = R_c^n & (直列系) \\ R = 1-(1-R_c)^n & (並列系) \end{array}\right\} \cdots\cdots\cdots\cdots (5.11)$$

故障確率を$1-R=F$，$1-R_c=F_c$とおくと，式(5.11)より

$$\left.\begin{array}{ll} F = 1-(1-F_c)^n & (直列系) \\ F = F_c^n & (並列系) \end{array}\right\} \cdots\cdots\cdots\cdots (5.12)$$

式(5.11)と(5.12)を比較すると，RとF，R_cとF_cをそれぞれ入れ換えると，直列系と並列系は同じ関係にある．2要素A, Bから成り立つシステムでは，故障の状態を0，正常の状態を1で表わすと，表5.1のように，直列系はA, Bの積集合，並列系はA, Bの和集合の演算によってその状態が表わされ，両者は双対性をもつ．

n 個の環から成り立つ鎖では，その引張強さが n 個の環の中で最も低い引張強さをもつ環によって決まる．したがって n 個の要素の引張強さの中の最小値 U が鎖の引張強さに相当する．最小値 U が負荷

表5.1 直列系と並列系の双対性（0：故障，1：正常）

要素	直列系	並列系
A　B	AB	A＋B
0　0	0	0
1　0	0	1
0　1	0	1
1　1	1	1

u よりも低いと鎖は故障するから，鎖の故障確率 F_s は最小値の分布関数 $P(U \leq u)$（式(5.3)）に相当する．すなわち

$$F_s = P(U \leq u) = 1 - \{1 - F(u)\}^n \quad \cdots\cdots\cdots\cdots\cdots\cdots (5.13)$$

ただし，$F(u)$ は各環の引張強度の分布関数で，各環の故障確率 F_c に相当する（故障はお互いに独立とする）．式(5.13)は式(5.12)に与えられる直列系の故障確率に相当し，直列系の信頼度は最小値の分布と関連していることがわかる．

一方，並列系の故障確率 F_p は要素の中の最大の強さよって決まるから，最大値の分布関数〔式(5.1)〕が並列系の故障確率に相当する．すなわち

$$F_p = P(V \leq v) = F(v)^n \quad \cdots\cdots\cdots\cdots\cdots\cdots\cdots\cdots (5.14)$$

式(5.14)は式(5.12)に与えられる並列系の故障確率に相当し，並列系の信頼度は最大値の分布と関連している．

例5.1

2要素（$n=2$）から成る系において，要素の信頼度がすべて $R_c = 0.90$ である．直列系および並列系としての信頼度 R_s を求め，両者を比較せよ．

〔答〕

式(5.11)より　直列系：$R_s = 0.90 \times 0.90 = 0.81$

並列系：$R_s = 1 - (1 - 0.90)(1 - 0.90) = 0.99$

直列系の信頼度は要素のそれよりも低くなり，一般に要素の数 n が多いほど信頼度は低くなる．したがって信頼性設計の問題としては，要素の数をできるだけ減らしたほうがよい．一方，並列系の信頼度は要素のそれよりも高くなり，一般に要素の数 n が多いほど信頼性は高くなる．

6. 統計的パラメータと母関数

確率変数の密度関数や分布関数については第4章で述べたが，確率変数の中心的傾向やばらつきの大きさは，その事象の統計的性質を表わすパラメータとして用いられる．

まず，離散的確率変数を $X = x_1, x_2, \cdots$ として，N 個の標本のうち $X = x_i$ の標本が m_i 個 ($N = m_1 + m_2 + \cdots$) あるとすれば，

$$(m_1 x_1 + m_2 x_2 + \cdots)/N = (m_1/N) x_1 + (m_2/N) x_2 + \cdots \qquad (6.1)$$

を X の **平均値** (average, mean, mathematical expectation) という．$N \to \infty$ とすれば，$m_i/N \to P(X = x_i) = p_i$ ($i = 1, 2, \cdots$) : x_i の確率 となるから，X の平均値は

$$E(X) = p_1 x_1 + p_2 x_2 + \cdots \qquad (6.2)$$

これを X の **確率重みつき平均値** (probability-weighted average) ともいう．

例 6.1

コインを2回投げる．表をH，裏をTとして，このゲームのルールを，HHのときAさんがBさんに20円支払う，HTまたはTHのときAさんがBさんに10円支払う，TTのときBさんがAさんに30円支払うことにした．N 回 (N は十分に大きいとする) のゲームをしたとき，Aさんが平均的に1ゲーム当たりで得る金額または失う金額はいくらか．

[答]

各事象 (HH, HT, TH, TT) の確率を $1/4$ とすると，Aさんが得る金額の平均値〔**期待値** (expected value) ともいう〕は

$-20 \times 1/4 - 10 \times 1/4 - 10 \times 1/4 + 30 \times 1/4 = -10/4$ 円，すなわちAさんは1ゲーム当たり平均して2円50銭失う．

例 6.2

さいころを1の目が出るまで投げる．各試行は独立とすると，繰返し数 X

の平均値はいくらか.

[答]

 1 が出る確率は, 各回で $p=1/6$.

 1 が出ない確率は, 各回で $q=1-p=5/6$.

 $\therefore X=n$ となる確率 : $P(X=n)=q^{n-1}p=5^{n-1}6^n$

 $\therefore E(X)=\sum_{n=1}^{\infty}nP(X=n)=\sum_{n=1}^{\infty}np(1-p)^{n-1}=\dfrac{1}{p}=6$

級数の計算 $n=1$ の項 p
      2   pq $+pq$
      3   pq^2 $+pq^2$ $+pq^2$
      .
      .

  縦の列の合計 $p/(1-q)+pq/(1-q)+pq^2/(1-q)+\cdots$
  総合計 $=p/(1-q)^2=p/p^2=1/p$

連続的確率変数 X の確率密度関数を $f(x)$ とすると, $P(x<X\leq x+\mathrm{d}x)=f(x)\mathrm{d}x$ であるから, X の平均値は

$$E[X]=\int_{-\infty}^{\infty}xf(x)\mathrm{d}x \quad \cdots\cdots\cdots\cdots\cdots\cdots\cdots\cdots\cdots\cdots\cdots (6.3)$$

$f(x)$ がデルタ関数 $\delta(x)$ の項を含むとすれば, 上式は離散的変数の平均値も表わす. すなわち $f(x)=p_1\delta(x-x_1)+p_2\delta(x-x_2)+\cdots$ とすれば,

$$E[X]=p_1\int_{-\infty}^{\infty}x\delta(x-x_1)\mathrm{d}x+p_2\int_{-\infty}^{\infty}x\delta(x-x_2)\mathrm{d}x+\cdots$$
$$=p_1x_1+p_2x_2+\cdots\cdots\cdots\cdots\cdots\cdots\cdots\cdots\cdots\cdots\cdots (6.4)$$

 (デルタ関数の性質 : $\int_{-\infty}^{\infty}\phi(x)\delta(x-x_1)\mathrm{d}x=\phi(x_1)$)

X の関数 $g(X)$ の平均値 : $E[g(X)]=\int_{-\infty}^{\infty}g(x)f(x)\mathrm{d}x \cdots\cdots\cdots\cdots (6.5)$

$g(X)=X^n$ とすると, 式 (6.5) は

$$E[X^n]=\int_{-\infty}^{\infty}x^nf(x)\mathrm{d}x=\alpha_n : \boldsymbol{n\ 次モーメント}\ (n\text{th moment}) \cdots\cdots (6.6)$$

0 次モーメント : $\alpha_0=1$

1 次モーメント : $\alpha_1=E[X]=\mu$: **平均値** (mean, mean value)

平均値は確率密度関数 $f(x)$ の中心的傾向を表わすパラメータ (重心に相当する) である. そのようなパラメータとしては, **中央値** (median) (左右におけ

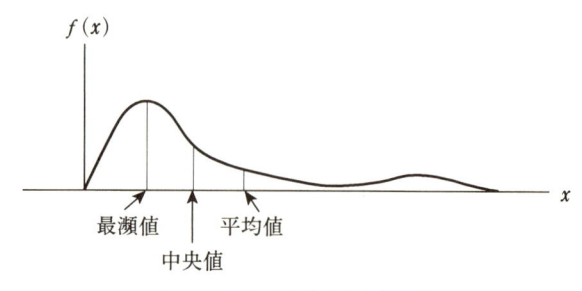

図6.1 のグラフ(最頻値、中央値、平均値を示す分布曲線)

図6.1 平均値と中央値と最頻値

る $f(x)$ の面積が等しくなる値)，**最頻値**（mode）（$f(x)$ が最大となる値）などがあり，用途によって使い分ける．たとえば，国民の年間所得が図6.1のように，一つの主な分布から離れたところに小さい分布をもつ場合，平均値よりも中央値のほうが中心的傾向をよく表わしている．

2次モーメント：$\alpha_2 = E[X^2]$：**二乗平均値**（mean-squared value）

二乗平均値の平方根 $\sqrt{E[X^2]}$：**rms 値**（root mean square value）

二乗平均値は原点 $x=0$ のまわりのばらつきの大きさを表わすパラメータ（慣性モーメントに相当する）である．このパラメータの次元を X の次元に一致させたものが rms 値である．一般に，確率密度関数 $f(x)$ の特性は n 次モーメント α_n（$n=1, 2, \cdots$）によって決定される．$f(x)$ が原点に関して対称（$f(x)=f(-x)$）であれば，奇数次モーメントは α_{2n-1}（$n=1, 2, \cdots$）$=0$ となる．

平均値まわりの n 次モーメントは

$$E[(X-\mu)^n] = \int_{-\infty}^{\infty} (x-\mu)^n f(x)\,dx = \lambda_n : \boldsymbol{n\text{次キュムラント}}\ (n\text{th cumulant}) \quad (6.7)$$

0次キュムラントは　$\lambda_0 = 1$
1次キュムラントは　$\lambda_1 = 0$
2次キュムラントは　$\lambda_2 = E[(X-\mu)^2] = \sigma^2$：**分散**（variance）

分散は平均値まわりのばらつきの大きさを表わすパラメータであり，その平方根をとれば X と同じ次元をもつパラメータとなる．すなわち

$$\sqrt{E[(X-\mu)^2]} = \sigma : \boldsymbol{標準偏差}\ (\text{standard deviation})$$

標準偏差と平均値との比は，ばらつきを表わす無次元パラメータとなる．

6. 統計的パラメータと母関数　（ 43 ）

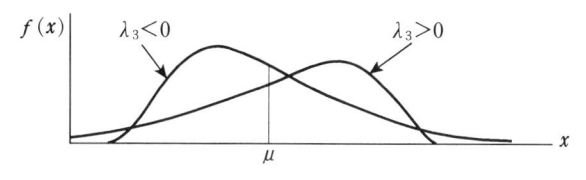

図6.2　ひずみ度

$\varepsilon = \sigma/\mu$：**変動係数**（variation coefficient）

分散と二乗平均値との関係は

$$\sigma^2 = \int_{-\infty}^{\infty}(x-\mu)^2 f(x)\,\mathrm{d}x = \int_{-\infty}^{\infty} x^2 f(x)\,\mathrm{d}x - 2\mu\int_{-\infty}^{\infty} xf(x)\,\mathrm{d}x + \mu^2\int_{-\infty}^{\infty} f(x)\,\mathrm{d}x$$
$$= \alpha_2 - 2\mu^2 + \mu^2 = \alpha_2 - \mu^2 = \alpha_2 - \alpha_1^2$$

$$\alpha_2 = \alpha_1^2 + \sigma^2 \quad \cdots\cdots\cdots\cdots\cdots\cdots\cdots\cdots\cdots\cdots\cdots\cdots\cdots (6.8)$$

すなわち，二乗平均値は平均値の二乗と分散との和に等しい．

3次キュムラント λ_3 は分布のひずみ度を表わす．すなわち，$\lambda_3 > 0$ のときは，図6.2に示されるように，分布が平均値の右方に長い裾をもち，$\lambda_3 < 0$ のときは，左方に長い裾をもつ．$\lambda_3 = 0$ のときは左右対称な分布となる．これを標準偏差の3乗で割れば無次元パラメータとなる．すなわち

　　$\lambda_3/\sigma^3 = E[(X-\mu)^3]/\sigma^3$：**ひずみ度**（skewness）

4次キュムラント λ_4 は分布のとがり度に関係する．図6.3に示されるように，両裾が長くて中央がとがっている分布では λ_4 が大きくなる．そこでこれを標準偏差の4乗で割れば無次元パラメータとしてのとがり度となる．

　　$\lambda_4/\sigma^4 = E[(X-\mu)^4]/\sigma^4$：**とがり度**（kurtosis, peakedness）

二つの確率変数 X, Y の関数 $g(X, Y)$ の平均値は

$$E[g(X, Y)] = \int_{-\infty}^{\infty}\mathrm{d}x\int_{-\infty}^{\infty} g(x, y)f(x, y)\,\mathrm{d}y \quad \cdots\cdots\cdots\cdots\cdots (6.9)$$

　　ただし $f(x, y)$：同時確率密度関数

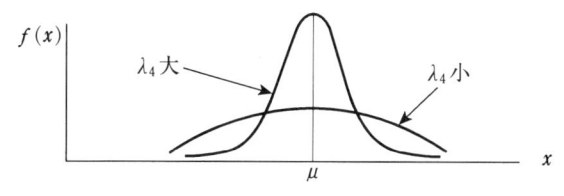

図6.3　とがり度

$g(X, Y) = X + Y$ のとき,
$$E[X+Y] = \int_{-\infty}^{\infty} dx \int_{-\infty}^{\infty} (x+y) f(x, y) dy$$
$$= \int_{-\infty}^{\infty} x \left\{ \int_{-\infty}^{\infty} f(x, y) dy \right\} dx + \int_{-\infty}^{\infty} y \left\{ \int_{-\infty}^{\infty} f(x, y) dx \right\} dy$$
$$= \int_{-\infty}^{\infty} x f_1(x) dx + \int_{-\infty}^{\infty} y f_2(y) dy = E[X] + E[Y] \cdots\cdots\cdots (6.10)$$

すなわち, 2変数の和の平均値は個々の平均値の和に等しい. n個の変数についても同様である.

$g(X, Y) = X^n Y^m$ のとき,
$$E[X^n Y^m] = \int_{-\infty}^{\infty} dx \int_{-\infty}^{\infty} x^n y^m f(x, y) dy = \alpha_{nm} \quad (n, m = 0, 1, 2, \cdots)$$
$$\cdots\cdots\cdots\cdots\cdots\cdots (6.11)$$

$\alpha_{n0} = X$ の n 次モーメント　　　$\alpha_{0n} = Y$ の n 次モーメント

$\alpha_{10} = X$ の平均値　　　$\alpha_{01} = Y$ の平均値

$$E[(X - \alpha_{10})^n (Y - \alpha_{01})^m] = \lambda_{nm} \quad (n, m = 0, 1, 2, \cdots) \cdots\cdots\cdots (6.12)$$

$\lambda_{n0} = X$ の n 次キュムラント　　　$\lambda_{0n} = Y$ の n 次キュムラント

$\lambda_{20} = X$ の分散　　　$\lambda_{02} = Y$ の分散

$\lambda_{11} = \sigma_{11}^2 = X, Y$ の**共分散** (covariance)

$\lambda_{20} = E[(X - \alpha_{10})^2] = E[X^2 - 2X\alpha_{10} + \alpha_{10}^2] = \alpha_{20} - \alpha_{10}^2$

$\lambda_{02} = E[(Y - \alpha_{01})^2] = E[Y^2 - 2Y\alpha_{01} + \alpha_{01}^2] = \alpha_{02} - \alpha_{01}^2$

$\lambda_{11} = E[(X - \alpha_{10})(Y - \alpha_{01})] = E[XY - Y\alpha_{10} - X\alpha_{01} + \alpha_{10}\alpha_{01}]$

$\quad = \alpha_{11} - \alpha_{10}\alpha_{01} \cdots\cdots\cdots\cdots\cdots\cdots\cdots\cdots\cdots (6.13)$

$\rho = \lambda_{11} / \sqrt{\lambda_{20} \lambda_{02}}$: **相関係数** (correlation coefficient)

X, Y が独立のとき,
$$\alpha_{11} = E[XY] = \int_{-\infty}^{\infty} dx \int_{-\infty}^{\infty} xy f_1(x) f_2(y) dy = \int_{-\infty}^{\infty} x f_1(x) dx \int_{-\infty}^{\infty} y f_2(y) dy$$
$$= E[x] E[y] = \alpha_{10} \alpha_{01} \cdots\cdots\cdots\cdots\cdots\cdots\cdots\cdots\cdots (6.14)$$

$\therefore \lambda_{11} = \alpha_{11} - \alpha_{10}\alpha_{01} = 0 \qquad \therefore \rho = 0$

逆に $\rho = 0$ のとき, X, Y が独立とは限らない. X, Y が従属していても, $\rho = 0$ となることがある. たとえば, $Y = X^2$ で, $f(x)$ が原点に関して対称, すなわち, $f(x) = f(-x)$ であれば, X の平均値 $\alpha_{10} = 0$ であるから,
$$\lambda_{11} = \alpha_{11} = E[XY] = \int_{-\infty}^{\infty} x x^2 f(x) dx = \int_{0}^{\infty} x^3 f(x) dx + \int_{-\infty}^{0} x^3 f(x) dx$$

$$= \int_0^\infty x^3 f(x)\,dx - \int_0^\infty x^3 f(-x)\,dx = 0$$

一般に，n 個の変数 $X_1, X_2, \cdots, X_n$ がお互いに独立していれば，
$$E[X_1 X_2 \cdots X_n] = E[X_1]E[X_2]\cdots E[X_n] \quad \cdots\cdots\cdots\cdots\cdots (6.15)$$

独立な 2 変数 X_1, X_2 の和 $X = X_1 + X_2$ の分散は
$$\begin{aligned}
\sigma^2 &= E[(X-\mu)^2] = E[(X_1 + X_2 - (\mu_1 + \mu_2))^2] \\
&= E[X_1^2 + 2X_1 X_2 + X_2^2 - 2(X_1 + X_2)(\mu_1 + \mu_2) + (\mu_1 + \mu_2)^2] \\
&= E[X_1^2] + 2E[X_1 X_2] + E[X_2^2] - 2(\mu_1 + \mu_2)^2 + (\mu_1 + \mu_2)^2 \\
&= E[X_1^2] + 2\mu_1 \mu_2 + E[X_2^2] - \mu_1^2 - 2\mu_1 \mu_2 - \mu_2^2 = \sigma_1^2 + \sigma_2^2 \quad \cdots\cdots (6.16)
\end{aligned}$$

ただし $\mu_1, \mu_2, \sigma_1^2, \sigma_2^2$ はそれぞれ X_1, X_2 の平均値と分散である．すなわち独立な 2 変数の和の分散は，それぞれの変数の分散の和に等しい．独立な n 個の変数の和の分散についても同様な関係が成り立つ．すなわち

$$X = X_1 + X_2 + \cdots + X_n \text{ のとき，} \sigma^2 = \sigma_1^2 + \sigma_2^2 + \cdots + \sigma_n^2 \cdots\cdots\cdots (6.17)$$

このことは 3 次キュムラントについても成り立つ．

2 変数 X, Y の関係を調べる実験において，n 個の実験結果 (x_i, y_i) ($i = 1, 2, \cdots, n$) が得られたとする．これらの結果から X, Y の比例関係を示す回帰直線の式 $y = ax + b$ を最小二乗法によって決定しよう．

ここでは $E[X] = E[Y] = 0$ とすると，誤差の二乗平均値は
$$\begin{aligned}
&E[(Y - (aX + b))^2] \\
&= E[Y^2] + a^2 E[X^2] + b^2 - 2aE[XY] - 2bE[Y] + 2abE[X] \\
&= E[Y^2] + a^2 E[X^2] + b^2 - 2aE[XY]
\end{aligned}$$

上式は $b = 0$ のとき最小となる．上式の a に関する微分係数を 0 とおくと，
$$a = E[XY]/E[X^2] = \rho\sqrt{E[Y^2]}/\sqrt{E[X^2]} = \rho\sigma_y/\sigma_x \quad \cdots\cdots\cdots (6.18)$$

(ρ：X, Y の相関係数，σ_x, σ_y：X, Y の標準偏差)

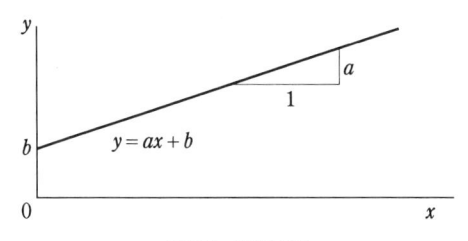

図 6.4 回帰直線

したがって最小二乗平均誤差は

$$E[(Y-aX)^2] = E[Y^2]\{1-(E[XY])^2/(E[X^2]E[Y^2])\} = E[Y^2](1-\rho^2)$$
.... (6.19)

$\rho = \pm 1$ のとき, 最小二乗平均誤差 $= 0$ となり, X, Y の比例関係がきまる.
$\rho = 0$ のとき, 最小二乗平均誤差 $= E[Y^2]$ となり, X, Y の比例関係はきまらない.

例6.3

コインを n 回投げる. 表が出る回数の平均値と分散を求めよ. ただし各回の試行はお互いに独立とする. なお, この例は後述 (第7章) の二項分布の平均値と分散を求める問題と同じである.

[答]

確率変数 X_k ($X_1, X_2, \cdots, X_n$ は互いに独立) を次のように定義する.

第 k 回が表のとき, $X_k = 1$, 裏のとき, $X_k = 0$ ($k = 1, 2, \cdots, n$)

したがって表が出る回数 X は次式によって与えられる.

$$X = X_1 + X_2 + \cdots + X_n$$

X の平均値 : $\mu = E[X] = E[X_1] + E[X_2] + \cdots + E[X_n]$

各回で表が出る確率を p, 裏が出る確率を $q = 1-p$ とすると,

$E[X_k] = 1 \cdot p + 0 \cdot q = p$ ($k = 1, 2, \cdots, n$) $\therefore \mu = np$ .... (a)

$E[X_k^2] = 1^2 \cdot p + 0^2 \cdot q = p$ ($k = 1, 2, \cdots, n$)

$E[X_j X_k] = E[X_j] E[X_k] = p^2$ ($j \neq k$, X_j, X_k は独立)

X_k の分散は式 (6.8) より

$\sigma_k^2 = E[X_k^2] - E[X_k]^2 = p - p^2 = p(1-p) = pq (= \sigma_0^2)$ ($k = 1, 2, \cdots, n$)

X の二乗平均値 : $E[X^2] = E[\sum_{k=1}^{n} X_k^2 + 2 \sum_{j=1}^{n-1} \sum_{k=j+1}^{n} X_j X_k]$

$= nE[X_k^2] + n(n-1) E[X_j X_k]$ $[2 \cdot {}_nC_2 = n(n-1)]$

$= np + n(n-1)p^2 = np(1-p) - (np)^2 = npq - (np)^2$

$\therefore X$ の分散 : $\sigma^2 = E[(X-\mu)^2] = E[X^2] - \mu^2$

$= npq - (np)^2 - (np)^2 = npq (= n\sigma_0^2)$ .... (b)

[別法]

X_k の分散 : $E[(X_k - E[X_k])^2] = E[X_k^2] - (E[X_k])^2 = p - p^2 = p(1-p) = pq$

($k = 1, 2, \cdots, n$)

X の分散 : $\sigma^2 = \sum_{k=1}^{n} E[(X_k - E[X_k])^2] = npq$ （X_k は独立）

コインを n 回投げて，実際に表が出た回数を X とすると，これは例 6.3 の式 (a) に与えられるような平均回数 np（p は表が出る確率，たとえば $1/2$）に等しいとは限らない．しかし投げる回数 n を増やしていくと，表が出る回数が np に近づくことをわれわれは経験している．たとえば 100 回も投げれば，表が出る回数は 50 回に近くなる．100 回投げる実験を何回も繰り返せば，たまには 1 回しか表が出ないこともあるだろうが，表と裏の回数はそれほど違わない場合が多いだろう．例 6.3 で定義した変数 X_k（$k=1,2,\cdots,n$）について，次のような定理が成り立つ．

$$P[|(X_1+X_2+\cdots+X_n)/n - \mu| > \varepsilon] \to 0 \quad (n \to \infty) \cdots\cdots\cdots (6.20)$$

定理の証明は省略するが，これは n が大きくなると，$(X_1+X_2+\cdots+X_n)/n$ の値が μ から離れる確率が，0 に近づくことを意味している．すなわち，n が大きくなると，$X = X_1+X_2+\cdots+X_n$ が np に近づくわけであり，これを**大数の法則**（laws of large numbers）という．

確率変数 X の n 次モーメントは，式 (6.6) に示されるように，一般に確率密度関数 $f(x)$ を用いて積分演算から求められるが，次式で定義されるような特性関数が知られていれば，簡単な微分演算によって平均値や分散などのモーメントを求めることができる．

確率変数 X の**特性関数**（characteristic function）$\phi(u)$ は次式によって定義される：

$$\phi(u) = E[\exp(juX)] = \int_{-\infty}^{\infty} \exp(jux) f(x) \mathrm{d}x \quad (j = \sqrt{-1}) \cdots\cdots (6.21)$$

すなわち，$\phi(u)$ は X の確率密度関数 $f(x)$ の逆フーリエ変換の形であり，$f(x)$ は $\phi(u)$ のフーリエ変換として一意的にきまる．すなわち

$$f(x) = (1/2\pi) \int_{-\infty}^{\infty} \exp(-jux) \phi(u) \mathrm{d}u \cdots\cdots\cdots\cdots\cdots (6.22)$$

$X = X_1 + X_2 + \cdots + X_n$ とすると，

$$\phi(u) = E[\exp\{ju(X_1+X_2+\cdots+X_n)\}]$$
$$= E[\exp(juX_1)\exp(juX_2)\cdots\exp(juX_n)]$$

$X_1, X_2, \cdots, X_n$ がお互いに独立であれば，積の平均値は平均値の積に等しいから〔式 (6.15)〕，

$$\phi(u) = E[\exp(uX_1)]E[\exp(uX_2)]\cdots E[\exp(uX_n)]$$
$$= \phi_1(u)\phi_2(u)\cdots\phi_n(u) \cdots\cdots\cdots\cdots\cdots\cdots\cdots (6.23)$$

すなわち，独立変数の和の特性関数は各変数の特性関数の積に等しい．

特性関数を $t=0$ の近傍でマクローリン展開すると，
$$\phi(u) = \phi(0) + \phi'(0)u + \phi''(0)u^2/2! + \cdots + \phi^{(n)}(0)u^n/n! + \cdots$$
$$\phi(0) = \int_{-\infty}^{\infty} f(x)\,dx = 1,\ \phi'(0) = \int_{-\infty}^{\infty} jxf(x)\,dx = jE[X] = j\alpha_1,\ \cdots$$

$$\phi^{(n)}(0) = \int_{-\infty}^{\infty} (jx)^n f(x)\,dx = j^n E[X^n] = j^n \alpha_n$$

$$\therefore \phi(u) = 1 + \sum_{n=1}^{\infty} (ju)^n \alpha_n / n! \cdots\cdots\cdots\cdots\cdots\cdots\cdots (6.24)$$

n 次モーメント： $\alpha_n = j^{-n}\phi^{(n)}(0) \cdots\cdots\cdots\cdots\cdots\cdots\cdots (6.25)$

特性関数 $\phi(u)$ が知られていれば，式 (6.25) のように簡単な微分演算によって，n 次モーメントを求めることができる．

特性関数の対数 $\log\phi(u) = \log\{1 + \sum(ju)^n \alpha_n/n!\}$ を，級数 $\log(1+z) = z - z^2/2 + z^3/3 - \cdots$ によって展開し，(ju) のべき級数の形にまとめると，

$$\log\phi(u) = 1 + \sum_{n=1}^{\infty} (\lambda_n/n!)(ju)^n \cdots\cdots\cdots\cdots\cdots\cdots\cdots (6.26)$$

ただし $\lambda_1 = \alpha_1$ ：平均値

$\lambda_2 = \alpha_2 - \alpha_1^2$ ：分散，2次キュムラント

$\lambda_3 = \alpha_3 - 3\alpha_1\alpha_2 + \alpha_1^3$ ：3次キュムラント

$\lambda_4, \lambda_5, \cdots$ ：厳密にはキュムラントに等しくないが，各次のキュムラントに関係したパラメータである．

2変数 X, Y の特性関数は次式によって与えられる．
$$\phi(u, v) = E[\exp\{j(uX + vY)\}] = \int_{-\infty}^{\infty}\int_{-\infty}^{\infty} \exp\{j(ux + vy)\} f(x, y)\,dx\,dy$$
$$\cdots\cdots\cdots\cdots\cdots\cdots\cdots (6.27)$$
$$f(x, y) = \{1/(2\pi)^2\} \int_{-\infty}^{\infty}\int_{-\infty}^{\infty} \exp\{-j(ux + vy)\} \phi(u, v)\,du\,dv$$
：同時確率密度関数

式 (6.27) を u, v でそれぞれ m, n 回微分して，$u = v = 0$ とおくと，
$$[\partial^{m+n}\phi(u, v)/\partial u^m \partial v^n]_{u=v=0} = \int_{-\infty}^{\infty}\int_{-\infty}^{\infty} (jx)^m (jy)^n f(x, y)\,dx\,dy = j^{m+n}\alpha_{mn}$$
$$\therefore \alpha_{mn} = j^{-(m+n)}[\partial^{m+n}\phi(u, v)/\partial u^m \partial v^n]_{u=v=0} \cdots\cdots\cdots\cdots\cdots (6.28)$$

α_{mn} は2変数のモーメント〔式 (6.11)〕であるが,式 (6.28) により2変数の特性関数 $\phi(u, v)$ の微分によって求めることができる.$\phi(u, v)$ をマクローリン展開すると,

$$\phi(u, v) = \sum_{m=0}^{\infty} \sum_{n=0}^{\infty} (u^m v^n / m!n!) [\partial^{m+n} \phi(u, v) / \partial u^m \partial v^n]_{u=v=0}$$
$$= \sum_{m=0}^{\infty} \sum_{n=0}^{\infty} (ju)^m (jv)^n \alpha_{mn} / m!n! \quad \cdots\cdots\cdots (6.29)$$

特性関数は連続な確率変数 X に対して定義されたが,離散変数に対しては,次式のような**確率母関数** (probability generating function) $P(s)$ が定義される.すなわち

$$P(s) = E[s^x] = \sum_{x=0}^{\infty} s^x p(x) \quad \cdots\cdots\cdots (6.30)$$

ただし $p(x)$ は $X=x$ $(=0, 1, 2, \cdots)$ となる確率である.なお $P(s)$ は $0 < s \leq 1$ の範囲で存在する.$P(s)$ を s で形式的に微分すると,

$$P'(s) = \sum_{x=0}^{\infty} x s^{x-1} p(x), \quad P''(s) = \sum_{x=0}^{\infty} x(x-1) s^{x-2} p(x), \cdots$$

$$P^{(n)}(s) = \sum_{x=0}^{\infty} x(x-1)(x-2)\cdots(x-n+1) s^{x-n} p(x)$$

ここで $s=1$ とおくと,

$$P'(1) = \sum_{x=0}^{\infty} x p(x) = E[X], \quad P''(1) = \sum_{x=0}^{\infty} x(x-1) p(x) = E[X(X-1)], \cdots$$

$$P^{(n)}(1) = \sum_{x=0}^{\infty} x(x-1)(x-2)\cdots(x-n+1) p(x)$$
$$= E[X(X-1)(X-2)\cdots(X-n+1)] \quad \cdots\cdots\cdots (6.31)$$

この関係は変数 X のモーメント $E[X^n]$ の計算に便利である.また,確率母関数 $P(s)$ が与えられたとき,これを s のべき級数に展開すれば,その各項の係数として確率 $p(x)$ $(x=0, 1, 2, \cdots)$ を決定することができる.これが確率母関数の名前のもとである.

モーメントの計算には,次式で与えられる**モーメント母関数** (moment generating function) のほうが一般的である.

$$M(\theta) = E[e^{\theta x}] \quad \cdots\cdots\cdots (6.32)$$

確率変数 X が離散変数のときは

$$M(\theta) = \sum_{x=0}^{\infty} e^{\theta x} p(x) \quad \cdots\cdots\cdots (6.33)$$

連続変数のときは

$$M(\theta) = \int_0^\infty e^{\theta x} f(x) \mathrm{d}x \cdots\cdots\cdots\cdots\cdots\cdots\cdots\cdots\cdots\cdots\cdots\cdots (6.34)$$

離散変数のとき e^θ を s とおけば，$M(\theta)$ は確率母関数に等しい．

連続変数のとき θ を jt とおけば，$M(\theta)$ は特性関数に等しい．

$e^{\theta x}$ をテイラー展開すると，モーメント母関数は

$$M(\theta) = E[1 + \theta x + (\theta x)^2/2! + \cdots + (\theta x)^k/k! + \cdots]$$
$$= 1 + \theta E[X] + (\theta^2/2!)E[X^2] + \cdots + (\theta^k/k!)E[X^k] + \cdots$$

となるから，$M(\theta)$ を θ で n 回微分して $\theta=0$ とおくと，X の n 次モーメントとなる．すなわち

$$M^{(n)}(0) = E[X^n] \cdots\cdots\cdots\cdots\cdots\cdots\cdots\cdots\cdots\cdots\cdots\cdots\cdots (6.35)$$

なお，特性関数等の応用については，第7章，第8章および第18章において述べる．

7. 二項分布とポアソン分布

コインを投げると表か裏が出るが，このように実験の結果が二つに分けられる問題は多い．ある現象の速度を観測して，それが特定の値より高いか低いかという場合なども同じである．いま二つの結果を表（H）と裏（T）として，1回の実験において H が出る確率を p，T が出る確率を $q=1-p$ としよう．お互いに独立な n 回の実験のうち，H が出る回数を確率変数 X で表わすと，$X=k$ となる確率は，

二項分布（binomial distribution）：$B(n, p) = {}_nC_k p^k q^{n-k}$ ············ (7.1)

によって与えられる．H が k 回，T が $(n-k)$ 回出る確率は，独立事象の確率として $p^k q^{n-k}$ となるが，H と T の順序は ${}_nC_k$ 通りあって，これらは排反事象であるから，結果は式 (7.1) のようになる．なお，$k=0,1,2,\cdots,n$ の場合の確率を加えれば，

$$\sum_{k=0}^{n} {}_nC_k p^k q^{n-k} = (p+q)^n = 1 \quad \left[{}_nC_k = {}_nC_{n-k} = \frac{n!}{k!(n-k)!} : 二項係数 \right]$$

特性関数（第 6 章）から二項分布を導くこともできる．いま，第 k 回に H が出たとき，$X_k=1$，T が出たとき，$X_k=0$ となる確率変数 X_k ($k=0,1,2,\cdots,n$) を定義すると，H が出る回数は

$$X = X_1 + X_2 + \cdots + X_n \quad \cdots\cdots\cdots\cdots\cdots\cdots\cdots\cdots (7.2)$$

として表わされる．X_k の確率密度関数は $f_k(x) = p\delta(x-1) + q\delta(x)$ ($\delta(\cdot)$：デルタ関数）として表わされるから，X_k の特性関数は，式 (6.21) より

$$\phi_k(u) = \int_{-\infty}^{\infty} \exp(jux) f_k(x) dx = \int_{-\infty}^{\infty} \exp(jux) \{p\delta(x-1) + q\delta(x)\} dx$$
$$= p\exp(ju) + q \quad \cdots\cdots\cdots\cdots\cdots\cdots\cdots\cdots\cdots\cdots (7.3)$$

したがって，X の特性関数は，式 (6.23) より

$$\phi(u) = \phi_1(u)\phi_2(u)\cdots\phi_n(u) = \{p\exp(ju) + q\}^n = \sum_{k=0}^{n} {}_nC_k p^k q^{n-k} \exp(juk)$$
$$\cdots\cdots\cdots\cdots\cdots\cdots\cdots\cdots\cdots\cdots\cdots\cdots\cdots\cdots (7.4)$$

となり，X の確率密度関数は，式 (6.22) より

$$f(x) = \sum_{k=0}^{n} {}_nC_k p^k q^{n-k} (1/2\pi) \int_{-\infty}^{\infty} \exp(juk) \exp(-jux) \mathrm{d}u$$

$$= \sum_{k=0}^{n} {}_nC_k p^k q^{n-k} \delta(x-k) \quad [\exp(juk) \text{のフーリエ変換は} \delta(x-k)]$$
……………………………………………………………… (7.5)

これは二項分布を離散的変数の確率密度（式 (4.11)）として表わしたものである．二項分布の平均値と分散は，例 6.3 で述べたように，式 (7.2) を用いて求められる．X の平均値，すなわち二項分布の平均値は，例 6.3 式 (a) で与えられており，

$$E[X] = \sum_{k=1}^{n} E[X_k] = np \quad \cdots\cdots\cdots\cdots\cdots\cdots\cdots\cdots\cdots\cdots\cdots\cdots\cdots (7.6)$$

となる．X の分散，すなわち二項分布の分散は，例 6.3 式 (b) より

$$\sigma^2 = E[X^2] - (E[X])^2 = npq \quad \cdots\cdots\cdots\cdots\cdots\cdots\cdots\cdots (7.7)$$

コインを投げて H がでるか T がでるかという実験を 10 回（$n=10$）繰り返して H がでた回数を記録し，これを 10 で割れば H がでる統計的確率が求まる．もしこの 10 回の実験を何回か繰り返して H がでた回数の平均値と標準偏差を調べたとすれば，それぞれ np，$\sqrt{npq}$（ただし p, q は数学的確率）に相当する．コインの実験では $p=q=0.5$ であるが，多くの事例では，この p が未知であり，p に相当する統計的確率を調べるのが目的となる．平均値と標準偏差を実験回数 n で割ると，統計的確率の平均値が p，標準偏差が $\sqrt{pq/n}$ に相当する．したがって n 回の実験によって求められた確率の誤差の大きさは $\sqrt{p(1-p)/n}$ によってきまる．誤差を小さくするには実験回数 n を増やさなければならないが，もし得られた確率 p の値が 0 に近いか 1 に近ければ誤差は小さい．しかし p が 0.5 に近ければ実験回数を増やさなければならない．

例 7.1

二項分布の平均値と分散を，特性関数を用いて求めよ．

[答]

二項分布の特性関数は，式 (7.4) より $\phi(u) = \{p\exp(ju) + q\}^n$ であるから，式 (6.25) より

$$E[X] = \alpha_1 = \phi'(0)/j = [npj\exp(ju)\{p\exp(ju) + q\}^{n-1}]_{u=0}/j$$
$$= np(p+q)^{n-1} = np$$

$$\sigma^2 = \alpha_2 - \alpha_1^2 = -\phi''(0) + \phi'(0)^2 = n(n-1)p^2 + np - (np)^2$$
$$= np(1-p) = npq$$

　航空機の墜落事故は，ある日突然起きる．電話の呼び鈴もある時突然鳴る．放射性物質から飛び出す粒子も不規則な間隔で放射される．このように不規則な時刻に発生する現象は，われわれの周辺に沢山見られる．

　このような現象が一定の時間内に何回発生するのか，その確率について考えてみよう．この問題を考えるとき，以下のような三つの仮定をおくことにする．

(1) 区間 (a, b) における発生回数を $N(a, b)$ とすると，
 $N(t_1, t_2), N(t_3, t_4), \cdots, N(t_{n-1}, t_n)$ は，お互いに独立である．
 ただし $t_1 < t_2 < t_3 < \cdots < t_{n-1} < t_n$.

(2) 区間 (a, b) において1回発生する確率を $p_1(a, b)$ とすると，
$$p_1(t, t+\Delta t) = \lambda(t)\Delta t + o(\Delta t)$$
 ただし $\Delta t \to 0$ のとき $o(\Delta t)/\Delta t \to 0$,
 $\lambda(t)$: 時刻 t における平均発生密度（単位時間当たりの平均回数）

(3) Δt が十分に小さいとき，Δt において2回以上発生する確率は十分に小さい．すなわち
$$\sum_{k \geq 2} p_k(t, t+\Delta t) = o(\Delta t)$$
$$\therefore p_0(t, t+\Delta t) = 1 - \lambda(t)\Delta t + o(\Delta t)$$

　さて，$E_0[a, b]$: 区間 (a, b) において1回も発生しない事象
　　　　$E_1[a, b]$: 区間 (a, b) において1回発生する事象　　とすると，
$E_0[t_0, t+\Delta t]$ は，$E_0[t_0, t]$ と $E_0[t, t+\Delta t]$ の積集合となるから，その確率は仮定 (1) より
$$p_0(t_0, t+\Delta t) = p_0(t_0, t)p_0(t, t+\Delta t)$$
さらに仮定 (2), (3) より
$$p_0(t_0, t+\Delta t) = p_0(t_0, t)\{1 - \lambda(t)\Delta t + o(\Delta t)\}$$
$$\therefore \{p_0(t_0, t+\Delta t) - p_0(t_0, t)\}/\Delta t = -\lambda(t)p_0(t_0, t) + o(\Delta t)/\Delta t$$
ここで $\Delta t \to 0$ とすると，
$$\mathrm{d}p_0(t_0, t)/\mathrm{d}t = -\lambda(t)p_0(t_0, t) \cdots\cdots\cdots\cdots\cdots\cdots\cdots\cdots\cdots\cdots (7.8)$$

7. 二項分布とポアソン分布

初期条件 $p_0(t_0, t_0) = 1$ を考慮すると，式 (7.8) の解は
$$p_0(t_0, t) = \exp\{-\int_{t_0}^{t} \lambda(\tau) d\tau\} \quad \cdots\cdots\cdots\cdots (7.9)$$

次に，$E_1[t_0, t+\Delta t]$ は，$E_1[t_0, t]$ と $E_0[t, t+\Delta t]$ の積集合と，$E_0[t_0, t]$ と $E_1[t, t+\Delta t]$ の積集合との和集合になるから，その確率は
$$p_1(t_0, t+\Delta t) = p_1(t_0, t) p_0(t, t+\Delta t) + p_0(t_0, t) p_1(t, t+\Delta t)$$
$$= p_1(t_0, t)\{1 - \lambda(t)\Delta t\} + p_0(t_0, t)\lambda(t)\Delta t + o(\Delta t)$$
$$\therefore \{p_1(t_0, t+\Delta t) - p_1(t_0, t)\}/\Delta t$$
$$= -\lambda(t) p_1(t_0, t) + \lambda(t) p_0(t_0, t) + o(\Delta t)/\Delta t$$
$$\therefore dp_1(t_0, t)/dt = -\lambda(t) p_1(t_0, t) + \lambda(t) p_0(t_0, t) \quad \cdots\cdots (7.10)$$

変数変換 $\mu = \int_{t_0}^{t} \lambda(\tau) d\tau, \quad d\mu = \lambda(t) dt \cdots\cdots\cdots\cdots (7.11)$
により，式 (7.10) は
$$dp_1/d\mu = -p_1 + p_0 = -p_1 + \exp(-\mu) \quad \cdots\cdots\cdots\cdots (7.12)$$

上式の解は
$$p_1(t_0, t) = \mu \exp(-\mu) = \{\int_{t_0}^{t} \lambda(\tau) d\tau\} \exp\{-\int_{t_0}^{t} \lambda(\tau) d\tau\} \cdots\cdots (7.13)$$

一般には
$$p_k(t_0, t) = (1/k!)\{\int_{t_0}^{t} \lambda(\tau) d\tau\}^k \exp\{-\int_{t_0}^{t} \lambda(\tau) d\tau\} \quad (k = 0, 1, 2, \cdots)$$
$$\cdots\cdots\cdots\cdots\cdots\cdots\cdots\cdots\cdots\cdots\cdots (7.14)$$

となることが，数学的帰納法によって証明される．すなわち，すでに $k=0, 1$ において式 (7.14) が成り立つことが，式 (7.9)，(7.13) に示されているから，$k = 0, 1, 2, \cdots, n-1$ において式 (7.14) が成り立つとすれば，$k = n$ においても正しいことさえ証明されればよい．

$E_n[t_0, t+\Delta t]$ は，$E_k[t_0, t]$ と $E_{n-k}[t, t+\Delta t]$ $(k = 0, 1, 2, \cdots, n)$ の積集合から成る和集合であるから，その確率は
$$p_n(t_0, t+\Delta t) = \sum_{k=0}^{n} p_k(t_0, t) p_{n-k}(t, t+\Delta t)$$
$$= p_n(t_0, t)\{1 - \lambda(t)\Delta t\} + p_{n-1}(t_0, t)\lambda(t)\Delta t + o(\Delta t)$$
$$\therefore \{p_n(t_0, t+\Delta t) - p_n(t_0, t)\}/\Delta t$$
$$= -\lambda(t) p_n(t_0, t) + \lambda(t) p_{n-1}(t_0, t) + o(\Delta t)/\Delta t$$
$$\therefore \partial p_n(t_0, t)/\partial t = -\lambda(t) p_n(t_0, t) + \lambda(t) p_{n-1}(t_0, t) \quad \cdots\cdots (7.15)$$

式 (7.11) の変数変換を行なうと，上式は $\partial p_n/\partial \mu = -p_n + p_{n-1}$，

式 (7.14) より $p_{n-1}=\{1/(n-1)!\}\mu^{n-1}\exp(-\mu)$ が成り立つと仮定すれば，式 (7.15) は

$$\partial p_n/\partial \mu = -p_n + \{1/(n-1)!\}\mu^{n-1}\exp(-\mu) \quad \cdots\cdots\cdots\cdots\cdots (7.16)$$

上式の解は

$$p_n = (1/n!)\mu^n \exp(-\mu) \quad \cdots\cdots\cdots\cdots\cdots\cdots\cdots\cdots\cdots\cdots\cdots\cdots (7.17)$$

すなわち，式 (7.14) が $k=n$ においても成り立つことが示された．

さて，式 (7.14) において，パラメータ λ が一定の場合には，

$$p_n(t) = (1/n!)(\lambda t)^n \exp(-\lambda t) \quad (\text{ただし初期時刻 } t_0=0 \text{ とおいた})$$
$$(n=0, 1, 2, \cdots) \quad \cdots\cdots\cdots\cdots\cdots\cdots\cdots\cdots (7.18)$$

これは時間 $(0, t)$ における発生回数が n となる確率を表わしており，**ポアソン分布** (Poisson distribution) という．これは平均発生密度 λ が常に一定の場合の確率である．事象の発生回数がポアソン分布に従うような過程を**ポアソン過程** (Poisson process) という．なお，

$$\sum_{n=0}^{\infty} p_n(t) = \sum_{n=0}^{\infty} (1/n!)(\lambda t)^n \exp(-\lambda t) = \exp(\lambda t)\exp(-\lambda t) = 1$$

であり，式 (7.18) のポアソン分布を確率密度関数として表わすと，

$$f(x) = \sum_{n=0}^{\infty} (1/n!)(\lambda t)^n \exp(-\lambda t)\delta(x-n) \quad \cdots\cdots\cdots\cdots\cdots (7.19)$$

となる．ポアソン分布の平均値と二乗平均値は，

$$E[X] = \int_{-\infty}^{\infty} xf(x)\,dx = \sum_{n=0}^{\infty} n(1/n!)(\lambda t)^n \exp(-\lambda t)$$
$$= (\lambda t)\exp(-\lambda t)\sum_{n=1}^{\infty} (\lambda t)^{n-1}/(n-1)!$$
$$= (\lambda t)\exp(-\lambda t)\exp(\lambda t) = \lambda t \quad \cdots\cdots\cdots\cdots\cdots\cdots\cdots (7.20)$$

$$E[X^2] = \int_{-\infty}^{\infty} x^2 f(x)\,dx = \sum_{n=0}^{\infty} n^2 (1/n!)(\lambda t)^n \exp(-\lambda t)$$
$$= \exp(-\lambda t)\sum_{n=0}^{\infty} \{n+n(n-1)\}(1/n!)(\lambda t)^n$$
$$= \exp(-\lambda t)\{\lambda t \sum_{n=1}^{\infty} (1/(n-1)!)(\lambda t)^{n-1} + (\lambda t)^2 \sum_{n=2}^{\infty} (1/(n-2)!)(\lambda t)^{n-2}\}$$
$$= \exp(-\lambda t)\{(\lambda t)\exp(\lambda t)+(\lambda t)^2 \exp(\lambda t)\} = \lambda t + (\lambda t)^2 \quad \cdots\cdots\cdots (7.21)$$

したがって，ポアソン分布の分散は，

$$\sigma^2 = E[X^2] - E[X]^2 = \lambda t + (\lambda t)^2 - (\lambda t)^2 = \lambda t \quad \cdots\cdots\cdots\cdots\cdots (7.22)$$

ポアソン分布の特性関数は，式 (6.21) に式 (7.19) を入れて導かれる．すなわち

$$\phi(u) = \int_{-\infty}^{\infty} \exp(jux)f(x)\,dx$$

$$\begin{aligned}
&= \sum_{n=0}^{\infty} (1/n!)(\lambda t)^n \exp(-\lambda t) \int_{-\infty}^{\infty} \exp(jux)\delta(x-n)\,\mathrm{d}x \\
&= \sum_{n=0}^{\infty} (1/n!)(\lambda t)^n \exp(-\lambda t) \exp(jun) \\
&= \exp(-\lambda t) \sum_{n=0}^{\infty} (1/n!)\{(\lambda t)\exp(ju)\}^n \\
&= \exp(-\lambda t)\exp\{(\lambda t)\exp(ju)\} = \exp[(\lambda t)\{\exp(ju)-1\}] \cdot (7.23)
\end{aligned}$$

二項分布の特性関数は式 (7.4) に与えられているが,これは $p \to 0$, $n \to \infty$ (np = 有限確定)のとき,ポアソン分布の特性関数〔式 (7.23)〕に一致することを以下に示そう.まず,式 (7.4) を変形すると,

$$\begin{aligned}
\phi(u) &= \{p\exp(ju)+q\}^n = \exp[n\log\{p\exp(ju)+q\}] \\
&= \exp[n\log\{1+p(\exp(ju)-1)\}] = \exp[nz\log(1+z)^{1/z}]
\end{aligned}$$

ただし $z = p(\exp(ju)-1)$ とおいた.

いま $p \to 0$ とすると,$z \to 0$,したがって $\lim_{z \to 0}(1+z)^{1/z} = \mathrm{e}$ となるから,
$$\lim_{p \to 0} \phi(u) = \lim_{z \to 0} \exp[nz\log(1+z)^{1/z}] = \exp[nz] = \exp[np(\exp(ju)-1)]$$
ここで二項分布の平均値 np をポアソン分布の平均値 λt に等しいとおくと,
$$\lim_{p \to 0} \phi(u) = \exp[(\lambda t)\{\exp(ju)-1\}]$$
すなわち,二項分布の特性関数は,p が十分に小さく,n が十分に大きく平均値 np が有限確定していれば,ポアソン分布の特性関数〔式 (7.23)〕に一致する.特性関数と確率密度関数とは一意的に対応しているから,前者が一致すれば後者も一致する.すなわち,1 回当たりの出現確率はきわめて低いが,試行回数がきわめて大きい場合,その出現の確率はポアソン分布に従う.このことは以下のように考えることができる.

ある現象が生起する時刻の列を $t_1, t_2, \cdots, t_n$ として,k 番目の時刻 t_k が区間 $(0, t)$ に入るとき,$X_k = 1$ とし,入らないとき,$X_k = 0$ とする.このとき,$X_k = 1$ の確率を p,$X_k = 0$ の確率を $q = 1-p$ とすると,区間 $(0, t)$ に入る時刻の総数 $X = \sum_{k=1}^{n} X_k$ は,二項分布 $B(n, p)$ に従うことになる.一方,これはポアソン分布に対応するものであるが,その場合は時刻の列が十分に長く ($n \to \infty$),かつ np は有限確定でなければならない.

例 7.2

ポアソン分布の平均値と分散を,特性関数を用いて求めよ.

[答]

ポアソン分布の特性関数は,式 (7.23) より

$$\phi(u) = \exp[(\lambda t)\{\exp(ju)-1\}]$$

であるから,式 (6.25) より平均値および二乗平均値は

$$\alpha_1 = j^{-1}\phi^{(1)}(0) = j^{-1}\{(\lambda t)j\exp(ju)\}\exp[(\lambda t)\{\exp(ju)-1\}]|_{u=0} = \lambda t$$

$$\alpha_2 = j^{-2}\phi^{(2)}(0)$$
$$= j^{-2}[\{(\lambda t)j^2\exp(ju) + (\lambda t)^2 j^2 \exp(2ju)\}\exp[(\lambda t)\{\exp(ju)-1\}]|_{u=0}$$
$$= \lambda t + (\lambda t)^2$$

したがって分散は

$$\sigma^2 = \alpha_2 - \alpha_1^2 = \lambda t$$

ポアソン分布 (式 (7.18)) は,$n=0$ のとき,t 時間なにも生起しない確率

$$p_0(t) = \exp(-\lambda t) \quad \cdots\cdots\cdots\cdots\cdots\cdots\cdots\cdots\cdots\cdots\cdots\cdots (7.24)$$

を表わす.たとえば故障の発生について考えれば,故障しない確率を表わしており,これは信頼度 R (第 5 章参照) に相当し,λ は**故障率** (failure rate) という.例 4.1 (第 4 章) には電球の故障確率の計算を示したが,これを一般化すると以下のようになる.

A:時刻 t まで故障しない事象

B:t と $t+dt$ の間に故障する事象　とする.

故障するまでの時間 X (すなわち寿命) の分布関数を $F(x)$,密度関数を $f(x)$ とすると,

$$P(A) = P(X>t) = 1 - P(X \leq t) = 1 - F(t),\quad (t \geq 0),\quad F(0) = 0$$

$$P(B) = P(t < X \leq t+dt) = dF(t) = f(t)dt$$

$$P(B|A) = \lambda dt$$

λ はポアソン分布〔式 (7.18)〕における平均発生密度 λ に相当するが,区間 $(t, t+dt)$ において故障が 1 回発生するためには,時刻 t まで故障していないことが条件となる.その条件付き確率を表わすものとして λdt が用いられる.なお,$(t, t+dt)$ における平均回数は,1 回の確率が λdt,0 回の確率は $1-\lambda dt$,2 回以上は 0 であるから,$1 \cdot \lambda dt + 0 \cdot (1-\lambda dt) = \lambda dt$ である.したがって λ は単位時間当たりの平均回数,すなわち平均発生密度に相当する.

$$P(B|A) = P(AB)/P(A) = P(B)/P(A),\quad AB=B\ (B\ \text{は}\ A\ \text{の部分集合})$$

であるから，

$$\lambda\,dt = f(t)\,dt/\{1-F(t)\}, \quad \text{すなわち} \{1-F(t)\}\lambda\,dt = f(t)\,dt$$

両辺を微分すると，$-\lambda f(t) = df(t)/dt$

$$\therefore f(t) = A\exp(-\lambda t) = \lambda\exp(-\lambda t) \quad \left(\int_0^\infty f(t)\,dt = 1 \text{ より } A = \lambda\right) \cdot (7.25)$$

$$F(t) = \int_0^t f(t)\,dt = 1 - \exp(-\lambda t)$$

したがって，時刻 t まで故障しない確率（寿命が t より長い確率）$P(A)$ は，

$$R(t) = 1 - F(t) = \exp(-\lambda t) \quad : \text{信頼度} \cdots\cdots\cdots\cdots\cdots\cdots\cdots\cdots (7.26)$$

これは式 (7.24) に相当する．式 (7.25) は寿命 t の確率密度関数を表わし，これは**指数分布** (exponential distribution) に従う．その特徴は

$$f(t)/\{1-F(t)\} = f(t)/R(t) = \lambda = \text{一定} \cdots\cdots\cdots\cdots\cdots\cdots\cdots (7.27)$$

すなわち，図 7.1 に示されるように，時刻 t における密度関数の高さが，常に t より右側の面積 $R(t)$ に比例する．n 個の部品の寿命試験を行なうとすれば，ある時刻に故障する部品の数が，まだ残っている部品の数に比例して減少することになる．室内の気温の降下速度が，外気との温度差に比例して減少するのと同じ原理である．なお，平均寿命（指数分布の平均値）は

$$E[t] = \int_0^\infty tf(t)\,dt = -\int_0^\infty t\{dR(t)/dt\}\,dt$$

$$= -\{tR(t)\}\big|_0^\infty + \int_0^\infty R(t)\,dt = \int_0^\infty R(t)\,dt = 1/\lambda \cdots\cdots\cdots\cdots (7.28)$$

すなわち，故障率に反比例する．分散は

$$\sigma^2 = E[t^2] - E[t]^2 = 2/\lambda^2 - 1/\lambda^2 = 1/\lambda^2 \cdots\cdots\cdots\cdots\cdots\cdots (7.29)$$

故障率 λ が一定の場合の故障を**偶発故障** (chance failure) というが，一般には λ は時間 t の関数となり，信頼性の問題としては，初期には故障率が比較的高く〔**初期故障** (initial failure)〕，一方，老朽化すると再び高くなる〔**摩耗故障** (wear out failure)〕のが一般的傾向である．

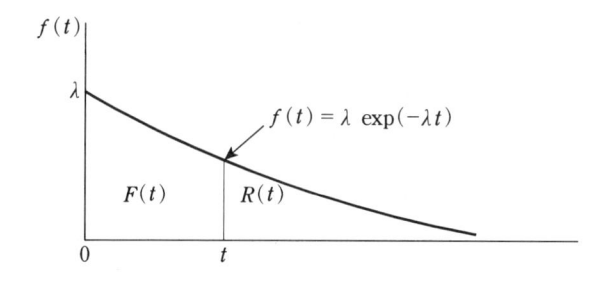

図 7.1　指数分布

8. 正規分布

　測定値の偶然誤差は原因不明の誤差であるが，このような誤差を含む測定を繰り返して測定値 X の分布を調べると，図8.1のような形の分布になり，これは次式のような**正規分布**（normal distribution）または**ガウス分布**（Gaussian ditribution）で近似されることが知られている．

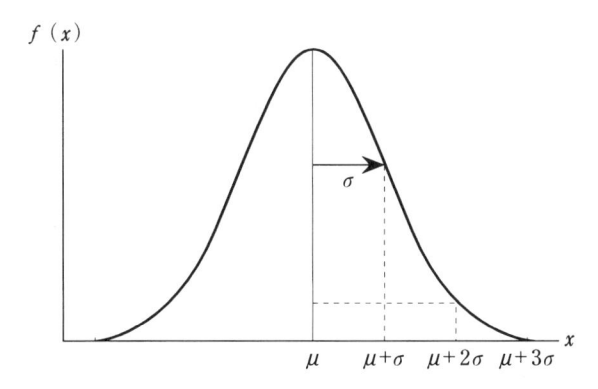

$$f(x) = (1/\sigma\sqrt{2\pi})\exp\{-(x-\mu)^2/2\sigma^2\} \quad\cdots\cdots\cdots\cdots\cdots (8.1)$$

ただし μ：平均値, $\sigma(>0)$：標準偏差．お互いに無関係な数多くの原因が集積した結果として出現した値の確率密度関数は，正規分布に従うことが**中心極限定理**（central limit theorem）によって証明されている．したがって，原因が無限個に近いとはいえない場合や多数ではあってもお互いに関連がる場合には正規分布に従わない．このことは結局偶然に支配された場合に正規分布に従うということになる．自然現象にはこのような例が多く，均質な等方性乱流，固体の熱雑音，気体分子のブラウン運動などのほか，人工物でも路面の凹凸や軌道の水準狂いなど正規分布で近似できる例がある．社会現象や経済現象でも，たとえば株価の変動を正規分布で近似する場合があるが，金融工学などで正規分

図8.1　正規分布 (μ：平均値, σ：標準偏差)

布を適用するのは無理のようである．中心極限定理を忘れて，なんでも偶然と見える現象に正規分布を当てはめようとすると失敗する．

中心極限定理の証明については，その考え方の一つを示すことにする．いま，確率変数 X がお互いに独立な n 個の変数 $X_1, X_2, \cdots, X_n$ の和に等しいとしよう．すなわち

$$X = X_1 + X_2 + \cdots + X_n \cdots\cdots\cdots\cdots\cdots\cdots\cdots\cdots\cdots\cdots (8.2)$$

X の平均値を μ，標準偏差を σ とすると，変数

$$Y = (X - \mu)/\sigma \cdots\cdots\cdots\cdots\cdots\cdots\cdots\cdots\cdots\cdots\cdots\cdots (8.3)$$

の平均値は 0，標準偏差は 1 となる．Y の特性関数は，式 (6.21) より $\exp(juY)$ の平均値として求められるから，

$$\begin{aligned}
\phi(u) &= E[\exp(juY)] = E[\exp\{ju(X-\mu)/\sigma\}] \\
&= \exp(-ju\mu/\sigma) E[\exp(juX/\sigma)] \\
&= \exp(-ju\mu/\sigma) E[\exp\{ju(X_1 + \cdots + X_n)/\sigma\}] \\
&= \exp(-ju\mu/\sigma) E[\exp(juX_1/\sigma)] \cdots E[\exp(juX_n/\sigma)] \\
&\qquad\qquad\qquad\qquad\qquad (X_i, X_j : 独立) \\
&= \exp(-ju\mu/\sigma) \prod \phi_i(u/\sigma)
\end{aligned}$$

$\phi_i(u/\sigma) = E[\exp(juX_i/\sigma)]$, $\phi_i(u) : X_i$ の特性関数 $(i=1, 2, \cdots, n)$

$$\therefore \log \phi(u) = -ju\mu/\sigma + \sum_{i=1}^{n} \log \phi_i(u/\sigma)$$

式 (6.26) より

$$\log \phi_i(u/\sigma) = 1 + \sum_{k=1}^{\infty} (\lambda_{ik}/k!)(ju/\sigma)^k \quad (i=1, 2, \cdots, n)$$

ただし $\lambda_{i1} = \mu_i$ ：X_i の平均値

$\lambda_{i2} = \sigma_i^2$ ：X_i の分散

λ_{i3} ：X_i の 3 次キュムラント

・・・・・・・・・

したがって，$\log \phi(u)$ を u のべき乗の順にまとめると，

$$\begin{aligned}
\log \phi(u) = &-j\mu u/\sigma + (ju/\sigma)\sum_{i=1}^{n}\mu_i - \{(u/\sigma)^2/2\}\sum_{i=1}^{n}\sigma_i^2 \\
&+ \sum_{k=3}^{\infty}\{(\sum_{i=1}^{n}\lambda_{ik}/k!)(ju/\sigma)^k\}
\end{aligned}$$

しかるに，$\sum \mu_i = \mu$，$\sum \sigma_i^2 = \sigma^2$ が成り立つから，

$$\log\phi(u) = -u^2/2 + \sum_{k=3}^{\infty}\left\{(\sum_{i=1}^{n}\lambda_{ik}/k!)(ju/\sigma)^k\right\}$$

ここで $\sum\lambda_{ik}$ は n に比例するものとし，$\sigma=\sqrt{\Sigma\sigma_i^2}$ は $\sqrt{n}$ に比例するものとすれば，$(\sum\lambda_{ik}/k!)(ju/\sigma)^k$ は $n^{1-k/2}$ $(k\geq 3)$ に比例する．したがって $n\to\infty$ のとき，$\sum\{(\sum\lambda_{ik}/k!)(ju/\sigma)^k\}\to 0$ となる．すなわち

$$\log\phi(u) = -u^2/2, \text{ または } \phi(u) = \exp(-u^2/2) \cdots\cdots\cdots (8.4)$$

式 (8.2) の X において，$n\to\infty$ とすると，Y 〔式 (8.3)〕の特性関数 $\phi(u)$ は式 (8.4) によって与えられることがわかる．

一方，Y が正規分布に従うとすれば，$\mu=0$, $\sigma=1$ であるから，その確率密度関数は式 (8.1) より

$$f(y) = (1/\sqrt{2\pi})\exp(-y^2/2) \cdots\cdots\cdots\cdots\cdots\cdots (8.5)$$

によって与えられる．特性関数は式 (6.21) より確率密度関数の逆フーリエ変換によって与えられるから，

$$\phi(u) = \int_{-\infty}^{\infty}\exp(juy)f(y)\mathrm{d}y = (1/\sqrt{2\pi})\int_{-\infty}^{\infty}\exp(juy)\exp(-y^2/2)\mathrm{d}y$$

$$= (1/\sqrt{2\pi})\int_{-\infty}^{\infty}\exp\{-(y-ju)^2/2\}\exp(-u^2/2)\mathrm{d}y$$

$$= \exp(-u^2/2)(1/\sqrt{2\pi})\int_{-\infty}^{\infty}\exp(-z^2/2)\mathrm{d}z = \exp(-u^2/2) \cdots (8.6)$$

参考

$I=\int_{-\infty}^{\infty}\exp(-z^2/2)\mathrm{d}z=\sqrt{2\pi}$ の計算：

$$(I/2)^2 = \int_0^{\infty}\int_0^{\infty}\exp(-x^2/2-y^2/2)\mathrm{d}x\mathrm{d}y = \int_0^{\pi/2}\int_0^{\infty}\exp(-r^2/2)r\mathrm{d}r\mathrm{d}\theta$$

$$= (\pi/2)\int_0^{\infty}\exp(-t)\mathrm{d}t = \pi/2$$

式 (8.5) の積分 $(-\infty \leq y \leq \infty)$ は $\int f(y)\mathrm{d}y = 1$

$\pm\sigma$ での積分 $(-1 \leq y \leq 1)$ は　約 0.68

$\pm 2\sigma (-2 \leq y \leq 2)$ では　約 0.954,

$\pm 3\sigma (-3 \leq y \leq 3)$ では　約 0.997

なお，ガウスの**誤差関数** (error function) は

8. 正規分布

$$\left.\begin{array}{l}\mathrm{erf}\, u = (2/\sqrt{\pi})\int_0^u \exp(-z^2/2)\,dz \quad (u\to\infty \text{のとき}, \mathrm{erf}\, u = \sqrt{2}) \\ \mathrm{erfc}\, u = (2/\sqrt{\pi})\int_u^\infty \exp(-z^2/2)\,dz \end{array}\right\} \cdots (8.7)$$

式 (8.6) は式 (8.4) に一致するから，式 (8.2) の X において $n\to\infty$ としたとき，これに対応する Y の確率密度関数は，式 (8.5) の正規分布に従うことが示された．すなわちお互いに独立な確率変数の無限個の和から成る変数は正規分布に従う．

二項分布に従う変数 X の平均値と標準偏差は，式 (7.6)，(7.7) より，それぞれ np，$\sqrt{npq}$ であるが，

$$Y = (X - np)/\sqrt{npq} \quad \cdots\cdots\cdots\cdots\cdots\cdots\cdots\cdots\cdots\cdots (8.8)$$

とおくと，変数 Y の平均値は 0，標準偏差は 1 であり，その特性関数は

$$\phi_n(u) = E[\exp(juY)] = \exp(-junp/\sqrt{npq})E[\exp(juX/\sqrt{npq})]$$
$$= \exp(-junp/\sqrt{npq})\phi(u/\sqrt{npq})$$

ここで $\phi(u)$ は X の特性関数 (式 (7.4)) であるから，

$$\phi_n(u) = \exp(-junp/\sqrt{npq})\{p\exp(ju/\sqrt{npq}) + q\}^n$$
$$= \{p\exp(juq/\sqrt{npq}) + q\exp(-jup/\sqrt{npq})\}^n$$

$\exp(\cdot)$ をテイラー級数に展開して，n が十分に大きいときの高次微小項 (3 次以上の項) を省略すると，

$$\phi_n(u) = (1 - u^2/2n)^n \to \exp(-u^2/2) \quad (n\to\infty) \cdots\cdots\cdots\cdots (8.9)$$

式 (8.9) は正規分布の特性関数〔式 (8.6)〕に一致する．すなわち二項分布は $n\to\infty$ のとき，正規分布に一致することがわかる．式 (7.2) に示されるように，二項分布に従う変数はお互いに独立な n 個の確率変数の和として表わされるから，$n\to\infty$ のとき，正規分布に近づくわけである．

ポアソン分布については，n 個のお互いに独立なポアソン分布に従う変数 X_i ($i = 1, 2, \cdots, n$) の和

$$X = \Sigma X_i$$

について考える．X_i の平均値と分散はすべて λt 〔式 (7.20)，(7.22)〕に等しいとすると，X の平均値と分散は $n\lambda t$ となる (X_i は独立)．そこで

$$Y = (X - n\lambda t)/\sqrt{n\lambda t} \quad (\text{平均値は 0，標準偏差は 1}) \cdots\cdots\cdots (8.10)$$

の特性関数を求めると,
$$\phi_n(u) = E[\exp(juY)] = \exp(-ju\sqrt{n\lambda t})E[\exp(juX/\sqrt{n\lambda t})]$$
$$= \exp(-ju\sqrt{n\lambda t})\phi(u/\sqrt{n\lambda t})$$

$\phi(\cdot)$ はポアソン分布の特性関数 (式 (7.23)) であるから,
$$\phi_n(u) = \exp(-ju\sqrt{n\lambda t})\exp[n\lambda t\{\exp(ju/\sqrt{n\lambda t}) - 1\}]$$
$$= \exp\{-ju\sqrt{n\lambda t} - n\lambda t + n\lambda t \exp(ju/\sqrt{n\lambda t})\}$$
$$= \exp\{-ju\sqrt{n\lambda t} - n\lambda t + n\lambda t(1 + ju/\sqrt{n\lambda t} - u^2/2n\lambda t - \cdots)\}$$
$$= \exp(-u^2/2 - \cdots)$$

$n \to \infty$ のとき, $\phi_n(u) \to \exp(-u^2/2)$ ・・・・・・・・・・・・・・・・・・・・・・・・・・(8.11)

すなわち, 正規分布の特性関数 (式 (8.6)) に一致する. ポアソン分布に従う n 個のお互いに独立な変数の和は, $n \to \infty$ のとき正規分布に一致することがわかる. 一般に, ある**母集団**(population)から独立に抽出された無限に多くの**標本**(sample)の集まりを考えると, もとの母集団の性質とは無関係に, そのような標本の集合は正規分布に従うわけである.

正規分布の特徴は次のようにまとめることができる.

(1) 中央極限定理から明らかなように, 正規分布に従う変数は多くの変数の和から成り立つものであるから, 正規分布に従う二つ以上の変数の和から成る変数もまた正規分布に従う. したがって正規分布に従う変数に線形演算を施しても正規分布に従うが, 非線形演算を施せば正規分布でなくなる.

(2) 正規分布に従う変数の性質は, 平均値と分散, すなわち 1 次モーメントと 2 次モーメントによって完全にきまる. 一般に, 確率密度関数 $f(x)$ の特性は 1 次から無限次までのモーメント α_n ($n=1,2,\cdots$) を与えないと決定することができないが, 正規分布に従う変数では 2 次までのモーメントによって, すべての高次モーメントが決定される. たとえば, 正規分布に従う 4 変数 X_1, X_2, X_3, X_4 (いずれも平均値は 0 とする) の 4 次モーメントは
$$E[X_1X_2X_3X_4]$$
$$= E[X_1X_2]E[X_3X_4] + E[X_2X_3]E[X_1X_4] + E[X_1X_3]E[X_2X_4]$$
・・(8.12)

となり, 2 次モーメントの積和によって表わされる. 式 (8.12) は 4 次元正規分布の特性関数を用いて証明される (省略). $X_1 = X_3$, $X_2 = X_4$ のときは,

8. 正規分布

$$E[X_1^2 X_2^2] = E[X_1^2]E[X_2^2] + 2E[X_1 X_2]^2 \cdots\cdots\cdots (8.13)$$

$X_2 = X_3 = X_4$ のときは, $\quad E[X_1 X_2^3] = 3E[X_1 X_2]E[X_2^2] \cdots\cdots (8.14)$

$X_1 = X_2 = X_3 = X_4 = X$ のときは, $\quad E[X^4] = 3E[X^2]^2 = 3\sigma^4 \cdots\cdots (8.15)$

偶数次モーメントは, 一般に $\quad E[X^{2n}] = 1\cdot 3\cdot 5\cdots(2n-1)\sigma^{2n}$
奇数次モーメントは, $\quad E[X^{2n-1}] = 0 \quad (n=1,2,\cdots)$ $\bigg\}\cdots(8.16)$

式 (8.1) は 1 次元の正規分布であり, 一般に n 次元の正規分布は次式によって与えられる.

$$f(X) = \{1/\sqrt{(2\pi)^n |M|}\} \exp(-XM^{-1}X^T/2) \cdots\cdots\cdots (8.17)$$

ただし $\quad X = [x_1 x_2 \cdots x_n]$ (平均値 $E[X] = [\mu_1, \mu_2, \cdots, \mu_n] = 0$ とした)

$\quad M = [\sigma_{ij}^2] : n \times n$ 共分散行列, $\sigma_{ij}^2 : x_i$ と x_j の共分散.

2 次元の正規分布は

$$f(x_1, x_2) = (1/2\pi\sigma_{11}\sigma_{22}\sqrt{1-\rho_{12}^2}) \exp[-\{(x_1-\mu_1)^2/\sigma_{11}^2$$
$$- 2\rho_{12}(x_1-\mu_1)(x_2-\mu_2)/\sigma_{11}\sigma_{22} + (x_2-\mu_2)^2/\sigma_{22}^2\}/2(1-\rho_{12}^2)]$$
$$\cdots\cdots\cdots (8.18)$$

ただし $\rho_{12} = \sigma_{12}^2/\sigma_{11}\sigma_{22} : x_1$ と x_2 の相関係数.

$y_1 = (x_1-\mu_1)/\sigma_{11}$, $y_2 = (x_2-\mu_2)/\sigma_{22}$ とおくと, 式 (8.18) は

$$f(y_1, y_2) = (1/2\pi\sqrt{1-\rho_{12}^2}) \exp[-\{y_1^2 - 2\rho_{12}y_1 y_2 + y_2^2\}/2(1-\rho_{12}^2)]$$
$$\cdots\cdots\cdots (8.19)$$

直線上を粒子が運動する問題を考えてみよう. 粒子は時刻 $t=0$ で $x=0$ の位置にある. 他の粒子との衝突によって, この粒子の位置は単位ステップだけ変わる. 衝突は無作為に（独立に）起き, 正負の向きは等しい確率で, 単位時間あたりの平均回数は一定だとする. このような実験を何回も繰り返して, 一定時間後に粒子が到達した位置 x の分布を調べれば, 平均値 0 の正規分布に近くなるだろう. これは 1 次元の酔歩モデルである. 1 ステップが小さくて, ステップ数が多いほど正規分布に近づき, 1 ステップが無限小の連続過程とすれば, 1 次元の拡散過程となる. 粒子が xy 平面上を運動する場合には, 2 次元の正規分布になる. 酔歩モデルや拡散過程については, 第 14 章において述べる.

9. 標本関数と確率過程

　飛行機の翼は風の力で揺れ動くし，自動車は路面の凹凸によって振動するが，この揺れは図 9.1 のように乱れている．このように乱れた現象は乗り物の揺ればかりでなく，株価や為替相場の変動にも見られる．これらの特徴は，任意の時刻における変量の値を確定することができないという点にある．いいかえると，時間の関数として完全に記述することができないものである．しかし，その値がある範囲内にある確率を調べることはできる．

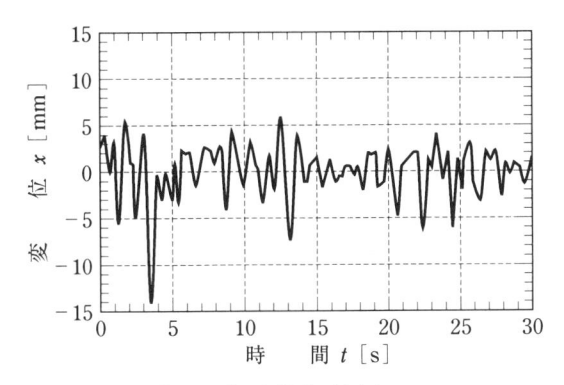

図 9.1　乱れた波形の例 (1)
(自動車の床面の上下振動)

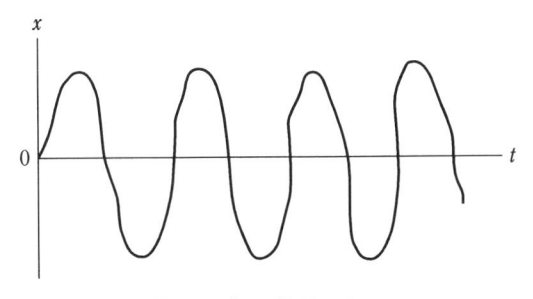

図 9.2　乱れた波形の例 (2)

9. 標本関数と確率過程

ここで注意しなければならないことは，どんな現象にも必ずなんらかの乱れを伴うものであるが，その乱れを無視して，これに比較的単純な数学モデルを当てはめて予測をしたほうがよい場合がある．たとえば図 9.2 のような波形であれば，正弦波 $A\sin(\omega t+\phi)$ を当てはめたほうがよさそうである．乱れの中に重要な情報が隠れていれば，それを無視したモデルは役に立たないわけであるが，確率のモデルを使うかどうかは，その目的によって決められるものである．

さて，乱れた波形を記録する場合，たとえば同じ道路を同じ車で同じ速度で走行して記録された車体の振動波形は，いつもぴったり同じ形というわけにはいかない．そこで同じ条件のもとで，ある変量の時間的変化を何回か記録できたとすると（図 9.3），これらの記録を**標本関数** (sample function) という．これらは決して同じではないが，同じ母集団（ここでは母関数という）から抽出れたものである．いま N 個の標本関数 $x_1(t), x_2(t), \cdots, x_N(t)$ を抜き取って記録したとすると，これらの標本関数の集合 $\{x(t)\}$ は，一つの**確率過程** (stochastic process) を形成している．すなわち標本関数の集合が確率過程である．

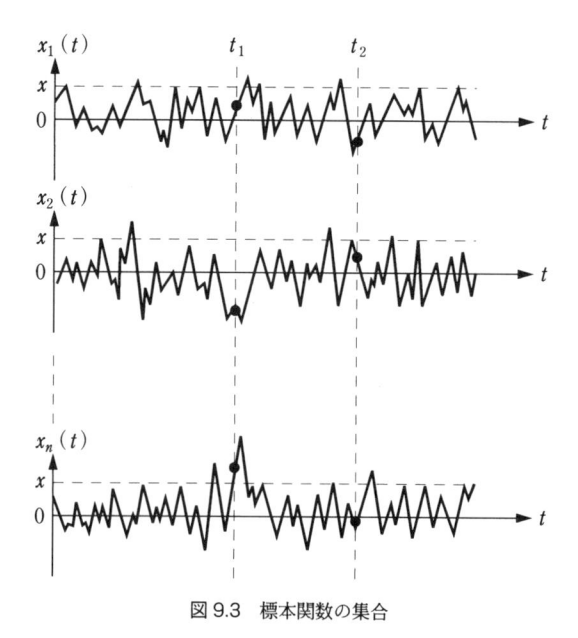

図 9.3 標本関数の集合

図 9.4 累積分布関数

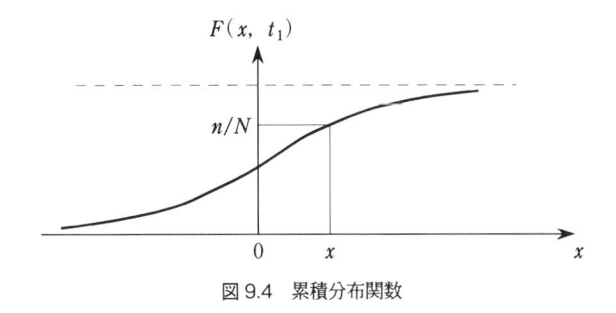

なお,変数 t は時間とは限らず,距離を表わす場合もある.

この確率過程の性質は以下のようにして調べることができる.まず,各標本関数の時刻 t_1 における値 $x_1(t_1), x_2(t_1), \cdots, x_N(t_1)$ を特定の値 x と比較して,もし x よりも大きくない標本関数が n 個あったとすれば,図 9.4 のように,x に対して n/N をプロットする.x の値を変えて n/N をプロットすると,図 9.4 のような非減少関数となり,$x = -\infty$ のときは $n/N = 0$,$x = \infty$ のときは $n/N = 1$ となることがわかる.そこで標本関数を十分に沢山とったとき ($N \to \infty$) の極限を考えれば,$\lim n/N$ は母関数 X が時刻 t_1 において x を越えない確率 $P(X \leq x, t_1)$ を与えることになる.これは式 (4.5) で定義した累積分布関数と同じであり,

$$F(x, t_1) = P(X \leq x, t_1) = \lim_{N \to \infty} n/N \cdots\cdots\cdots\cdots\cdots\cdots\cdots\cdots (9.1)$$
$$F(-\infty, t_1) = 0, \; F(\infty, t_1) = 1$$

X の確率密度関数は,式 (4.7) と同様に

$$f(x, t_1) = \mathrm{d}F(x, t_1)/\mathrm{d}x \cdots\cdots\cdots\cdots\cdots\cdots\cdots\cdots\cdots\cdots\cdots\cdots (9.2)$$
$$F(x, t_1) = \int_{-\infty}^{x} f(x, t_1)\,\mathrm{d}x, \; F(\infty, t_1) = \int_{-\infty}^{\infty} f(x, t_1)\,\mathrm{d}x = 1$$

として与えられる (図 9.5).X が任意の区間 (a, b) 内にある確率は,

$$P(a \leq X \leq b, t_1) = F(b, t_1) - F(a, t_1) = \int_a^b f(x, t_1)\,\mathrm{d}x \cdots\cdots\cdots\cdots (9.3)$$

次に,N 個の標本関数のうち,時刻 t_1 における値が特定の値 x_1 よりも大きくなく,同時に時刻 t_2 における値が特定の値 x_2 よりも大きくない標本関数が n 個あったとすれば,x_1, x_2 に対して n/N を 3 次元的にプロットする.x_1,x_2 の値を変えて $\lim n/N$ をプロットすれば,時刻 t_1, t_2 における X の 2 次元同時分布関数となる.すなわち

9. 標本関数と確率過程

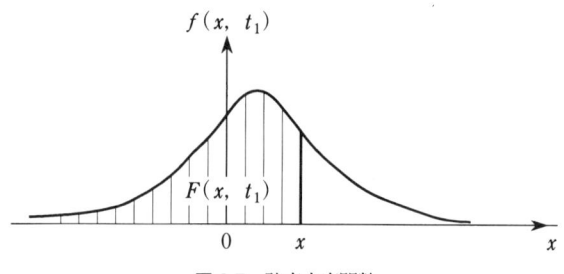

図9.5 確率密度関数

$$F(x_1, t_1; x_2, t_2) = P(X \leq x_1, t_1; X \leq x_2, t_2) \cdots\cdots\cdots\cdots (9.4)$$

これは式 (4.16) で与えた同時分布関数と同様であり，式 (4.17)～(4.22) の関係が成り立つ．なお X の2次元同時密度関数は

$$f(x_1, t_1; x_2, t_2) = \partial^2 F(x_1, t_1; x_2, t_2)/\partial x_1 \partial x_2 \cdots\cdots\cdots\cdots (9.5)$$

一般に，X の n 次元同時分布関数を同様に定義することができる．すべての次元の分布関数を決定しないと，X の統計的性質を完全に決定することはできないが，多くの実際問題では1次元と2次元の分布関数を決定すれば十分である．

時刻 t_1 における X の n 次モーメントは，式 (6.6) と同様に確率密度関数 $f(x, t_1)$ を用いて求められる．

$$\int_{-\infty}^{\infty} x^n f(x, t_1) dx = E[X^n, t_1] \cdots\cdots\cdots\cdots (9.6)$$

n 次キュムラントは，式 (6.7) と同様に与えられ，分散は，

$$\int_{-\infty}^{\infty} (x - E[X, t_1])^2 f(x, t_1) dx = \sigma_{11}^2 \cdots\cdots\cdots\cdots (9.7)$$

時刻 t_1, t_2 における X の共分散は，2次元同時密度関数 $f(x_1, t_1; x_2, t_2)$ を用いて，

$$\int_{-\infty}^{\infty}\int_{-\infty}^{\infty} (x_1 - E[X, t_1])(x_2 - E[X, t_2]) f(x_1, t_1; x_2, t_2) dx_1 dx_2 = \sigma_{12}^2$$
$$\cdots\cdots\cdots\cdots (9.8)$$

σ_{12}^2 は X の**自己相関関数** (autocorrelation function) ともいい，x_1 と x_2 の相関の測度として用いられ，一般に t_1, t_2 の関数である．また

$$\rho_{12} = \sigma_{12}^2/\sigma_{11}^2 \cdots\cdots\cdots\cdots (9.9)$$

を**自己相関係数** (autocorrelation coefficient) といい，$t_1 = t_2$ のとき $\rho_{12} = 1$, x_1 と x_2 が独立のとき $\rho_{12} = 0$ となる（逆は必ずしも真でない）．

2変数 X, Y が異なる母関数から抽出された標本関数であれば，それぞれの時刻 t_1, t_2 における値の分散を σ_x^2, σ_y^2，共分散を σ_{xy}^2 とすると，

$$\rho_{xy} = \sigma_{xy}^2 / \sigma_x \sigma_y \cdots\cdots\cdots\cdots\cdots\cdots\cdots\cdots\cdots\cdots\cdots\cdots\cdots\cdots (9.10)$$

を**相互相関係数**(cross-correlation coefficient)という．

累積分布関数や確率密度関数が標本関数における時刻 t_1 の選択とは無関係に決まるとき，その標本関数の集合は**定常確率過程**(stationary stochastic process)をなすという．定常確率過程から決まる分布関数が，任意の一つの標本関数から得られる分布関数に等しいとき，その標本関数の集合は**エルゴード過程**(ergodic process)をなすという．エルゴード過程であれば常に定常確率過程であるが，その逆は必ずしも成り立たない．定常確率過程であっても，その標本関数のどれを選んでも代表的であるとは限らないからである．

標本関数の集合がエルゴード過程と見なせるかどうかは，多くの標本関数を抽出して見なければわからないが，一つの十分に長い標本関数が抽出できれば，母関数に含まれるほとんどすべての状態がそこに現われると考えられるから，これをエルゴード過程から抽出された代表的な標本関数と見なす場合がある．このようなエルゴード仮説を立てて，一つの標本関数から分布関数を求めるには，図 9.6 のように，X の記録時間 T において，$X \leq x$ となる時間の合計 T_x を求めて，T_x/T の値，すなわち $X \leq x$ となる時間の割合を x に対してプロットすればよい．すなわち分布関数は

$$F(x) = P(X \leq x) = \lim_{T \to \infty} T_x / T \cdots\cdots\cdots\cdots\cdots\cdots\cdots\cdots\cdots (9.11)$$

として求められる．$x \to -\infty$ のときは，$T_x/T \to 0$，$x \to \infty$ のときは，$T_x/T \to 1$ となることは明らかである．また，n 次モーメントは次式のような**時間平均**(time average)によって決定できる．

$$E[X^n] = \lim_{T \to \infty} (1/T) \int_{-T/2}^{T/2} x^n(t) \, dt \cdots\cdots\cdots\cdots\cdots\cdots\cdots (9.12)$$
$(x(t): -T/2 \leq t \leq T/2$ において定義された偶関数とする$)$

これに対して，式 (9.6) のように確率密度関数を用いた平均値は，標本関数の集合をもとにしているから，**集合平均**(ensemble average)という．式 (9.8) の自己相関関数も，定常エルゴード過程では

$$x_1 = x(t),\ x_2 = x(t+\tau) \quad (\tau = t_2 - t_1)$$

とおいて，時間平均

9. 標本関数と確率過程

$$R_{xx}(\tau) = \lim_{T \to \infty} (1/T) \int_{-T/2}^{T/2} x(t)x(t+\tau)\,dt \quad (ただし\ E[X]=0\ とした) \tag{9.13}$$

として求められ，時間差 τ のみの関数となる．相互相関関数は，

$$x_1 = x(t),\ y_2 = y(t+\tau)\ (\tau = t_2 - t_1)$$

とおいて，

$$R_{xy}(\tau) = \lim_{T \to \infty} (1/T) \int_{-T/2}^{T/2} x(t)y(t+\tau)\,dt \quad (ただし\ E[X]=E[Y]=0) \tag{9.14}$$

として求められる．このように集合平均が時間平均によっておきかえられれば，データ処理が非常に容易になる．

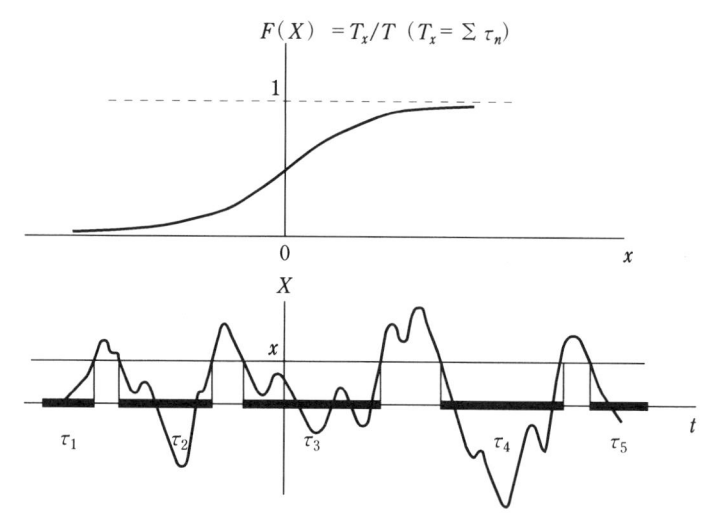

図 9.6 エルゴード過程の累積分布関数

10. スペクトル密度と相関関数

　標本関数の値に関する情報は，確率密度関数として得られるが，標本関数の波形に関する情報を得るには，どのような振動数成分が含まれているかを調べなければならない．乱れた波形の調和成分を調べることは，重ね合せの原理が成り立つ線形問題を扱う限り非常に有利であり，関数をフーリエ級数やフーリエ積分の形で表わすのが普通である．いま，$x(t)$ が平均値 0 のエルゴード過程の一つの標本関数とすれば，これは $-\infty \leq t \leq \infty$ における一つの無周期関数であり，これをフーリエ積分で表わすには，

$$\int_{-\infty}^{\infty} |x(t)| \, dt < \infty \quad \text{(積分の絶対収束)}$$

の条件を満たさなければならない．そこで $x(t)$ の代わりに次のような関数 $x_T(t)$ を用意することにする：

$$\left. \begin{array}{l} -T/2 \leq t \leq T/2 \text{ において} \quad x_T(t) = x(t) \\ t < -T/2, \, t > T/2 \text{ において} \quad x_T(t) = 0 \end{array} \right\} \quad \cdots\cdots\cdots\cdots (10.1)$$

　$x_T(t)$ は積分の絶対収束の条件を満足するからフーリエ積分で表わすことができる．実際に観測されるデータは有限長さ T のものであるから，特に断らなくてもフーリエ積分で表わせるわけであるが，エルゴード性が仮定できるためには，T が十分に長くて理論的には無限大でなければならない．そこでまず補助的な関数 $x_T(t)$ について後述のスペクトル密度などを定義してから $T \to \infty$ として $x(t)$ のスペクトル密度などを導くことにする．$x_T(t)$ の二乗平均値は，フーリエ積分におけるパーセバルの式より

$$E[x_T(t)^2] = (1/T) \int_{-1/T}^{1/T} x_T(t)^2 \, dt = (1/T) \int_{-\infty}^{\infty} x_T(t)^2 \, dt$$
$$= (1/T) \int_{-\infty}^{\infty} |c_T(jf)|^2 \, df \cdots\cdots\cdots\cdots\cdots\cdots\cdots (10.2)$$

ただし
$$x_T(t) = \int_{-\infty}^{\infty} c_T(jf) \exp(j2\pi f t) df$$
$$c_T(jf) = \int_{-\infty}^{\infty} x_T(t) \exp(-j2\pi f t) dt$$
.... (10.3)

$T \to \infty$ のとき，$E[x_T(t)^2] \to E[x(t)^2]$ であるから，式 (10.2) より

$$E[x(t)^2] = \int_{-\infty}^{\infty} \lim_{T \to \infty}(1/T)|c_T(jf)|^2 df = \int_{-\infty}^{\infty} S_{xx}(f) df \quad \cdots\cdots\cdots (10.4)$$

ただし $S_{xx}(f) = \lim_{T \to \infty}(1/T)|c_T(jf)|^2 \quad (-\infty \leq f \leq \infty)$ .... (10.5)

$S_{xx}(f)$ は変数 X の**パワースペクトル密度関数**（power spectral density function）といい，単位振動数幅当たりの二乗平均値を表わしている．したがってこれを振動数全帯域にわたって積分すれば，X の全体としての二乗平均値になる．物理量の二乗はパワーに対応する場合が多く，たとえば，運動エネルギーは速度の二乗に，弾性ひずみエネルギーは変位の二乗に，ジュール熱は電流の二乗に比例するから，パワースペクトル密度というが，パワーに対応していなくてもパワーと称している．

なお，式 (10.5) では $S_{xx}(f)$ を $-\infty \leq f \leq \infty$ の領域で定義しているが，$0 \leq f \leq \infty$ の領域で定義したパワースペクトル密度は，$W_{xx}(f) = 2S_{xx}(f)$ となる．なぜならば，$W_{xx}(f)$ の $0 \leq f \leq \infty$ における積分値も $E[x(t)^2]$ にならなければならないからである．角振動数 $\omega = 2\pi f$ について定義した場合には，同様にして $S_{xx}(\omega) = S_{xx}(f)/2\pi$ となることに注意しなければならない．これは $S_{xx}(\omega)d\omega = S_{xx}(f)df$ の関係が成り立つからである．

標本関数は実際には有限長さの $x_T(t)$ であるから，パワースペクトル密度を式 (10.5) から求めるときは，まず式 (10.3) の $c_T(jf)$ を $x_T(t)$ のフーリエ変換によって計算すればよい．実際には時間領域を離散化して $x_T(t)$ のサンプル値をとり，積分は級数によって置き換えられ，計算のアルゴリズムとしては**高速フーリエ変換**（Fast Fourier Transform）を用いる．このときのサンプリング周波数，データの長さ等が周波数分解能や誤差に及ぼす影響については，スペクトル解析の文献[3]に詳述されている．なお，周期関数を含む場合には，その振動数における線スペクトルとなるが，周波数分解能に限界があるため，一般には検出が困難である．

図 9.1 に示される波形の加速度パワースペクトル密度を図 10.1 に示す．これは自動車の床面の上下振動の一例であるが，1～2 Hz の加速度成分が大きい

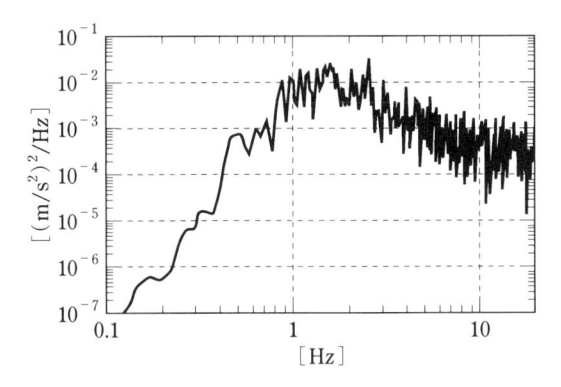

図 10.1　図 9.1 の波形の加速度パワースペクトル密度

ことがわかる.

振動数成分を調べる目的は,次の三つに要約される：

(1) その現象の発生の機構を理解するのに役立つ.たとえば,車の振動がエンジンの回転に起因するのか,路面の凹凸に起因するのかがわかる.

(2) その現象のシミュレーションを行なうのに役立つ.たとえば,路面の凹凸をコンピュータ上で再現して,車の振動のシミュレーションを行なうのに,路面凹凸の確率密度だけでは再現できない.

(3) 設計問題に役立つ.たとえば,車のサスペンションの特性,ばね定数などは,路面凹凸の振動数成分が分からないと決められない.

なお,正規分布に従う変数の統計的性質は平均値と分散によって完全にきまるが,平均値を 0 とすれば,分散すなわち二乗平均値は,式 (10.4) のように,パワースペクトル密度によって決まるから,平均値 0 の正規分布に従う変数の性質は,パワースペクトル密度によって完全に決定されることになる.正規分布に従わない変数に対しては,より高次のモーメントに関するスペクトル密度関数が定義されなくてはならない.

定常エルゴード過程の自己相関関数は式 (9.13) に与えられているが,フーリエ変換 〔式 (10.3)〕 を適用するため,式 (10.1) の関数 $x_T(t)$ の自己相関関数を考えて,式 (10.3) と同様に変換すると,

$$R_{x_T x_T}(\tau) = (1/T) \int_{-\infty}^{\infty} x_T(t) x_T(t+\tau) \, dt$$

$$= (1/T)\int_{-\infty}^{\infty}|c_T(jf)|^2\exp(j2\pi f\tau)\mathrm{d}f \cdots\cdots\cdots\cdots (10.6)$$

ここで $T\to\infty$ として, 式 (10.5) のパワースペクトル密度を代入すると,

$$R_{xx}(\tau) = \int_{-\infty}^{\infty}S_{xx}(f)\exp(j2\pi f\tau)\mathrm{d}f \cdots\cdots\cdots\cdots (10.7)$$

すなわち, $R_{xx}(\tau)$ は $S_{xx}(f)$ の逆フーリエ変換に等しい. したがって, パワースペクトル密度 $S_{xx}(f)$ は 自己相関関数 $R_{xx}(\tau)$ のフーリエ変換に等しい. すなわち

$$S_{xx}(f) = \int_{-\infty}^{\infty}R_{xx}(\tau)\exp(-j2\pi f\tau)\mathrm{d}\tau \cdots\cdots\cdots\cdots (10.8)$$

式 (10.7), (10.8) を**ウィーナ・ヒンチン** (Wiener-Khintchine) の式という. $S_{xx}(f)$ と $R_{xx}(\tau)$ は偶関数であるから,

$$\left.\begin{aligned}R_{xx}(\tau) &= \int_{0}^{\infty}W_{xx}(f)\cos(2\pi f\tau)\mathrm{d}f \quad (-\infty\leqq\tau\leqq\infty)\\ W_{xx}(f) &= 2\int_{-\infty}^{\infty}R_{xx}(\tau)\cos(2\pi f\tau)\mathrm{d}\tau \quad (0\leqq f\leqq\infty)\end{aligned}\right\}\cdots\cdots (10.9)$$

と表わすこともできる. パワースペクトル密度を求める方法として, まず自己相関関数を計算して, そのフーリエ変換として求めることもできる. しかしFFT (高速フーリエ変換) が普及してからこの方法は使われなくなった. 自己相関関数もパワースペクトル密度を求めてから, その逆フーリエ変換として求めるほうが便利になっている.

ここで定常エルゴード過程の自己相関関数の基本的な性質について述べよう.

(1) $R_{xx}(0) = E[x(t)^2]$ 〔これは式 (9.13) から明らかである〕 $\cdots\cdots$ (10.10)

(2) $|R_{xx}(\tau)| \leqq R_{xx}(0)$ $\cdots\cdots\cdots\cdots\cdots\cdots\cdots\cdots\cdots\cdots\cdots\cdots\cdots$ (10.11)

$\{x(t)\pm x(t+\tau)\}^2 = x^2(t)\pm 2x(t)x(t+\tau)+x^2(t+\tau)$ の両辺の時間平均をとると, 左辺は非負, 右辺の第1項, 第3項は $R_{xx}(0)$, 第2項は $\pm 2R_{xx}(\tau)$ となるから, $R_{xx}(\tau)\geqq -R_{xx}(0)$ または $R_{xx}(\tau)\leqq R_{xx}(0)$. 式 (10.11) を定性的に説明すれば, τ が大きくなれば $x(t)$ と $x(t+\tau)$ の相関が弱くなって, $x(t)x(t+\tau)$ の値は正と負の両側にばらつき, その平均値は0に近づく. 一方, τ が小さくなれば相関が強くなって, $x(t)$ と $x(t+\tau)$ は同符号になりやすく, その積の平均値は正で大きくなり, $\tau=0$ のとき最大となる. したがって式 (9.9) の自己相関係数は

$$0\leqq|\rho_{xx}| = |R_{xx}(\tau)|/R_{xx}(0) \leqq 1 \cdots\cdots\cdots\cdots\cdots\cdots\cdots (10.12)$$

10. スペクトル密度と相関関数　　（ 75 ）

(3) $x(t)=E[x(t)]+\xi(t)\,(E[\xi(t)]=0)$ とおくと,
$R_{xx}(\tau)=E[\{E[x(t)]+\xi(t)\}\{E[x(t)]+\xi(t+\tau)\}]$
$\qquad =E[x(t)]E[x(t)]+E[x(t)]E[\xi(t+\tau)]+E[\xi(t)]E[x(t)]$
$\qquad\qquad +E[\xi(t)\xi(t+\tau)]$
$\qquad =E[x(t)]^2+R_{\xi\xi}(\tau)$ ･････････････････････････････(10.13)

$\tau=0$ とおくと, $E[x(t)^2]=E[x(t)]^2+\sigma_x^2$ ($\sigma_x^2 : x(t)$ の分散).
これは式 (6.8) と一致する. $\tau\to\infty$ のときは, $R_{\xi\xi}(\tau)\to 0$ となるから, $\tau\to\infty$ のとき $R_{xx}(\tau)$ は平均値の二乗に近づく.

(4) 自己相関関数は, 周期関数その他の解析関数に対しても定義されるものであり, $x(t)=a\sin(\omega t+\phi)$ のとき,
$R_{xx}(\tau)=(\omega/2\pi)\int_0^{2\pi/\omega}a^2\sin(\omega t+\phi)\sin\{\omega(t+\tau)+\phi\}\,dt=(a^2/2)\cos\omega\tau$
したがって $x(t)=a\sin(\omega t+\phi)+\xi(t)\,(E[\xi(t)]=0)$ のときは,
$R_{xx}(\tau)=(a^2/2)\cos\omega\tau+R_{\xi\xi}(\tau)$ ･･････････････････････(10.14)

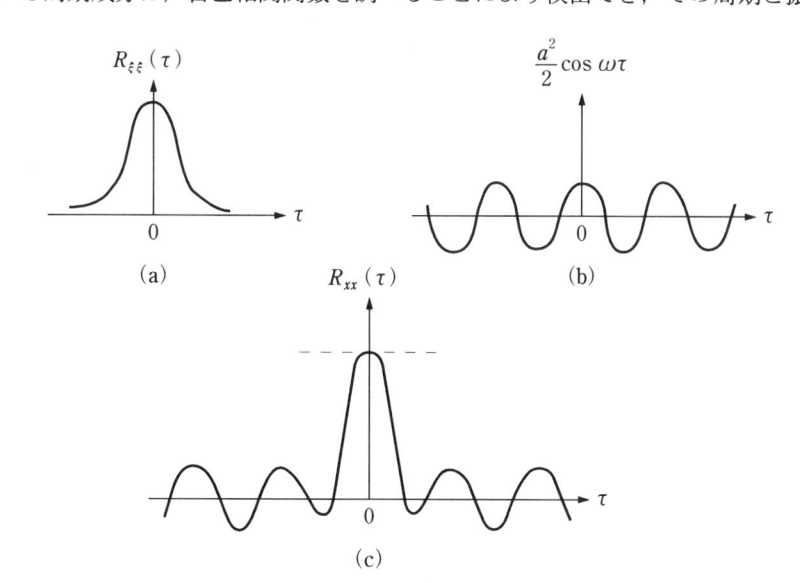

$\tau\to\infty$ のときは, $R_{\xi\xi}(\tau)\to 0$ となるから, $\tau\to\infty$ のとき $R_{xx}(\tau)$ は振幅 $a^2/2$, 周期 $2\pi/\omega$ の周期関数に近づく（図 10.2）. したがって雑音 $x(t)$ の中に隠れている周期成分は, 自己相関関数を調べることにより検出でき, その周期と振幅

図 10.2　自己相関関数

を知ることもできる．ただし位相角 ϕ に関する情報は失われる．

(5) パワースペクトル密度が比較的広い帯域幅にわたって一定であれば，これを理想化して，$S_{xx}(f)=S_w=$ const $(-\infty \leq f \leq \infty)$ とおく場合がある．このような変数 X を**白色雑音**（white noise）という．この場合，式 (10.4) から明らかなように，$E[x(t)^2]\to\infty$ となるから，理想的な白色雑音は存在しないが，問題とする領域以外の振動数成分の影響が無視できる場合には，白色雑音を仮定して問題を単純化することがある．白色雑音の自己相関関数を求めるために，まず自己相関関数を高さ $S_w/2\varepsilon$，幅 2ε，面積 S_w の方形波と仮定する．すなわち

$$\left.\begin{array}{l} -\varepsilon \leq \tau \leq \varepsilon \text{ において} \quad R_{xx}(\tau)=S_w/2\varepsilon \\ \tau<-\varepsilon, \tau>\varepsilon \text{ において} \quad R_{xx}(\tau)=0 \end{array}\right\} \cdots\cdots\cdots\cdots (10.15)$$

と仮定して，パワースペクトル密度を求めると，式 (10.9) より

$$S_{xx}(f)=\int_{-\infty}^{\infty} R_{xx}(\tau)\cos(2\pi f\tau)\,d\tau=(S_w/2\varepsilon)\int_{-\varepsilon}^{\varepsilon}\cos(2\pi f\tau)\,d\tau$$
$$=S_w\sin(2\pi f\varepsilon)/2\pi f\varepsilon \quad (-\infty \leq f \leq \infty) \cdots\cdots\cdots (10.16)$$

ここで $\varepsilon \to 0$ とすると，$\quad S_{xx}(f)=S_w$

$$R_{xx}(\tau)=S_w\delta(\tau) \cdots\cdots\cdots\cdots\cdots\cdots (10.17)$$

$\delta(\tau)$：デルタ関数〔式 (4.12) 参照〕

したがって，白色雑音の自己相関関数は $\tau=0$ において無限大 ($R_{xx}(0)=E[x(t)^2]\to\infty$)，$\tau\neq 0$ において 0 となるから，時間差がすこしでもあれば無相関となり，白色雑音は過去と未来とがまったく無関係な**純粋ランダム**（pure random）ということができる．

振動数帯域幅とその中心振動数との比を一定にとったとき，その帯域幅当たりの二乗平均値が中心振動数のいかんによらず一様な場合には，**桃色雑音**（pink noise）という．たとえば桃色雑音を $1/n$ オクターブ帯域幅のフィルタに通して二乗平均値を求めると，振動数に無関係な一定値 S_p が得られる．この場合，桃色雑音のパワースペクトル密度 $S_{xx}(f)$ は低振動数領域で高くなる．すなわち

$$S_{xx}(f)=2^{-1/n}S_p/|f| \quad (-\infty \leq f \leq \infty)$$

(6) $x(t)$ が完全な白色雑音の場合を除けば，その自己相関関数を微分すると，

10. スペクトル密度と相関関数

$$R_{xx}(\tau)' = E[x(t)x'(t+\tau)] \cdots\cdots\cdots\cdots\cdots (10.18)$$

定常過程であれば，時間原点を移動しても変わらないから，

$R_{xx}(\tau) = E[x(t-\tau)x(t)]$ とおいてから微分すると，

$$R_{xx}(\tau)' = -E[x'(t-\tau)x(t)] \cdots\cdots\cdots\cdots\cdots (10.19)$$

式 (10.18) と式 (10.19) において，$\tau=0$ とおくと，

$$E[x(t)x'(t)] = -E[x'(t)x(t)] \quad \therefore E[x'(t)x(t)] = 0 \cdots\cdots (10.20)$$
$$\therefore R_{xx}(0)' = 0 \cdots\cdots\cdots\cdots\cdots\cdots\cdots\cdots\cdots (10.21)$$

すなわち，自己相関関数は原点 $\tau=0$ において水平な接線をもつ (図 10.2). また式 (10.20) より，変位と速度との積，または速度と加速度との積の平均値は 0 となる．ただしこれは定常過程の場合である．

定常過程であれば，式 (10.19) を $R_{xx}(\tau)' = -E[x'(t)x(t+\tau)]$ とおいてから微分すると，

$$R_{xx}(\tau)'' = -E[x'(t)x'(t+\tau)] = -R_{x'x'}(\tau) \cdots\cdots\cdots\cdots (10.22)$$

すなわち，x の自己相関関数を 2 回微分すると，x' の自己相関関数の符号を変えたものに等しくなる．したがって，$\tau=0$ とおくと，

$$R_{xx}(0)'' = -E[x'(t)^2] \cdots\cdots\cdots\cdots\cdots\cdots\cdots (10.23)$$

同様にして $R_{xx}(0)''' = 0$, $R_{xx}(0)'''' = E[x''(t)^2] \cdots\cdots\cdots\cdots (10.24)$

(7) 式 (10.9) を τ で微分すると，

$$R_{xx}(\tau)' = -\int_0^\infty W_{xx}(f) 2\pi f \sin(2\pi f \tau) df \cdots\cdots\cdots\cdots (10.25)$$
$$R_{xx}(\tau)'' = -\int_0^\infty W_{xx}(f)(2\pi f)^2 \cos(2\pi f \tau) df \cdots\cdots\cdots\cdots (10.26)$$

$\tau=0$ とおくと，式 (10.25) は式 (10.21) に一致し，式 (10.26) は式 (10.23) より

$$E[x'(t)^2] = \int_0^\infty W_{xx}(f)(2\pi f)^2 df$$

$x'(t)$ のパワースペクトル密度を $W_{x'x'}(f)$ とすると，

$$E[x'(t)^2] = \int_0^\infty W_{x'x'}(f) df$$

であるから，

$$W_{x'x'}(f) = W_{xx}(f)(2\pi f)^2 \quad (0 \leq f \leq \infty) \cdots\cdots\cdots\cdots (10.27)$$

同様にして

$$W_{x''x''}(f) = W_{x'x'}(f)(2\pi f)^2 = W_{xx}(f)(2\pi f)^4 \quad (0 \leq f \leq \infty) \cdots\cdots (10.28)$$

すなわち，$x'(t), x''(t)$ のパワースペクトル密度は，$x(t)$ のパワースペクトル密度を用いて表わされる．

次に定常エルゴード過程の相互相関関数の性質について述べる．これは，式(9.14) に与えられているが，自己相関関数の場合と同様に，フーリエ変換を適用するため，関数 $x_T(t)$ と同様な関数 $y_T(t)$ を導入して，$x_T(t)$ と $y_T(t)$ の相互相関関数を求めると，

$$R_{xy}(\tau) = (1/T) \int_{-\infty}^{\infty} x_T(t) y_T(t+\tau) dt$$
$$= (1/T) \int_{-\infty}^{\infty} a_T(-jf) b_T(jf) \exp(j2\pi f\tau) df \cdots\cdots (10.29)$$

ただし $a_T(jf), b_T(jf)$ は，それぞれ $x_T(t)$，$y_T(t)$ のフーリエ変換である．ここで $T \to \infty$ として，

$$S_{xy}(f) = \lim_{T \to \infty} (1/T) a_T(-jf) b_T(jf) \quad (-\infty \leq f \leq \infty) \cdots\cdots (10.30)$$

とおくと，式 (10.29) は

$$R_{xy}(\tau) = \int_{-\infty}^{\infty} S_{xy}(f) \exp(j2\pi f\tau) df \cdots\cdots\cdots\cdots (10.31)$$

すなわち，$R_{xy}(\tau)$ は $S_{xy}(f)$ の逆フーリエ変換として表わされる．したがって，$S_{xy}(f)$ は $R_{xy}(\tau)$ のフーリエ変換に等しい．すなわち

$$S_{xy}(f) = \int_{-\infty}^{\infty} R_{xy}(\tau) \exp(-j2\pi f\tau) d\tau \quad (-\infty \leq f \leq \infty) \cdots\cdots (10.32)$$

式 (10.31)，(10.32) は式 (10.7)，(10.8) のウィーナ・ヒンチンの式に相当する．式 (10.30) の $S_{xy}(f)$ を**相互スペクトル密度関数**（cross spectral density function）という．$x(t)$ と $y(t)$ が恒等的に等しければ，$S_{xy}(f)$ は $S_{xx}(f)$ に一致する．

相互相関関数と相互スペクトル密度関数の主な性質は以下の通りである．

(1) $|R_{xy}(\tau)| \leq \sqrt{R_{xx}(0) R_{yy}(0)} \cdots\cdots\cdots\cdots (10.33)$

$|R_{xy}(\tau)| \leq \{R_{xx}(0) + R_{yy}(0)\}/2 \cdots\cdots\cdots\cdots (10.34)$

式 (10.33) は，Schwarz の不等式 $E[xy] \leq \sqrt{E[x^2] E[y^2]}$ より導かれる．したがって式 (9.10) の相互相関係数は，

$$0 \leq |\rho_{xy}(\tau)| = |R_{xy}(\tau)| / \sqrt{R_{xx}(0) R_{yy}(0)} \leq 1 \cdots\cdots\cdots (10.35)$$

式 (10.34) は，幾何平均≦算術平均の関係から導かれる．

(2) $x(t) = E[x(t)] + \xi(t)$, $y(t) = E[y(t)] + \eta(t)$, $E[\xi(t)] = E[\eta(t)] = 0$

のとき,
$$R_{xy}(\tau)=E[x(t)]E[y(t)]+R_{\xi\eta}(\tau) \cdots\cdots\cdots\cdots\cdots\cdots (10.36)$$
$\tau=0$ とおくと，式 (6.13) の $a_{11}=a_{10}a_{01}+\lambda_{11}$ と一致する．
$\tau\to\infty$ のときは，$R_{\xi\eta}(\tau)\to 0$ であるから，$R_{xy}(\tau)\to E[x(t)]E[y(t)]$.

(3) 定常過程では $R_{xy}(\tau)=R_{yx}(-\tau)$ $\cdots\cdots\cdots\cdots\cdots\cdots\cdots\cdots$ (10.37)
$R_{xy}(\tau)$ と $R_{xy}(-\tau)$ とは一般に関係がないから，$R_{xy}(\tau)$ と $R_{yx}(\tau)$ とは関係がない．この点は自己相関関数と異なる．式 (10.32) より
$$S_{xy}(f)=\int_0^\infty R_{xy}(\tau)\exp(-j2\pi f\tau)\mathrm{d}\tau+\int_0^\infty R_{yx}(\tau)\exp(j2\pi f\tau)\mathrm{d}\tau$$
ここで $R_{xy}(\tau)$ と $R_{yx}(\tau)$ とが関係なければ，$\exp(\pm j2\pi f\tau)$ の虚数部が消えないから相互スペクトル密度関数 $S_{xy}(f)$ は複素関数となる．これに対してパワースペクトル密度は実関数である．式 (10.32) に式 (10.37) を代入すると，
$$S_{xy}(f)=\int_{-\infty}^\infty R_{yx}(-\tau)\exp(-j2\pi f\tau)\mathrm{d}\tau=\int_{-\infty}^\infty R_{yx}(\tau)\exp(j2\pi f\tau)\mathrm{d}\tau$$
一方,
$$S_{yx}(f)=\int_{-\infty}^\infty R_{yx}(\tau)\exp(-j2\pi f\tau)\mathrm{d}\tau$$
であるから，$S_{xy}(f)$ と $S_{yx}(f)$ とは共役複素関数の関係にあり,
$$S_{xy}(f)=S_{yx}(-f) \quad (-\infty\leq f\leq\infty) \cdots\cdots\cdots\cdots\cdots\cdots (10.38)$$

(4) 二つの定常エルゴード過程 $x(t), y(t)$ の和 $z(t)=x(t)+y(t)$ の自己相関関数は,
$$R_{zz}(\tau)=E[\{x(t)+y(t)\}\{x(t+\tau)+y(t+\tau)\}]$$
$$=R_{xx}(\tau)+R_{xy}(\tau)+R_{yx}(\tau)+R_{yy}(\tau)\cdots\cdots\cdots\cdots (10.39)$$
両辺のフーリエ変換よって,
$$S_{zz}(f)=S_{xx}(f)+S_{xy}(f)+S_{yx}(f)+S_{yy}(f) \quad (-\infty\leq f\leq\infty) \cdots\cdots (10.40)$$
$x(t)$ と $y(t)$ がお互いに独立であれば，$R_{xy}(\tau)=R_{yx}(\tau)=0$ であるから，和の自己相関関数はそれぞれの自己相関関数の和に等しい．すなわち
$$R_{zz}(\tau)=R_{xx}(\tau)+R_{yy}(\tau), S_{zz}(f)=S_{xx}(f)+S_{yy}(f) \quad (-\infty\leq f\leq\infty)$$
$$\cdots\cdots\cdots\cdots\cdots\cdots\cdots\cdots\cdots\cdots\cdots\cdots\cdots\cdots (10.41)$$

(5) 二つの定常エルゴード過程 $x(t), y(t)$ の積 $z(t)=x(t)y(t)$ の自己相関関数 $R_{zz}(\tau)=E[x(t)y(t)x(t+\tau)y(t+\tau)]$ は，$x(t), y(t)$ が平均値 0 の正規分布に従うとすれば，式 (8.12) を用いて 2 次モーメントだけで表わすことができる．すなわち

10. スペクトル密度と相関関数

$R_{zz}(\tau) = E[x(t)x(t+\tau)]E[y(t)y(t+\tau)]$
$\quad + E[x(t)y(t+\tau)]E[y(t)x(t+\tau)] + E[x(t)y(t)]E[x(t+\tau)y(t+\tau)]$
$\quad = R_{xx}(\tau)R_{yy}(\tau) + R_{xy}(\tau)R_{yx}(\tau) + R_{xy}(0)^2$ ················(10.42)

$x(t)$ と $y(t)$ がお互いに独立であれば,積の自己相関関数はそれぞれの自己相関関数の積に等しい.すなわち

$R_{zz}(\tau) = R_{xx}(\tau)R_{yy}(\tau)$ ···(10.43)

(6) 式 (10.33) において,$\tau=0$ とおくと,

$|R_{xy}(0)|^2 \leq R_{xx}(0)R_{yy}(0)$ ···(10.44)

微小な振動数範囲 $(f, f+\Delta f)$ のみについて考えると,

$R_{xy}(0) = S_{xy}(f)\Delta f,\ R_{xx}(0) = S_{xx}(f)\Delta f,\ R_{yy}(0) = S_{yy}(f)\Delta f$

とおくことができるから,これらを式 (10.44) に代入すると,

$|S_{xy}(f)|^2 \leq S_{xx}(f)S_{yy}(f) \quad (-\infty \leq f \leq \infty)$ ·····················(10.45)

したがって

$\gamma_{xy}(f)^2 = |S_{xy}(f)|^2 / S_{xx}(f)S_{yy}(f) \quad (-\infty \leq f \leq \infty)$ ············(10.46)

とおくと,

$0 \leq \gamma_{xy}(f)^2 \leq 1 \quad (-\infty \leq f \leq \infty)$ ·································(10.47)

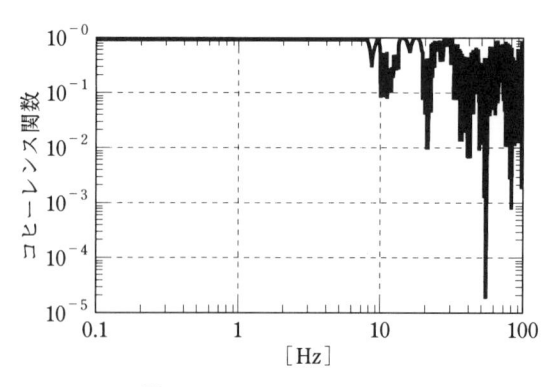

が成り立つ.$\gamma_{xy}(f)^2$ を**コヒーレンス関数** (coherence function) といい,$x(t)$ と $y(t)$ の振動数成分の相関の強さを表わす無次元の実関数であり,式 (10.35) で与えられる相互相関係数の二乗 $\rho_{xy}(\tau)^2$ に相似なものである.図 10.3 にコ

図10.3 コヒーレンス関数の一例
(自動車の前後輪の位置における床面の振動のコヒーレンス)

ヒーレンス関数の一例を示す．これは自動車の前後輪の位置における床面の振動のコヒーレンスを調べたもので，10 Hz 以上の振動数領域でコヒーレンスが落ちることがわかる．

(7) 式 (10.31) で $\tau=0$ とおくと，
$$R_{xy}(0)=E[x(t)y(t)]=\int_{-\infty}^{\infty}S_{xy}(f)\mathrm{d}f \cdots\cdots\cdots\cdots\cdots\cdots (10.48)$$
となる．もし $x(t), y(t)$ がそれぞれ力および速度を表わすとすれば，$E[x(t)y(t)]$ は平均パワー W に相当するが，これは式 (10.48) の実数部分をとって，
$$W=\int_{-\infty}^{\infty}\mathrm{Re}[S_{xy}(f)]\mathrm{d}f \cdots\cdots\cdots\cdots\cdots\cdots\cdots\cdots (10.49)$$
と表わすことができる．

(8) 鉄道車両のように前輪と同じ軌道の上を後輪が通るとすれば，軌道面の凹凸による前後輪の上下変位の間には，両輪の間隔と走行速度に応じてきまる相関が考えられる．いま前後輪の上下変位をそれぞれ $x_1(t), x_2(t)$ とし，両者の間に時間おくれ τ_0 があるとすれば，$x_2(t)=x_1(t+\tau_0)$ となるから，$x_1(t), x_2(t)$ の相関関数は

$R_{11}(\tau)=x_1(t)x_1(t+\tau)=R_{11}(\tau)$

$R_{12}(\tau)=x_1(t)x_1(t+\tau_0+\tau)=R_{11}(\tau+\tau_0)$

$R_{21}(\tau)=x_1(t+\tau_0)x_1(t+\tau)=R_{11}(\tau-\tau_0)$

$R_{22}(\tau)=x_1(t+\tau_0)x_1(t+\tau_0+\tau)=R_{11}(\tau) \cdots\cdots\cdots\cdots (10.50)$

となる．したがって相互スペクトル密度は，式 (10.32) より
$$\begin{aligned}S_{12}(f)&=\int_{-\infty}^{\infty}R_{11}(\tau+\tau_0)\exp(-j2\pi f\tau)\mathrm{d}\tau\\&=\exp(j2\pi f\tau_0)\int_{-\infty}^{\infty}R_{11}(\tau+\tau_0)\exp\{-j2\pi f(\tau+\tau_0)\}\mathrm{d}(\tau+\tau_0)\\&=\exp(j2\pi f\tau_0)S_{11}(f)\quad(-\infty\leqq f\leqq\infty)\cdots\cdots\cdots\cdots (10.51)\end{aligned}$$
同様にして $\quad S_{21}(f)=\exp(-j2\pi f\tau_0)S_{11}(f) \cdots\cdots\cdots\cdots\cdots (10.52)$
$$S_{22}(f)=S_{11}(f) \cdots\cdots\cdots\cdots\cdots\cdots\cdots\cdots\cdots\cdots\cdots (10.53)$$
ここで $S_{11}(f)$ は車両の走行速度に対して決まる軌道面凹凸のパワースペクトル密度である．

11. 線形システム

（1）不規則入力をもつシステムの挙動

　車が走れば路面の不規則な凹凸によって車体が不規則に振動する．このとき，路面の凹凸は車という一つの**システム**（system）への**入力**（input）となり，車体の振動はそのシステムからの**出力**（output）となっている．このシステムの特性，たとえば車体の質量やサスペンションのばね定数など，が一定であれば，定常エルゴード過程と見なされる入力に対しては，出力もまた定常エルゴード過程と見なされる．また，システムが線形性を有する場合，すなわち，複数の入力に対する出力が，個々の入力に対する出力の和として表わされるような性質を有する場合，入力が正規分布に従うものであれば，出力もまた正規分布に従う．お互いに独立な確率変数の無限個の和から成る変数は正規分布に従うという中央極限定理から明らかなように，もともとの発生機構が線形的であれば，正規分布に従うわけである．入力が正規分布に従わない場合でも，出力がその入力から独立に抽出された無限に多くの変数の和から成り立つ場合，たとえば鋭い共振特性をもつ線形システムの場合には，出力を正規分布によって近似することができる．

　ここでは，入力を正規分布に従う定常エルゴード過程として，時間不変性をもつ線形システムの出力の性質について考えることにする．一般に線形システムの特性は，**インパルス応答**（impulse response）または**周波数応答**（frequency

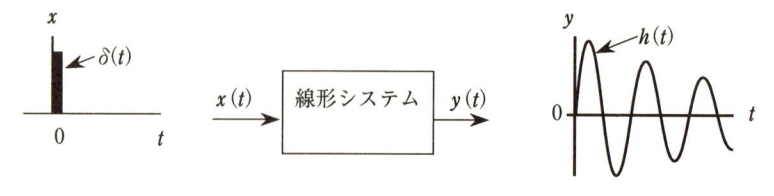

図11.1　インパルス応答

response) で表わすことができる.

入力 $x(t)$ が単位インパルス $\delta(t)$（デルタ関数）として与えられたときの出力 $y(t)$ が単位インパルス応答 $h(t)$ である（図11.1）. すなわち

$$x(t)=\delta(t) \text{ のとき}, \quad y(t)=h(t) \ (t\geqq 0), \quad y(t)=0 \ (t<0) \cdots\cdots (11.1)$$

これは西瓜を叩いて中身が詰っているかどうかを見るのと同じである.

入力が任意関数 $x(t)$ のときは，これをインパルスの列 $x(\tau)\varDelta\tau\delta(t-\tau)$ $(-\infty\leqq\tau\leqq t)$ と見なして，各インパルスに対するインパルス応答 $x(\tau)\varDelta\tau h(t-\tau)$ を加え合わせたものとして出力 $y(t)$ を表わすことができる（図11.2）. すなわち

$$y(t)=\int_{-\infty}^{t} x(\tau)h(t-\tau)\,\mathrm{d}\tau = \int_{-\infty}^{\infty} x(t-u)h(u)\,\mathrm{d}u \ (t-\tau=u) \cdots\cdots (11.2)$$

ただし $t<0$ のとき $h(t)=0$, $\int_{0}^{\infty}|h(t)|\,\mathrm{d}t<\infty$

入力が $x(t)=\exp(j2\pi ft)$ すなわち単位振幅の振動（振動数 f）として与えられたときの出力を $y(t)=H(f)\exp(j2\pi ft)$ とおけば，$H(f)=|H(f)|\cdot\exp\{j\phi(f)\}$ が周波数応答で一般に複素関数となり，$|H(f)|$ は増幅度，$\phi(f)$ は位相おくれを表わす. すなわち

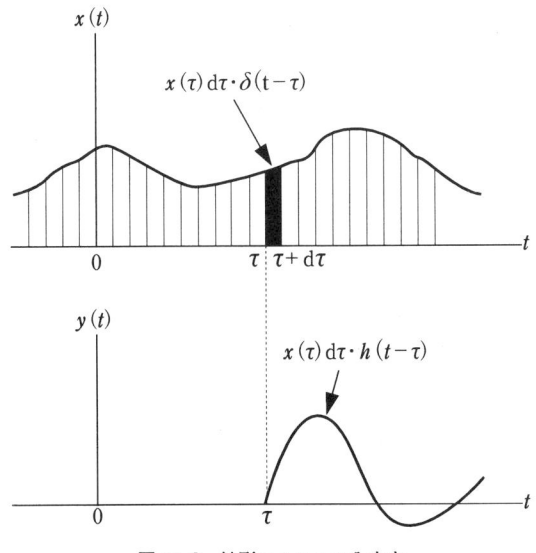

図11.2 線形システムの入出力

$x(t) = \exp(j2\pi ft)$ のとき $y(t) = H(f)\exp(j2\pi ft)$ ･････････ (11.3)

この関係を式 (11.2) の $x(t), y(t)$ として代入すると,

$$H(f)\exp(j2\pi ft) = \int_{-\infty}^{\infty} \exp\{j2\pi f(t-u)\}h(u)\mathrm{d}u$$

$$= \exp(j2\pi ft)\int_{-\infty}^{\infty} \exp(-j2\pi fu)h(u)\mathrm{d}u$$

$$\therefore H(f) = \int_{-\infty}^{\infty} \exp(-j2\pi fu)h(u)\mathrm{d}u \cdots\cdots\cdots\cdots\cdots (11.4)$$

式 (11.4) は周波数応答 $H(f)$ がインパルス応答 $h(t)$ のフーリエ変換であることを示している. したがってインパルス応答は周波数応答の逆フーリエ変換となり, インパルス応答と周波数応答とは一意的に対応している.

$$h(t) = \int_{-\infty}^{\infty} \exp(j2\pi ft)H(f)\mathrm{d}f \cdots\cdots\cdots\cdots\cdots\cdots\cdots (11.5)$$

インパルス応答は線形システムの特性を時間領域で表わしており, 周波数応答は周波数領域で表わしている.

出力の自己相関関数は, 式 (11.2) より

$$R_{yy}(\tau) = E[y(t)y(t+\tau)]$$

$$= \int_{-\infty}^{\infty}\int_{-\infty}^{\infty} E[x(t-u_1)x(t+\tau-u_2)]h(u_1)h(u_2)\mathrm{d}u_1\mathrm{d}u_2$$

$$= \int_{-\infty}^{\infty} h(u_1)\mathrm{d}u_1 \int_{-\infty}^{\infty} h(u_2)R_{xx}(\tau+u_1-u_2)\mathrm{d}u_2 \cdots\cdots (11.6)$$

入力が白色雑音のときは, 式 (10.17) の $R_{xx}(\tau) = S_w\delta(\tau)$ を式 (11.6) に代入して,

$$R_{yy}(\tau) = S_w \int_{-\infty}^{\infty} h(u_1)h(\tau+u_1)\mathrm{d}u_1 \cdots\cdots\cdots\cdots\cdots\cdots (11.7)$$

出力のパワースペクトル密度 $S_{yy}(f)$ は, 式 (11.6) のフーリエ変換であるから,

$$S_{yy}(f) = \int_{-\infty}^{\infty} R_{yy}(\tau)\exp(-j2\pi f\tau)\mathrm{d}\tau$$

$$= \int_{-\infty}^{\infty} h(u_1)\exp(j2\pi fu_1)\mathrm{d}u_1 \int_{-\infty}^{\infty} h(u_2)\exp(-j2\pi fu_2)\mathrm{d}u_2$$

$$\cdot \int_{-\infty}^{\infty} R_{xx}(u_3)\exp(-j2\pi fu_3)\mathrm{d}u_3$$

$$= H(-f)H(f)S_{xx}(f) = |H(f)|^2 S_{xx}(f) \cdots\cdots\cdots\cdots (11.8)$$

すなわち, 入出力のパワースペクトル密度の関係は, 周波数応答の増幅度 (ゲイン) $|H(f)|$ の二乗を用いて表わされ, 位相おくれは無関係である. 出力の二乗平均値は, 式 (11.8) より

$$E[y(t)^2] = \int_{-\infty}^{\infty} S_{yy}(f)\mathrm{d}f = \int_{-\infty}^{\infty} |H(f)|^2 S_{xx}(f)\mathrm{d}f \cdots\cdots\cdots (11.9)$$

11. 線形システム

入力 $x(t)$ がパワースペクトル密度 S_w の白色雑音であれば,
$$E[y(t)^2] = S_w \int_{-\infty}^{\infty} |H(f)|^2 \, df \quad \cdots\cdots\cdots (11.10)$$
入力が白色雑音でないときでも, $|H(f)|$ の振動数範囲が $S_{xx}(f)$ のそれに比べて十分に狭ければ, $|H(f)|$ の卓越振動数 f_0 の近傍における値によって式(11.9)の積分値が支配されるから, 入力パワースペクトル密度を $S_{xx}(f_0)$ で代表させて,
$$E[y(t)^2] = S_{xx}(f_0) \int_{-\infty}^{\infty} |H(f)|^2 \, df \quad \cdots\cdots\cdots (11.11)$$
と近似することができる. ただし, $S_{xx}(f_0)$ の値は $S_{xx}(f)$ の最大値と同程度でないと近似が悪くなる.

$E[y(t)^2]$ の値が決まれば, 平均値 0 の正規分布に従う出力の確率密度が決まる.

入出力間の相互相関関数は, 式(11.2)より
$$R_{xy}(\tau) = \int_{-\infty}^{\infty} E[x(t)x(t+\tau-\tau_1)]h(\tau_1)\,d\tau_1 = \int_{-\infty}^{\infty} h(\tau_1)R_{xx}(\tau-\tau_1)\,d\tau_1$$
$$\cdots\cdots\cdots (11.12)$$

入出力間の相互スペクトル密度は, 式(10.32)より
$$S_{xy}(f) = \int_{-\infty}^{\infty} h(\tau_1)\exp(-j2\pi f\tau_1)\,d\tau_1 \int_{-\infty}^{\infty} R_{xx}(\tau_2)\exp(-j2\pi f\tau_2)\,d\tau_2$$
$$= H(f)S_{xx}(f) \quad \cdots\cdots\cdots (11.13)$$
すなわち, $S_{xy}(f)$ は $H(f)$ によって表わされるから, 入出力間の増幅度と位相おくれの情報を含んでいる. したがって入力 $x(t)$ と出力 $y(t)$ のデータを用いて, $S_{xx}(f)$ および $S_{xy}(f)$ が算出されれば, 式(11.13)よりシステムの周波数応答 $H(f)$ が決定される. すなわち
$$H(f) = S_{xy}(f)/S_{xx}(f) \quad \cdots\cdots\cdots (11.14)$$

入力が白色雑音のときは, $S_{xx}(f) = S_w$, $R_{xx}(\tau) = S_w\delta(\tau)$ であるから, 式(11.12), (11.13)より
$$R_{xy}(\tau) = S_w h(\tau), \quad S_{xy}(f) = S_w H(f) \quad \cdots\cdots\cdots (11.15)$$
すなわち, 相互相関関数はインパルス応答と, 相互スペクトル密度は周波数応答と同じ形の関数になる.

入出力間のコヒーレンス関数は, 式(10.46)より
$$\gamma_{xy}(f)^2 = |S_{xy}(f)|^2/S_{xx}(f)S_{yy}(f)$$
であるから, 式(11.8)および(11.13)を代入すると,

11. 線形システム

$$\gamma_{xy}(f)^2 = 1 \cdots\cdots\cdots\cdots\cdots\cdots\cdots\cdots\cdots\cdots\cdots\cdots\cdots\cdots\cdots (11.16)$$

となる.すなわち,入出力間には完全な相関がある.しかし,入出力を実測してコヒーレンス関数を求めるとき,観測雑音やその他の入力の影響があったり,システムの特性に非線形性があったりすれば,$\gamma_{xy}(f)^2 < 1$ となる.この場合,$1 - \gamma_{xy}(f)^2$ は振動数 f の入力と関係がない出力成分の二乗平均の割合を表わしている.

例11.1 簡単な暖房システム

簡単な暖房システムの例を考えよう.室外の気温を θ_1,室内の気温を θ_2 とする.室内の気温は目標温度 θ_0 となるように,暖房装置からの供給熱量 Q(単位時間あたり)を制御する.ここでは $Q = \lambda(\theta_0 - \theta_2)$ $(\lambda > 0)$ のように,温度差に比例させて制御することにする.一方,室外に逃げる損失熱量 Q_0(単位時間あたり)は,室内外の温度差 $(\theta_2 - \theta_1)$ に比例するから,$Q_0 = h(\theta_2 - \theta_1)$ $(h > 0)$.したがって,供給熱量と損失熱量との差に相当する室温変化率 $d\theta_2/dt$ は,部屋の熱容量を C とすると,$d\theta_2/dt = (Q - Q_0)/C$ となる.すなわち

$$d\theta_2/dt = -(h/C)(\theta_2 - \theta_1) + (\lambda/C)(\theta_0 - \theta_2) \cdots\cdots\cdots\cdots\cdots (a)$$

いま便宜上,一定目標温度を $\theta_0 = 0$ とおき,室内温度を $\theta_2 = y(t)$,室外温度を $\theta_1 = w(t)$ とおくと,式 (a) は

$$dy(t)/dt + y(t)/T = aw(t) \cdots\cdots\cdots\cdots\cdots\cdots\cdots\cdots\cdots\cdots (b)$$

ただし $a = h/C,\ T = 1/(h/C + \lambda/C)$:時定数

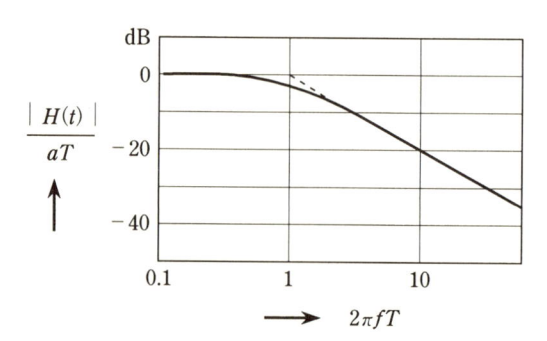

図11.3 室外温度に対する室内温度の周波数応答のゲイン
$a = h/C,\ T = 1/(h/C + \lambda/C),\ h$:室外への熱伝達率,$C$:室の熱容量,$\lambda$:制御ゲイン

$w(t)$ に対する $y(t)$ の周波数応答は

$$H(f) = aT/(j2\pi fT + 1) \cdots\cdots\cdots\cdots\cdots\cdots\cdots\cdots\cdots (\text{c})$$

周波数応答のゲインは

$$|H(f)| = aT/\sqrt{(2\pi fT)^2 + 1} \cdots\cdots\cdots\cdots\cdots\cdots\cdots (\text{d})$$

となり,図 11.3 に示されるように,低域フィルタの特性を有する.室外温度のパワースペクトル密度 $S_w(f)$ が与えられれば,室内温度の分散 σ_y^2 は

$$\sigma_y^2 = \int_{-\infty}^{\infty} |H(f)|^2 S_w(f) df \cdots\cdots\cdots\cdots\cdots\cdots\cdots (\text{e})$$

(2) 線形 1 自由度システム

線形システムとして最も単純で基本的な 1 自由度系の模式図を図 11.4 に示す.

これは力学モデルとしては,一つの座標でその幾何学的位置が決まるようなシステムであるが,もっと複雑な,たとえば自動車のようなものでも,その上下振動だけを問題にするときは,1 自由度系のモデルで近似することができる.運動方程式は,ニュートンの法則から導かれる[4]).すなわち

$$\ddot{y}(t) + 2\zeta\omega_0 \dot{y}(t) + \omega_0^2 y(t) = \omega_0^2 x(t) \cdots\cdots\cdots\cdots\cdots (11.17)$$

ただし $x(t)$ は外乱入力であり,車でいえば路面凹凸,航空機でいえば乱気流,船舶でいえば波浪,電気回路でいえばノイズなどであるが,ここでは応答出力 $y(t)$ と同じ次元を有する変数の形で表わしている.

$\zeta = c/c_c$:減衰比,c:減衰係数,$c_c = 2\sqrt{mk}$:臨界減衰係数,

$\omega_0 = 2\pi f_0 = \sqrt{k/m}$:固有角振動数,$k$:ばね定数,$m$:質量.

x に対する y のインパルス応答を,運動方程式より求めると[4]),$\zeta < 1$ のとき,

$$h(t) = (\omega_0/\sqrt{1-\zeta^2}) \exp(-\zeta\omega_0 t) \sin(\sqrt{1-\zeta^2}\,\omega_0 t) \quad (t \geq 0) \cdots (11.18)$$

x が白色雑音のときの y の自己相関関数は,式 (11.18) を式 (11.7) に代入し

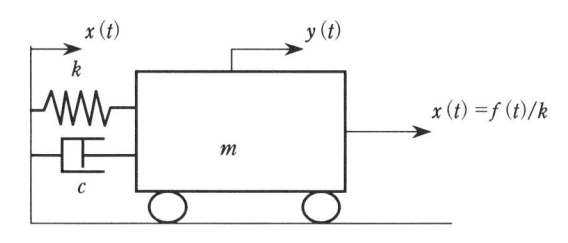

図 11.4 線形 1 自由度系の模式図

て，

$$R_{yy}(\tau) = (S_w \omega_0 / 4\zeta) \exp(-\zeta \omega_0 |\tau|) \{\cos(\sqrt{1-\zeta^2}\, \omega_0 \tau)$$
$$+ (\zeta/\sqrt{1-\zeta^2}) \sin(\sqrt{1-\zeta^2}\, \omega_0 |\tau|)\} \quad (\zeta < 1) \cdots\cdots (11.19)$$

ζ が十分に小さいときは，

$$R_{yy}(\tau) = (S_w \omega_0 / 4\zeta) \exp(-\zeta \omega_0 |\tau|) \cos(\omega_0 \tau) \cdots\cdots\cdots (11.20)$$

のように近似され，τ とともに減衰する余弦波（周期 $2\pi/\omega_0$）の形となる．$\tau = 0$ のときは，ζ のいかんによらず，

$$E[y(t)^2] = R_{yy}(0) = S_w \omega_0 / 4\zeta \cdots\cdots\cdots\cdots\cdots\cdots (11.21)$$

x に対する y の周波数応答を，運動方程式 (11.17) より求めると[4]，

$$H(f) = 1/\{-(f/f_0)^2 + j2\zeta(f/f_0) + 1\} \cdots\cdots\cdots\cdots (11.22)$$

増幅度と位相おくれは，

$$|H(f)| = 1/\sqrt{\{1-(f/f_0)^2\}^2 + (2\zeta f/f_0)^2}$$
$$\phi(f) = \tan^{-1}[(2\zeta f/f_0)/\{1-(f/f_0)^2\}] \cdots\cdots\cdots\cdots (11.23)$$

y のパワースペクトル密度は，式 (11.8) より

$$S_{yy}(f) = S_{xx}(f)/[\{1-(f/f_0)^2\}^2 + (2\zeta f/f_0)^2] \cdots\cdots\cdots (11.24)$$

x が白色雑音のときの y の二乗平均値は，

$$E[y(t)^2] = S_w f_0 \int_{-\infty}^{\infty} d(f/f_0)/[\{1-(f/f_0)^2\}^2 + (2\zeta f/f_0)^2]$$
$$= \pi S_w f_0 / 2\zeta = S_w \omega_0 / 4\zeta \cdots\cdots\cdots\cdots\cdots\cdots (11.25)$$

となり，式 (11.21) に一致する［積分公式 $\int_{-\infty}^{\infty} du/\{(1-u^2)^2 + (2\zeta u)^2\} = \pi/2\zeta$ を用いた］．x が白色雑音でないときでも，減衰比 ζ が十分に小さければ，周波数応答は固有振動数 f_0 の近傍で狭帯域となるから，式 (11.11) のように，y の二乗平均値を近似することができる．すなわち

$$E[y(t)^2] = \pi S_{xx}(f_0) f_0 / 2\zeta \cdots\cdots\cdots\cdots\cdots\cdots (11.26)$$

式 (11.25), (11.26) から明らかなように，出力の二乗平均値は減衰比 ζ に逆比例するから，減衰を無視して $\zeta=0$ とおくことはできない．それは入力が広帯域のものであれば，システムの固有振動数 f_0 の成分も含むことになるからである．したがって，このような問題では減衰比の見積もりが重要である．

外乱入力に対する応答出力を小さくしたいという問題であれば，出力が特定の許容限を越える確率が問題になる．これは平均値 0 の正規分布に従う変数であれば，標準偏差 σ，すなわち二乗平均値の平方根 $\sqrt{E[y(t)^2]}$ によって評価

される.

$-\sigma \leq y(t) \leq \sigma$ となる確率は,約 68 %,すなわち σ を越える確率は約 32 %

$-2\sigma \leq y(t) \leq 2\sigma$ となる確率は,約 95.4 %,すなわち 2σ を越える確率は約 4.6 %

$-3\sigma \leq y(t) \leq 3\sigma$ となる確率は,約 99.7 %,すなわち 3σ を越える確率は約 0.3 %

このような許容限を越える確率 P を与えれば,出力の二乗平均値が決まり,減衰比 ζ や固有振動数 f_0 などの設計パラメータを選定することができるが,確率 P の値を決めるには,許容限を越えた場合の損失と越えないようにするための費用との**トレードオフ**(trade-off)が必要である.

(3) 乱流による振動

線形システムの一例として,乱流の中の置かれた構造物,たとえば航空機の翼,橋梁,鉄塔などの振動問題を考えてみよう.構造物に作用する力は,その乱流の機構,構造物の形状寸法などによって異なるが,いま,定常一様な等方性乱流の中を線形一自由度系と見なされる物体(翼など)が通過する場合を考えると,乱流の規模(変動流速の空間的な相関が存在する範囲)が物体の寸法(翼のスパンなど)よりも十分に大きい場合には,図 11.5 のように,乱流を 2 次元的の扱うことができる.平均流速の方向に x 軸,スパン方向に y 軸,これらと垂直な方向に z 軸をとり,物体に作用する抗力,ねじりモーメントの影響を省略すると,物体は揚力によって z 方向のみに振動する.物体の位置における変動流速の z 成分を $w(t)$ とし,これが平均流速 U(一定とする)よりも十分

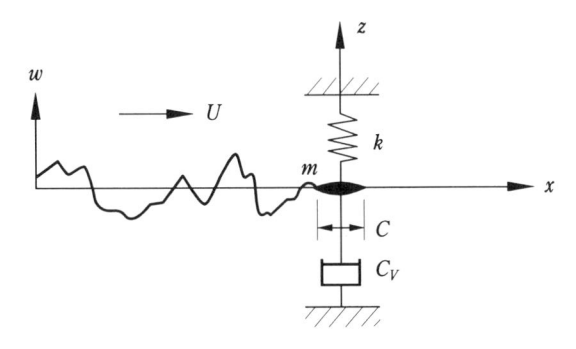

図 11.5 乱流による翼の振動

に小さければ，物体に対する迎え角の変動 $\alpha(t)$ は，

$$\alpha(t) = \tan^{-1}\{w(t)/U\} = w(t)/U \quad \cdots\cdots (11.27)$$

物体を2次元翼と見なして，(1) 流れは非圧縮性，(2) 翼は失速しない，(3) 乱れの波形は翼弦を通過する時間内に変化しない，(4) 翼の運動変位は乱流の規模よりも小さい，という仮定のもとで揚力を評価することにすると，非定常翼理論により，揚力係数 $C_L(t)$ は，

$$C_L(t) = 2\pi\phi(\kappa)\alpha(t)$$

ただし $\kappa = \omega c/2U$：相当振動数（c：翼弦長さ）$\cdots\cdots$ (11.28)

ストローハル数（Strouhal number）ともいう．

$\phi(\kappa)$ は周波数応答に相当するものであり，その増幅度はしばしば次式によって近似される[5]．

$$|\phi(\kappa)|^2 = 1/(1 + 2\pi\kappa) \quad \cdots\cdots (11.29)$$

乱れが翼弦を通過する時間 c/U よりも，乱れの周期 $2\pi/\omega$ が十分に大きい場合，すなわち翼弦 c が乱れの波長 $2\pi U/\omega$ よりも十分に小さい場合には，定常流れに近いから，$\kappa \to 0$, $|\phi(\kappa)| \to 1$ となる．一方，$\kappa \to \infty$ のときは非定常性がきわめて強く，$|\phi(\kappa)| \to 0$ となって揚力は発生しない．

式 (11.27)，(11.28) より，揚力の変動は，

$$L(t) = \rho U^2 A C_L(t)/2 = \pi\rho U A \phi(\kappa) w(t) \quad \cdots\cdots (11.30)$$

（ρ：流体密度，A：翼面積）

翼の相当質量を m，相当ばね定数を k，相当減衰係数を c_0 とすると，翼の変位 $z(t)$ は，

$$\ddot{z}(t) + 2\zeta\omega_0 \dot{z}(t) + \omega_0^2 z(t) = \omega_0^2 L(t)/k \quad \cdots\cdots (11.31)$$

（$\omega_0 = 2\pi f_0 = \sqrt{k/m}$, $\zeta = c_0/2\sqrt{k/m}$）

m には翼の運動に伴う流体の付加質量を含む．また c_0 には翼の内部粘性減衰によるもの c_V と流体力学的減衰によるもの c_A とを含む．すなわち

$$c_0 = c_V + c_A \quad \cdots\cdots (11.32)$$

流力的減衰力は，翼の平均流速に垂直な方向に運動して迎え角が変動することによって生ずる揚力の一種であり，翼の運動と逆の向きに作用する．すなわち迎え角の変動は $-\dot{z}/U$ であるから，揚力の変動は式 (11.30) と同様に，

$$L_A(t) = -\pi\rho U A \phi(\kappa) \dot{z}(t) = -c_A \dot{z}(t) \quad \cdots\cdots (11.33)$$

ただし　$c_A = \pi\rho UA\phi(\kappa)$ ···(11.34)

さて，変動流速 $w(t)$ に対する揚力 $L(t)$ の周波数応答は，式 (11.30) より

$H_L(f) = \pi\rho UA\phi(\kappa)$ ···(11.35)

変動流速 $w(t)$ に対する翼の変位 $z(t)$ の周波数応答は，式 (11.31) より

$H_z(f) = H_L(f)H(f)/k$ ···(11.36)

ただし　$H(f) = 1/\{1 + j2\zeta(f/f_0) - (f/f_0)^2\}$ ··················(11.37)

式 (11.34) より c_A は $\phi(\kappa)$ を含むから，式 (11.37) における減衰比 ζ は $\phi(\kappa)$ の関数である．すなわち

$\zeta = c_0/2\sqrt{km} = \zeta_V + \pi\rho UA\phi(\kappa)/2\sqrt{km}$ ··················(11.38)

($\zeta_V = c_V/2\sqrt{km}$：内部減衰比)

しかし，一般に減衰比は共振点 $\omega = \omega_0$ において周波数応答の増幅度に大きな影響を与えるから，式 (11.38) における κ は，$\kappa_0 = \omega_0 c/2U$ によって置き換えて，$\phi(\kappa) = |\phi(\kappa_0)| = 1/\sqrt{1 + 2\pi\kappa_0}$ とおき，流力的減衰力の位相おくれは，計算の単純化のために省略することにする．すなわち

$\zeta = \zeta_V + \pi\rho UA/2\sqrt{km(1 + 2\pi\kappa_0)}$, $\kappa_0 = \omega_0 c/2U$ ··········(11.39)

変動流速 $w(t)$ のパワースペクトル密度を $S_{ww}(f)$ とすると，揚力 $L(t)$ のそれは式 (11.35) より

$S_{LL}(f) = |H_L(f)|^2 S_{ww}(f) = (\pi\rho UA)^2 |\phi(\kappa)|^2 S_{ww}(f)$

$= (\pi\rho UA)^2 S_{ww}(f)/\{1 + 2\pi\kappa_0(f/f_0)\}$ ··················(11.40)

また，変位 $z(t)$ のパワースペクトル密度は，式 (11.36) より

$S_{zz}(f) = |H_z(f)|^2 S_{ww}(f) = |H_L(f)|^2 |H(f)|^2 S_{ww}(f)/k^2$

$= \{(\pi\rho UA)^2 S_{ww}(f)/k^2\}/[[\{1 - (f/f_0)^2\}^2 + (2\zeta f/f_0)^2]\{1 + 2\pi\kappa_0(f/f_0)\}]$

··(11.41)

乱流のパワースペクトル密度は，気象観測や風洞試験の資料に基づいて決められるが，定常一様な2次元の等方性乱流については次式のように与えられる[6]．

$S_{ww}(f) = S_{ww}(0)\{1 + 3(2\pi f\lambda/U)^2\}/\{1 + (2\pi f\lambda/U)^2\}^2$ ········(11.42)

ただし，λ は**乱流の規模** (scale of turbulence) であり，変動流速 $w(x,t)$ の空間的な相互相関関数を

$R_{ww}(\xi, \tau) = E[w(x,t)w(x+\xi, t+\tau)]$ ··················(11.43)

11. 線形システム

とすれば,
$$\lambda = \int_{-\infty}^{\infty} R_{ww}(\xi, 0) \, d\xi / R_{ww}(0, 0) < \infty \quad \cdots\cdots\cdots (11.44)$$
として定義される. 式 (11.42) における $S_{ww}(0)$ は, $E[w(t)^2] = \int S_{ww}(f) df$ が成り立つように決定される. すなわち
$$S_{ww}(0) = (\lambda/U) E[w(t)^2] \quad \cdots\cdots\cdots\cdots\cdots\cdots (11.45)$$
そこで乱流の規模と翼弦との比を $r = \lambda/c$ とおいて, 式 (11.39) の κ_0 を用いると, $\lambda/U = rc/U = r(2\kappa_0/\omega_0) = r\kappa_0/\pi f_0$ となるから, 式 (11.42) は次式のように書き換えられる.
$$S_{ww}(f) = E[w(t)^2] (r\kappa_0/\pi f_0) \{1 + 3(2r\kappa_0)^2 (f/f_0)^2\} / \{1 + (2r\kappa_0)^2 (f/f_0)^2\}^2$$
$$\cdots\cdots\cdots\cdots\cdots\cdots\cdots\cdots\cdots\cdots\cdots\cdots\cdots (11.46)$$
$S_{ww}(f)/S_{ww}(0)$ の値を $\omega\lambda/U = 2r\kappa_0(f/f_0)$ に対してプロットすると, 図 11.6 のような乱流スペクトルが得られる. 式 (11.46) を式 (11.40) に代入すると, 揚力のパワースペクトル密度 $S_{LL}(f)$ が求められ, $S_{LL}(f)/S_{LL}(0)$ を $\kappa = \kappa_0(f/f_0)$ に対してプロットすると, 図 11.7 のようになる. ただし
$$S_{LL}(0) = (\pi \rho U A)^2 (r\kappa_0/\pi f_0) E[w(t)^2] \quad \cdots\cdots\cdots\cdots (11.47)$$

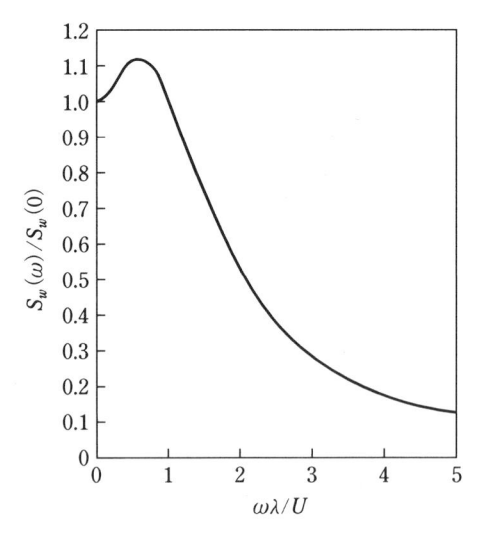

図 11.6 等方性乱流における平均流速に垂直な方向の変動流速のパワースペクトル密度
(λ：乱流の規模, U：平均流速)

11. 線形システム

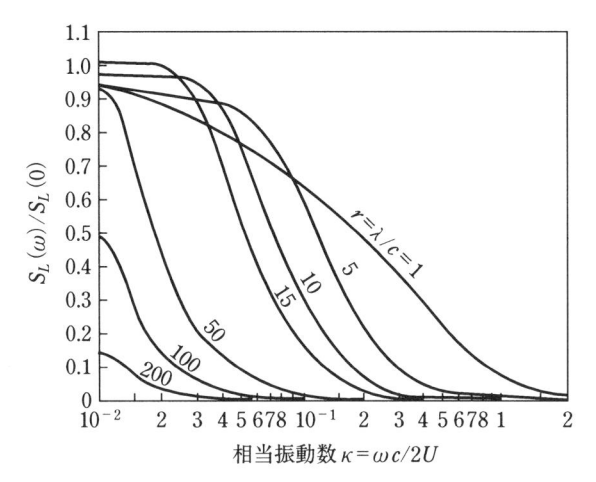

図11.7 揚力のパワースペクトル密度
(c：翼弦, λ：乱流の規模, U：平均流速)

振動数が高くなると, 揚力のスペクトルは急速に低くなり, その傾向は乱流の規模が大きいほど著しい.

次に, 式 (11.46) を式 (11.41) に代入すると, 翼変位のパワースペクトル密度 $S_{zz}(f)$ が求められ, その積分によって $E[z(t)^2]$ が算出されるが, 減衰比 ζ が小さいときは, $|H(f)|^2$ が $f=f_0$ の近傍で鋭い共振点をもつから, 次のように近似することができる.

$$\begin{aligned}
E[z(t)^2] &= (1/k^2)\int_{-\infty}^{\infty}|H_L(f)|^2|H(f)|^2 S_{ww}(f)\,df \\
&= (1/k^2)|H_L(f_0)|^2 S_{ww}(f_0)\int_{-\infty}^{\infty}|H(f)|^2\,df \\
&= (\pi\rho UA/k)^2 (r\kappa_0/2\zeta)\{1/(1+2\pi\kappa_0)\} \\
&\quad \cdot E[w(t)^2]\{1+3(2r\kappa_0)^2\}/\{1+(2r\kappa_0)^2\}^2
\end{aligned} \quad (11.48)$$

平均流速 $U\to\infty$ のときは, $\kappa_0=\omega_0 c/2U\to 0$, $\zeta\to\pi\rho UA/2\sqrt{km}$ であるから,

$$E[z(t)^2]\to\pi E[w(t)^2]\rho A\lambda/2k \quad\cdots\cdots (11.49)$$

に収束する. これは平均流速が増加すると, 揚力とともに流力的減衰力が増加するためである.

等方性乱流における変動流速の確率密度は, 多くの場合正規分布に従う. したがって線形系の応答としての翼の変位も正規分布に従うと見なすことができ

(4) 多入力をもつシステム

定常正規過程と見なされる一入力を有する線形システムの出力の性質は，そのシステムの特性（たとえば周波数応答）のほかに，入力のパワースペクトル密度さえ与えられれば，調べることができた．しかし二つ以上の入力が同時に加えられる場合には，一般にそれぞれの入力のパワースペクトル密度のほかに，これらの入力の間の相互スペクトル密度が与えられなければならない．たとえば，四輪車が不規則な凹凸をもつ路面上を走行するときに生じる車体の振動を考えてみると，このシステムは四つの入力をもつことになり，一般にこれらの入力の間には相関がある．前輪と同じ軌道の上を後輪が通るとすれば，前後輪における入力の間には，両輪の間隔と走行速度に応じてきまる相関が考えられる．

二つ以上の入力が全く独立に作用するときの応答は，線形問題である限り，それぞれの入力に対する応答を求めて，これらを重ね合わせて決めることができる．逆に二つ以上の入力が一定の関係にあるときの応答は，一入力の場合と同様な扱いによって決めることができる．

図 11.8 に示されるように，一般に 2 入力 $x_1(t), x_2(t)$ に対する線形システムの出力 $y(t)$ のインパルス応答をそれぞれ $h_1(t), h_2(t)$ とすると，式 (11.2) と同様にして，出力 $y(t)$ は

$$y(t)=\int_{-\infty}^{\infty} x_1(t-u)h_1(u)\,\mathrm{d}u+\int_{-\infty}^{\infty} x_2(x-u)h_2(u)\,\mathrm{d}u \cdots\cdots\cdots (11.50)$$

$y(t)$ のパワースペクトル密度 $S_y(f)$ は，式 (11.6), (11.8) と同様に，式 (11.50) から求めた相関関数のフーリエ変換によって導かれる．すなわち $x_1(t), x_2(t)$ に対する周波数応答をそれぞれ $H_1(f), H_2(f)$ とし，$x_1(t), x_2(t)$ のパワースペクトル密度をそれぞれ $S_{11}(f), S_{22}(f), x_1(t)$ と $x_2(t)$ との相互ス

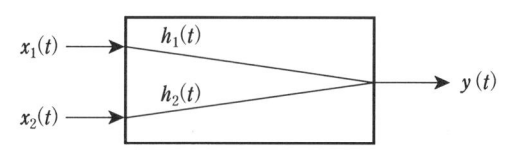

図 11.8 2 入力に対する線形システムの特性

ペクトル密度を $S_{12}(f)$, $S_{21}(f)$ とすると,

$$S_y(f) = H_1(-f)H_1(f)S_{11}(f) + H_1(-f)H_2(f)S_{12}(f)$$
$$+ H_2(-f)H_1(f)S_{21}(f) + H_2(-f)H_2(f)S_{22}(f) \cdots\cdots\cdots (11.51)$$

$x_1(t)$ と $x_2(t)$ が独立のときは,$S_{12}(f) = S_{21}(f) = 0$ であるから,

$$S_y(f) = |H_1(f)|^2 S_{11}(f) + |H_2(f)|^2 S_{22}(f) \cdots\cdots\cdots\cdots (11.52)$$

すなわちそれぞれの入力に対する応答を求めて,これらを重ね合わせて決めることができる. $x_1(t)$ と $x_2(t)$ の間に一定の関係があるとき,たとえば比例関係 $x_2(t) = A x_1(t)$ ($A=$ 定数) があるときは,$S_{12}(f) = S_{21}(f) = A S_{11}(f)$, $S_{22}(f) = A^2 S_{11}(f)$ となるから,式 (11.51) より

$$S_y(f) = \{H_1(-f) + A H_2(-f)\}\{H_1(f) + A H_2(f)\} S_{11}(f)$$
$$= |H_1(f) + A H_2(f)|^2 S_{11}(f) \cdots\cdots\cdots\cdots\cdots (11.53)$$

すなわち周波数応答が $\{H_1(f) + A H_2(f)\}$ なるシステムに,一入力 $x_1(t)$ が作用したときと同じ結果になる. なおこの周波数応答は $H_1(f)$ と $A H_2(f)$ とのベクトル和によって決まるものである.

二入力が無相関で独立であるが,パワースペクトル密度が等しいとき ($S_{22}(f) = S_{11}(f) = S(f)$),式 (11.52) より

$$S_y(f) = \{|H_1(f)|^2 + |H_2(f)|^2\} S(f) \cdots\cdots\cdots\cdots (11.54)$$

一方,二入力に直接相関があって $A=1$ のときも $S_{22}(f) = S_{11}(f) = S(f)$ であるが,式 (11.53) より

$$S_y(f) = |H_1(f) + H_2(f)|^2 S(f)$$
$$= \{|H_1(f)|^2 + |H_2(f)|^2 + 2|H_1(f)||H_2(f)|\cos\phi(f)\} S(f) \cdot\cdot (11.55)$$

ここで $\phi(f)$ は $H_1(f)$ と $H_2(f)$ との位相差である. $\cos\phi = 0$,すなわち $\phi = \pm \pi/2$ のときは,式 (11.55) が式 (11.54) に一致し,二入力が直接相関していても応答のパワースペクトル密度は無相関のときと同じになる.

さらに $H_1(f) = H_2(f) = H(f)$ ($\phi = 0$) の場合を考えてみると,二入力が無相関のときは式 (11.54) より

$$S_y(f) = 2|H(f)|^2 S(f) \cdots\cdots\cdots\cdots\cdots\cdots\cdots (11.56)$$

一方,直接相関のときは式 (11.55) より

$$S_y(f) = 4|H(f)|^2 S(f) \cdots\cdots\cdots\cdots\cdots\cdots\cdots (11.57)$$

となり,二入力が直接相関のときの応答のパワースペクトル密度は,無相関の

ときの2倍になる．次に $H_1(f) = -H_2(f) = H(f)$ $(\phi = \pm \pi)$ の場合を考えてみると，二入力が無相関のときは式 (11.56) と同じであるが，直接相関のときは式 (11.55) より $S_y(f) = 0$ である．これは同じ大きさの入力が逆位相で作用する場合に相当するから当然の結果である．

車両の前後輪からの入力のように，二入力の間に時間おくれ τ_0 がある場合には，二入力の相互スペクトル密度が式 (10.51), (10.52), (10.53) のように，軌道面凹凸のパワースペクトル密度 $S_{22}(f) = S_{11}(f) (= S(f))$ で表わされる．したがって前後輪からの入力に対する車両の周波数応答を $H_1(f)$, $H_2(f)$ とすれば，車両の応答のパワースペクトル密度は，式 (11.51) より

$$\begin{aligned}
S_y(f) &= \{H_1(-f)H_1(f) + H_1(-f)H_2(f)\exp(j2\pi f\tau_0) \\
&\quad + H_2(-f)H_1(f)\exp(-j2\pi f\tau_0) + H_2(-f)H_2(f)\}S(f) \\
&= \{H_1(-f) + H_2(-f)\exp(-j2\pi f\tau_0)\} \\
&\quad \cdot \{H_1(f) + H_2(f)\exp(j2\pi f\tau_0)\}S(f) \\
&= |H_1(f) + H_2(f)\exp(j2\pi f\tau_0)|^2 S(f) \quad \cdots\cdots\cdots\cdots\cdots (11.58)
\end{aligned}$$

式 (11.58) から明らかなように，この場合は周波数応答が $\{H_1(f) + H_2(f)\exp(j2\pi f\tau_0)\}$ のシステムに一入力 $x_1(t)$ が作用したときと同じ結果になる．$\tau_0 = 0$ のときは，式 (11.55) に一致する．さらに式 (11.58) において $H_1(f) = H_2(f) = H(f)$ とすると，

$$S_y(f) = |H(f)\{1 + \exp(j2\pi f\tau_0)\}|^2 S(f)$$

ここで $|1 + \exp(j2\pi f\tau_0)|^2 = 2(1 + \cos\omega\tau_0)$ であるから，

$$S_y(f) = 2|H(f)|^2 (1 + \cos\omega\tau_0) S(f) \quad \cdots\cdots\cdots\cdots\cdots\cdots (11.59)$$

12. 非線形システムの線形化近似

　不規則な凹凸を有する路面上を車が走行するとき，車体の揺れも不規則になるが，もし車のサスペンション（スプリングやショックアブソーバ）の特性が線形であれば，すなわちスプリングの伸縮変位やショックアブソーバの伸縮速度が，そこにかかる荷重の大きさに比例するとすれば，第11章で述べたような方法で，車体の揺れの変位などの分散を計算することができる．しかし実際の車のサスペンションの特性は必ずしも線形になるように設計されていない．このような**非線形システム**（nonlinear system）の場合には，車体の揺れの統計量を，第15, 16, 17章の例題で述べるような方法を用いて計算しなければならない．つまり非線形システムの出力は一般に正規分布に従わないから，厳密に考えればコルモゴロフ方程式（第15章）を解いて確率密度を調べるところから始めなければならない．しかし実際問題としては，出力の平均値や分散だけわかればよい場合があるから，そのような場合はモーメント方程式（第17章）を立てて解けばよい．ところがこれらの方法は計算が簡単でないし，解けない場合もある．そこでさらに簡単な方法として，**等価線形化法**（equivalent linearization technique）や**摂動法**（perturbation technique）を使うことができる．本章ではこれらの近似解法を簡単なモデルを用いて説明することにする．

（1）等価線形化法

　いま，次のような運動方程式で表わされる1自由度の振動系を考えることにする．

$$\ddot{x}(t)+g\{x(t),\dot{x}(t)\}=y(t) \quad \cdots\cdots\cdots\cdots\cdots\cdots\cdots\cdots\cdots\cdots\cdots (12.1)$$

ただし $g\{\ \}$：非線形関数，$y(t)$：平均値0の正規性有色雑音．

　そこでまず，式 (12.1) を次のような方程式によって置き換えることにする．

$$\ddot{x}(t)+c_e\dot{x}(t)+k_e x(t)=y(t)+\varepsilon(t) \quad \cdots\cdots\cdots\cdots\cdots\cdots\cdots (12.2)$$

ただし $\varepsilon(t)=c_e\dot{x}(t)+k_e x(t)-g\{x(t),\dot{x}(t)\} \quad \cdots\cdots\cdots\cdots\cdots (12.3)$

c_e : **等価減衰係数** (equivalent damping coefficient)

k_e : **等価ばね定数** (equivalent stiffness)

c_e および k_e を, $\varepsilon(t)$ が 0 に近づくように決定することができれば, 誤差項として $\varepsilon(t)$ を無視した線形方程式を導くことができる. その解を $z(t)$ とおくと,

$$\ddot{z}(t)+c_e\dot{z}(t)+k_e z(t)=y(t) \quad\cdots\cdots\cdots\cdots\cdots\cdots (12.4)$$

$z(t)$ は入力 $y(t)$ に対する線形系の出力として容易に求められるから, この $z(t)$ を $x(t)$ の近似解として採用するわけである. 式 (12.4) は式 (12.1) を等価な線形方程式に置き換えたことになる.

さて, 式 (12.3) の ε が 0 に近づくように c_e と k_e を決定するには, ε の二乗平均値

$$E[\varepsilon^2(t)]=E[\{c_e\dot{x}+k_e x-g(x,\dot{x})\}^2] \quad\cdots\cdots\cdots\cdots (12.5)$$

を c_e および k_e で微分して 0 と置いた式から, c_e と k_e を求めればよい. すなわち

$$\partial E[\varepsilon^2]/\partial c_e=2E[c_e\dot{x}^2+k_e x\dot{x}-\dot{x}g(x,\dot{x})]=0 \quad\cdots\cdots\cdots (12.6)$$

$$\partial E[\varepsilon^2]/\partial k_e=2E[c_e\dot{x}x+k_e x^2-xg(x,\dot{x})]=0 \quad\cdots\cdots\cdots (12.7)$$

$$\left.\begin{aligned}&\partial^2 E[\varepsilon^2]/\partial c_e^2=2E[\dot{x}^2]>0,\ \partial^2 E[\varepsilon^2]/\partial k_e^2=2E[x^2]>0\\&\{\partial^2 E[\varepsilon^2]/\partial c_e^2\}\{\partial^2 E[\varepsilon^2]/\partial k_e^2\}-\{\partial^2 E[\varepsilon^2]/\partial c_e\partial k_e\}^2\\&\quad=4\{E[x^2]E[\dot{x}^2]-(E[x\dot{x}])^2\}\geqq 0\end{aligned}\right\}\cdots (12.8)$$

式 (12.8) が成り立つから, 式 (12.6), (12.7) は $E[\varepsilon^2]$ が最小となる条件を与えている. すなわち

$$\left.\begin{aligned}&c_e E[\dot{x}^2]+k_e E[x\dot{x}]-E[\dot{x}g(x,\dot{x})]=0\\&c_e E[\dot{x}x]+k_e E[x^2]-E[xg(x,\dot{x})]=0\end{aligned}\right\}\cdots\cdots\cdots (12.9)$$

式 (12.4) の解は平均値 0 の正規分布に従い, $z(t),\dot{z}(t)$ の分散をそれぞれ $\sigma_z^2(c_e,k_e)$, $\sigma_{\dot{z}}^2(c_e,k_e)$ とすると, 定常状態における近似解については,

$$E[x^2]=\sigma_z^2(c_e,k_e),\ E[\dot{x}^2]=\sigma_{\dot{z}}^2(c_e,k_e),\ E[x\dot{x}]=0\ \text{〔式 (10.20) より〕}$$
$$\cdots\cdots\cdots\cdots\cdots\cdots\cdots\cdots\cdots\cdots\cdots\cdots\cdots\cdots\cdots\cdots (12.10)$$

とおくことができる.

非線形ばねを有する系の一例として, 非線形関数が

$$g(x,\dot{x})=c\dot{x}+k(x+ax^3) \quad\cdots\cdots\cdots\cdots\cdots\cdots\cdots (12.11)$$

12. 非線形システムの線形化近似

として与えられる場合を計算してみよう．このとき

$$E[\dot{x}g(x,\dot{x})] = cE[\dot{x}^2] + kE[\dot{x}x] + kaE[\dot{x}x^3]$$
$$E[xg(x,\dot{x})] = cE[x\dot{x}] + kE[x^2] + kaE[x^4]$$

となるから，式 (12.9) は

$$\left.\begin{array}{l}(c_e-c)E[\dot{x}^2] + (k_e-k)E[\dot{x}x] - kaE[\dot{x}x^3] = 0 \\ (k_e-k)E[x^2] + (c_e-c)E[x\dot{x}] - kaE[x^4] = 0\end{array}\right\} \cdots\cdots\cdots (12.12)$$

x は平均値 0 の正規分布に従うとすれば，式 (8.14)，(8.15) および式 (12.10) より

$$E[\dot{x}x^3] = 3E[\dot{x}x]E[x^2] = 0, \quad E[x^4] = 3E[x^2]^2 = 3\sigma_z^4 \cdots\cdots\cdots (12.13)$$

したがって式 (12.12) より等価減衰係数と等価ばね定数は

$$c_e = c, \quad k_e = k(1 + 3a\sigma_z^2) \cdots\cdots\cdots\cdots\cdots\cdots\cdots\cdots\cdots\cdots\cdots\cdots (12.14)$$

となる．減衰特性は線形であるから，c はそのままである．等価ばね定数は応答変位の分散 σ_z^2 が大きいほど大きくなる．つまり等価線形化法では応答の大きさに応じて等価な係数を変えるわけである．式 (12.4) より $z(t)$ の分散を求めると，

$$\sigma_z^2 = \int_{-\infty}^{\infty} S_{zz}(f)df = \int_{-\infty}^{\infty} |H(f)|^2 S_{yy}(f)df \quad (\text{式 (11.9) 参照}) \cdots (12.15)$$

ただし $S_{zz}(f)$, $S_{yy}(f)$ はそれぞれ $z(t)$ および $y(t)$ のパワースペクトル密度であり，周波数応答 $H(f)$ は，式 (12.4) より

$$H(f) = 1/\{-(2\pi f)^2 + j2\pi fc + k_e\} \cdots\cdots\cdots\cdots\cdots\cdots\cdots\cdots (12.16)$$

$y(t)$ が白色雑音のときは，$S_{yy} = 2D$ とおいて，式 (12.15) の積分を行なうと，

$$\sigma_z^2 = D/k_e c \cdots\cdots\cdots\cdots\cdots\cdots\cdots\cdots\cdots\cdots\cdots\cdots\cdots\cdots\cdots\cdots (12.17)$$

[積分公式 $\int_{-\infty}^{\infty} du/\{(1-u^2)^2 + (2\zeta u)^2\} = \pi/2\zeta$ を用いた]

式 (12.17) の σ_z^2 を式 (12.14) に代入すると，$k_e = k(1 + 3aD/ck_e)$ となるから，

$$k_e = (k/2)(1 + \sqrt{1 + 12aD/ck}) \cdots\cdots\cdots\cdots\cdots\cdots\cdots\cdots (12.18)$$

非線形項の係数 a が十分に小さければ，次のよう近似される．

$$k_e = k(1 + 3aD/ck) \cdots\cdots\cdots\cdots\cdots\cdots\cdots\cdots\cdots\cdots\cdots\cdots\cdots (12.19)$$

k_e を式 (12.17) に代入すれば，σ_z^2 が決まり，$E[x^2]$ の近似解が決まる．すなわち

$$E[x^2]=(D/kc)(1+3aD/ck)^{-1}=(D/kc)(1-3aD/ck) \quad (a\ll 1)$$
$$\cdots\cdots\cdots\cdots\cdots\cdots\cdots\cdots\cdots\cdots\cdots\cdots\cdots\cdots (12.20)$$

等価線形化法では最終的に正規分布に従う近似解が決まるから，非線形系としての特性は失われるが，応答の分散に及ぼす非線形量の影響を調べるのには適している．上述のような簡単な例では，等価な係数 k_e と応答の分散 σ_z^2 が解析的に求められたが，一般には式 (12.14) に相当する関係と式 (12.17) に相当する関係とを連立させて数値的に解くことになる．入力外乱 $y(t)$ が非定常な場合には，微小な時間領域に分割して，領域毎の応答の分散を次の領域における等価係数を求めるのに用いれば，計算が簡単になる．

（２）摂動法

次のような運動方程式で表わされる１自由度の振動系を考えることにする．
$$\ddot{x}(t)+c\dot{x}(t)+k[x(t)+ag\{x(t)\}]=y(t) \cdots\cdots\cdots (12.21)$$
ただし $y(t)$：平均値０の正規性有色雑音，$g\{\ \}$：非線形関数，a：微小パラメータ．

方程式の解 $x(t)$ をこの微小パラメータ a のべき級数で展開した形で与えることにする．すなわち
$$x(t)=x_0(t)+ax_1(t)+a^2x_2(t)+\cdots\cdots\cdots\cdots\cdots\cdots (12.22)$$
これを式 (12.21) に代入して，a のべきが等しい項に分けて等式を作ると，
$$\ddot{x}_0(t)+c\dot{x}_0(t)+kx_0(t)=y(t) \cdots\cdots\cdots\cdots\cdots\cdots (12.23)$$
$$\ddot{x}_1(t)+c\dot{x}_1(t)+kx_1(t)=-kg\{x_0(t)\} \cdots\cdots\cdots\cdots\cdots (12.24)$$

・
・
・

式 (12.23) の解 $x_0(t)$ は第０次近似解であり，非線形項を省略した線形方程式の解である．式 (12.24) の解 $x_1(t)$ は，右辺の非線形項に第０次近似解が代入されているから，やはり線形方程式の解として求められる．逐次に高次の近似解が求められるが，低次の近似解が非線形項に代入されるため，常に線形方程式を解くことになる．これらの解を式 (12.22) に代入すればよいが，高次になると計算が急速に煩雑になるから，せいぜい１次近似か２次近似どまりである．

12. 非線形システムの線形化近似

等価線形化法の例と同様な非線形方程式を考えることにしよう．すなわち

$$\ddot{x}(t)+c\dot{x}(t)+k\{x(t)+a\,x^3(t)\}=y(t) \quad \cdots\cdots\cdots\cdots (12.25)$$

第 1 次近似解（1st order approximation）は，

$$x(t)=x_0(t)+ax_1(t) \quad \cdots\cdots\cdots\cdots\cdots\cdots\cdots\cdots\cdots\cdots (12.26)$$

であるから，その二乗平均値は，a の 1 次の項までとると，

$$E[x^2]=E[x_0^2]+2aE[x_0x_1] \quad \cdots\cdots\cdots\cdots\cdots\cdots\cdots (12.27)$$

式 (12.23) より，第 0 次近似解は

$$x_0(t)=\int_0^\infty h(s)y(t-s)\,ds \quad \cdots\cdots\cdots\cdots\cdots\cdots\cdots (12.28)$$

ここでインパルス応答 $h(t)$ は，

$$h(t)=(1/\sqrt{k-c^2/4})\exp(-ct/2)\sin\sqrt{k-c^2/4}\,t \quad (c<2\sqrt{k}) \quad (t\geq 0)$$

[インパルス応答については式 (11.17)，(11.18) を参照]

$$\cdots\cdots\cdots\cdots\cdots\cdots\cdots\cdots\cdots\cdots\cdots\cdots\cdots (12.29)$$

式 (12.28) より $x_0(t)$ の二乗平均値は

$$E[x_0^2]=\int_0^\infty\int_0^\infty h(u)h(v)R_y(u-v)\,du\,dv$$

[式 (11.6) において $\tau=0$ としたものに相当する]

$$\cdots\cdots\cdots\cdots\cdots\cdots\cdots\cdots\cdots\cdots\cdots\cdots\cdots (12.30)$$

ここで $R_y(\tau)$ は外乱入力 $y(t)$ の自己相関関数である．

次に，式 (12.24) より

$$x_1(t)=-k\int_0^\infty h(s)x_0^3(t-s)\,ds \quad \cdots\cdots\cdots\cdots (12.31)$$

したがって

$$E[x_0x_1]=-k\int_0^\infty h(s)E[x_0(t)x_0^3(t-s)]\,ds$$

$x_0(t)$ は平均値 0 の正規分布に従うから，式 (8.14) の関係を用いると，

$$E[x_0x_1]=-3k\int_0^\infty h(s)E[x_0(t)x_0(t-s)]E[x_0^2(t-s)]\,ds$$

$$=-3kE[x_0^2]\int_0^\infty h(s)R_{x0}(s)\,ds \cdots\cdots\cdots\cdots (12.32)$$

ここで $x_0(t)$ の自己相関関数 $R_{x0}(s)=E[x_0(t)x_0(t-s)]$ は，式 (12.28) より

$$R_{x0}(s)=\int_0^\infty\int_0^\infty h(u)h(v)R_y(s-u+v)\,du\,dv \cdots\cdots (12.33)$$

したがって式 (12.27) は

$$E[x^2]=E[x_0^2]\{1-6ak\int_0^\infty h(s)R_{x0}(s)\,ds\} \cdots\cdots\cdots (12.34)$$

$y(t)$ が白色雑音のときは，自己相関関数が $R_y(\tau)=2D\delta(\tau)$ となるから，式 (12.33) より

$$R_{x0}(s) = 2D \int_0^\infty h(v)h(v+s)\mathrm{d}v \cdots\cdots\cdots\cdots\cdots\cdots (12.35)$$

式(12.29)のインパルス応答を代入して積分すると,

$$R_{x0}(s) = (D/ck)\exp(-cs/2)\{\cos\sqrt{k-c^2/4}\,s \\ + (c/\sqrt{4k-c^2})\sin\sqrt{k-c^2/4}\,s\} \cdots\cdots (12.36)$$

ここで $s=0$ とおくと,

$$E[x_0^2] = D/ck \cdots\cdots\cdots\cdots\cdots\cdots\cdots\cdots\cdots\cdots (12.37)$$

式(12.36)を式(12.34)に代入して積分を計算すると,

$$\int_0^\infty h(s)R_{x0}(s)\mathrm{d}s = d/2ck^2 \cdots\cdots\cdots\cdots\cdots\cdots (12.38)$$

式(12.37),(12.38)を式(12.34)に代入すると,第1次近似解の二乗平均値は

$$E[x^2] = (D/ck)(1-3aD/ck) \cdots\cdots\cdots\cdots\cdots (12.39)$$

となる.これは等価線形化法によって導かれた式(12.20)の近似解に一致している.

13. マルコフ連鎖と推移確率

システムの現在の状態が与えられたとき,未来の確率的な挙動が一意的に決定できるという性質を**マルコフ性**(Markov property)という.実際問題にはこのような性質が近似的に成り立つ場合が多いが,たとえば,部材の応力 x が一定値 a を 10 回越えたときに,はじめてその構造物が壊れるという問題があるとしよう.この場合,現在の応力 $x(t)$ の値が与えられていても,未来の時刻 $t+\tau$ において構造物が壊れる確率を一意的に決定することができない.なぜならば,過去において応力がすでに a を何回越えているかによって,時刻 $t+\tau$ において壊れる確率が違ってくるからである.このような確率過程はマルコフ性をもたない.逆に,過去,現在の状態とまったく無関係に未来の確率的な挙動がきまるような場合にもマルコフ性をもたないことになる.過去にいくら犯罪歴があっても,現在は改心してまともな人間であれば,将来社会に貢献できる確率はその人の過去には関係がないと言えれば,マルコフ的人生であるが,いくら改心していても,やはり過去は拭い去れないとすれば,マルコフ的人生とはいえない.

一般にマルコフ性をもつ確率過程を**マルコフ過程**(Markovian process)といい,そうでないものを**非マルコフ過程**(non-Markovian process)という.

上述の例では,連続な確率変数 $x(t)$ を問題にしたが,不連続な時刻 $n=1, 2, \cdots$ に対して定義される確率変数 X_n を問題にするときも同様であり,マルコフ性をもつ場合には**マルコフ連鎖**(Markov chain)という.たとえば,酔っ払いが一歩ずつ踏み出して行きつ戻りつし,10 歩目にとうとう溝に落ちる確率や,博打うちが毎回の賭け事で勝ったり敗けたりして,10 回目にとうとう破産する確率などを考える場合である.

いま,マルコフ連鎖において,確率変数 X_n は正の整数値 $j=1, 2, \cdots$ のみをとり得るとして,$X_n=j$ という状態を事象 E_j で表わすことにする.二つ以上の

状態が同時には出現しないから，E_j は排反事象の集合を形成している．n 回目に E_j となる確率，すなわち $X_n=j$ となる **絶対確率**（absolute probability）を

$$P[X_n=j]=p_j^{(n)} \cdots\cdots\cdots\cdots\cdots\cdots\cdots\cdots\cdots\cdots\cdots\cdots\cdots\cdots\cdots\cdots (13.1)$$

としよう．$p_j^{(0)}$ を j に対してプロットすれば，**初期分布**（initial distribution）が得られる．すべての状態がお互いに独立でないとすれば，$(n-1)$ 回までの状態が与えられたとき，n 回目に E_j となる条件つき確率

$$P[X_n=j|X_{n-1}=i, X_{n-2}=h, \cdots, X_0=a]$$

が決定されるが，もしすべての状態がお互いに独立であれば，これは式 (13.1) の絶対確率の等しい．マルコフ過程では，$(n-1)$ 回目から n 回目の状態に移る条件つき確率のみが与えられる性質をもっているから，

$$P[X_n=j|X_{n-1}=i, X_{n-2}=h, \cdots, X_0=a]=P[X_n=j|X_{n-1}=i]=p_{ij}$$
$$\cdots\cdots\cdots\cdots\cdots\cdots\cdots\cdots\cdots\cdots\cdots\cdots\cdots\cdots\cdots (13.2)$$

が成り立つ．これは状態が E_i から E_j に移る確率を表わしているから，一般に **推移確率**（transition probability）という．マルコフ過程は推移確率によってその性質が一意的に決定される．なお，式 (13.2) の推移確率は一般に n によっても変化するが，ここでは状態 E_j のみに依存して n には無関係に決まる場合を考えることにする．このような場合を **一様マルコフ連鎖**（homogeneous markov chain）という．

式 (13.2) は $(n-1)$ から n までの 1 段の推移確率であるが，一般に m から $(m+n)$ までの n 段で E_i から E_j に推移する確率，すなわち **n 段推移確率**（n-step transition probability）$p_{ij}^{(n)}$（$p_{ij}^{(1)}=p_{ij}$）を与えることができる．初期分布 $p_i^{(0)}$ と推移確率が与えられれば，$n=1$ における絶対確率は

$$p_j^{(1)}=\sum_{i=1}^{\infty} p_{ij}p_i^{(0)} \cdots\cdots\cdots\cdots\cdots\cdots\cdots\cdots\cdots\cdots\cdots\cdots\cdots\cdots (13.3)$$

として求められる．一般に絶対確率 $p_j^{(m)}$ の分布と n 段推移確率 $p_{ij}^{(n)}$ が与えられれば，絶対確率 $p_j^{(m+n)}$ が

$$p_j^{(m+n)}=\sum_{i=1}^{\infty} p_{ij}^{(n)}p_i^{(m)} \cdots\cdots\cdots\cdots\cdots\cdots\cdots\cdots\cdots\cdots\cdots\cdots (13.4)$$

として求められる．$m=0$ とおけば，

$$p_j^{(n)}=\sum_{i=1}^{\infty} p_{ij}^{(n)}p_i^{(0)} \cdots\cdots\cdots\cdots\cdots\cdots\cdots\cdots\cdots\cdots\cdots\cdots\cdots (13.5)$$

すなわちマルコフ連鎖では，初期の状態の確率と推移確率（現在から未来への条件つき確率）によってすべての状態の確率が決まる．ここで $n\to\infty$ のときの

13. マルコフ連鎖と推移確率

$p_j^{(n)}$ の極限値 p_j が求められれば，これを j に対してプロットしたものが**極限分布** (limit distribution) となる．

一般に任意の状態 E_i からは状態 E_j ($j=1, 2, \cdots$) のいずれかに必ず推移するわけであるから，推移確率の性質として

$$\sum_{j=1}^{\infty} p_{ij} = 1, \quad \sum_{j=1}^{\infty} p_{ij}^{(n)} = 1 \quad (i=1, 2, \cdots) \quad \cdots\cdots\cdots\cdots (13.6)$$

なる関係が成り立つ．なお，式 (13.5) の両辺を j について加えると，

$$\sum_j p_j^{(n)} = \sum_j (\sum_i p_{ij}^{(n)} p_i^{(0)}) = \sum_i (\sum_j p_{ij}^{(n)}) p_i^{(0)}$$

となるから，式 (13.6) の関係を用いると，

$$\sum_{j=1}^{\infty} p_j^{(n)} = \sum_{i=1}^{\infty} p_i^{(0)} = 1 \quad \cdots\cdots\cdots\cdots\cdots\cdots\cdots\cdots\cdots\cdots (13.7)$$

すなわち，初期分布 $p_i^{(0)}$ の和が 1 に等しければ，絶対確率 $p_j^{(n)}$ の和も 1 に等しい．なお，はじめの m 段で E_i から E_k に移り，次の n 段で E_k から E_j に移る確率は，$p_{ik}^{(m)} p_{kj}^{(n)}$ となるから，$(m+n)$ 段で E_i から E_j に移る確率は，

$$p_{ij}^{(m+n)} = \sum_{k=1}^{\infty} p_{ik}^{(m)} p_{kj}^{(n)} \quad \cdots\cdots\cdots\cdots\cdots\cdots\cdots\cdots\cdots\cdots (13.8)$$

となる．式 (13.8) は式 (13.6) とともに推移確率の基本的性質を与えるものである．

一つの一様マルコフ連鎖を形成する状態 E_j ($j=1, 2, \cdots$) の集合，すなわち状態空間 $[E_j]$ に対して，すべての推移確率 p_{ij} ($i, j=1, 2, \cdots$) をまとめて表わすために，p_{ij} を要素とする行列

$$p = \begin{bmatrix} p_{11} & p_{21} & \cdots \\ p_{12} & p_{22} & \\ \cdots & & \end{bmatrix} \quad \cdots\cdots\cdots\cdots\cdots\cdots\cdots\cdots\cdots\cdots (13.9)$$

を用いると便利である．これを**推移行列** (transition matrix) という (式 (13.9) の行と列を入れ換えたものとして定義してもよい)．各列の要素の和は，式 (13.6) から明らかなように 1 に等しい．各行の要素の和は必ずしも 1 に等しくない．すべての要素が負でなくて，各列または各行の和が 1 に等しいとき，その行列を**確率行列** (stochastic matrix) という．推移行列は確率行列の一つである．絶対確率 $p_j^{(n)}$ の列ベクトルを

$$p^{(n)} = [p_1^{(n)} \ p_2^{(n)} \cdots]^T \quad (n=0, 1, 2, \cdots) \quad \cdots\cdots\cdots\cdots (13.10)$$

とすると，式 (13.3) から明らかなように，初期分布の確率ベクトル $p^{(0)}$ と推移行列 P との積によって，絶対確率ベクトル $p^{(1)}$ が求められる．すなわち

$$p^{(1)} = P p^{(0)} \quad\cdots\cdots\cdots\cdots\cdots\cdots\cdots\cdots\cdots\cdots\cdots\cdots\cdots\cdots (13.11)$$

一般に

$$p^{(n)} = P p^{(n-1)} \quad (n=1,2,\cdots) \quad\cdots\cdots\cdots\cdots\cdots\cdots\cdots (13.12)$$

が成り立つから,

$$p^{(2)} = P(P p^{(0)}) = P^2 p^{(0)} \quad\cdots\cdots\cdots\cdots\cdots\cdots\cdots\cdots\cdots (13.13)$$

P^2 の第 i 行,第 j 列の要素を式 (13.9) から求めると,

$$p_{ij}^{(2)} = \sum_{k=1}^{\infty} p_{ik} p_{kj} \quad\cdots\cdots\cdots\cdots\cdots\cdots\cdots\cdots\cdots\cdots\cdots (13.14)$$

これは式 (13.8) において $m=n=1$ とおいたときの推移確率に等しい.すなわち P^2 は 2 段推移確率 $p_{ij}^{(2)}$ を要素とする行列に一致する.一般に

$$p^{(n)} = P^n p^{(0)} \quad (n=1,2,\cdots) \quad\cdots\cdots\cdots\cdots\cdots\cdots\cdots (13.15)$$

となり, P^n は n 段推移確率

$$p_{ij}^{(n)} = \sum_{k=1}^{\infty} p_{ik}^{(n-1)} p_{kj} \quad\cdots\cdots\cdots\cdots\cdots\cdots\cdots\cdots\cdots\cdots (13.16)$$

を要素とする行列となる.また,式 (13.15) より

$$p^{(n+m)} = P^n p^{(m)} \quad\cdots\cdots\cdots\cdots\cdots\cdots\cdots\cdots\cdots\cdots\cdots\cdots (13.17)$$

を導くことができ,一般に一様マルコフ連鎖では,絶対確率 $p_j^{(m)}$ の列ベクトルと n 段推移行列 P^n との積によって絶対確率 $p_j^{(n+m)}$ の列ベクトルが求められるから, P^n の値を決定することが重要になる. n が大きくなると,この計算が非常に煩雑になるので,いろいろな工夫が行なわれており,代表的な方法としてはスペクトル分解法などがある[7].

マルコフ連鎖において,どの状態からでも他のすべての状態に推移することができる場合,その連鎖は**既約** (irreducible) であるという.たとえば,機械が正常か異常かどちらかの状態にあるとして,故障すれば正常から異常に推移し,もし修復が可能であれば異常から正常に推移することもできる.このようなマルコフ連鎖は既約である.しかし一度故障すれば修復不能という機械であれば,この連鎖は既約でない.

一般に,いくつかの状態の集合 C からは, C 以外のどの状態にも推移することができない場合,その連鎖は**可約** (reducible) であるという.集合 C からそれ以外の状態に推移することはないが, C 以外の状態から, C に属する状態に推移することはあり得る.このような C は一つの**閉集合** (closed set) をなしており,二つ以上の閉集合が存在するようなマルコフ連鎖を可約ということがで

きる.

　閉集合 C に属する状態が一つだけのとき，その状態を**吸収状態**（absorbing state）という．修復不能の機械では，異常状態は一つの吸収状態である．ブラウン運動において，分子が境界壁に達したとき吸着されるとすれば，境界に達した状態が吸収状態である．酔っ払いがふらふら歩いてどぶ川に落ちるのも吸収状態であり，増減する生物の個体数が 0 に達したときは吸収状態であり，賭博師の資金が枯渇して破滅する状態も吸収状態である．

例 13.1

　ある機械が正常であるという状態を E_0，その機械が異常であるという状態を E_1 としよう．状態が E_0 から E_1 に推移することを**故障**（failure）といい，E_1 から E_0 に推移することを**修復**（repair）という．これらの状態の推移は一つのマルコフ連鎖を形成することになる．推移確率 p_{00} は正常な状態が続く確率，p_{01} は故障する確率，p_{10} は修復する確率，p_{11} は異常な状態が続く確率を表わしている．いま故障確率を $p_{01}=\lambda$，修復確率を $p_{10}=\mu$ とすれば，推移行列 P はどうなるか.

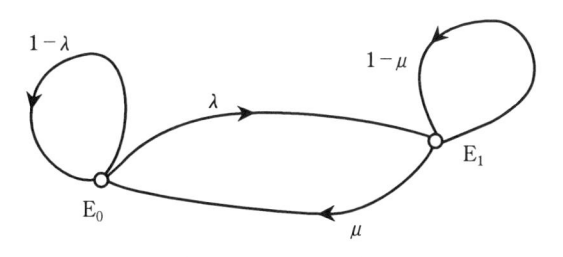

[答]
$$P = \begin{bmatrix} 1-\lambda & \mu \\ \lambda & 1-\mu \end{bmatrix} \quad \cdots\cdots\cdots\cdots\cdots\cdots\cdots\cdots\cdots\cdots\cdots\cdots\cdots\cdots \text{(a)}$$
なお，これらの状態推移は，図 13.1 のようなマルコフ・グラフで表わすと明白になる．

図 13.1　マルコフ・グラフ

例 13.2

　1 個の粒子が x 軸上を正負の向きに 1 単位ずつ移動する確率をそれぞれ $p=1/3$, $q=2/3$ とする．ただし $x=0$, $x=4$ では吸収状態にあるとする．すなわち $x=0$ または $x=4$ に一度到達すれば，もはや移動しない．このような境

界を**吸収壁** (absorbing barrier) という. $x=j$ $(=0, 1, 2, 3, 4)$ に達した状態を E_j として,この問題をマルコフ連鎖とみなせば,推移行列 P はどのようになるか. また,はじめ $x=3$ にあったとすれば,初期分布の確率ベクトル $p^{(0)}$ はどうか. 時刻 $n=2$ における絶対確率ベクトル $p^{(2)}$ を計算せよ.

[答]

式 (13.9) のように推移行列を定義すれば,

$$P = \begin{bmatrix} 1 & 2/3 & 0 & 0 & 0 \\ 0 & 0 & 2/3 & 0 & 0 \\ 0 & 1/3 & 0 & 2/3 & 0 \\ 0 & 0 & 1/3 & 0 & 0 \\ 0 & 0 & 0 & 1/3 & 1 \end{bmatrix} \quad p^{(0)} = \begin{bmatrix} 0 \\ 0 \\ 0 \\ 1 \\ 0 \end{bmatrix}$$

$$p^{(2)} = P^{(2)} p^{(0)} = \begin{bmatrix} 1 & 2/3 & 4/9 & 0 & 0 \\ 0 & 2/9 & 0 & 4/9 & 0 \\ 0 & 0 & 4/9 & 0 & 0 \\ 0 & 1/9 & 0 & 2/9 & 0 \\ 0 & 0 & 1/9 & 1/3 & 1 \end{bmatrix} \begin{bmatrix} 0 \\ 0 \\ 0 \\ 1 \\ 0 \end{bmatrix} = \begin{bmatrix} 0 \\ 4/9 \\ 0 \\ 2/9 \\ 1/3 \end{bmatrix}$$

例13.3

一人の酔っ払いが原点 $x=0$ から出発して,x 軸上を正負の向きに 1 単位ずつ移動する問題を考えよう. まず,正または負の向きに 1 単位移動する確率は,それぞれ $p=1/2$, $q=1-p=1/2$ として,酔っ払いが原点に戻るという事象 E_0 の性質について調べよ.

[答]

原点に帰るためには正負の移動回数が等しくなければならないから,これを m とすると,全体で $2m$ 回の移動を繰り返したことになる. $2m$ 回のうち m 回が正の移動となる確率 $p_{00}^{(2m)}$ は二項分布となるから,式 (7.1) より

$$p_{00}^{(2m)} = {}_{2m}C_m p^m q^m = \{(2m)!/(m!)^2\}(1/2)^{2m} \quad \cdots\cdots\cdots\cdots (a)$$

Stirling の近似式 (例 3.4 参照) を用いて上式を書き換えると,

$$p_{00}^{(2m)} = 1/\sqrt{m\pi} \quad (m \neq 0) \quad \cdots\cdots\cdots\cdots\cdots\cdots\cdots\cdots\cdots\cdots (b)$$

$p_{00}^{(2m)}$ は $2m$ 回の推移で E_0 に帰る (はじめてとは限らない) 確率であり,$\sqrt{m}$ に逆比例し,$m \to \infty$ のときは 0 となる. またその和を求めると,

$$u_0 = \sum_{m=1}^{\infty} p_{00}^{(2m)} = \infty \quad \cdots\cdots\cdots\cdots\cdots\cdots\cdots\cdots\cdots\cdots\cdots\cdots (c)$$

となる.これが 1 より大きくなるのは,異なる m に対して排反事象の確率とならないからであるが,一般に,n 回の移動ではじめて E_0 に帰る確率を $f_{00}^{(n)}$ とすれば(ただし $f_{00}^{(0)}=0$ とする),これは排反事象となるから,

$$\sum_{n=1}^{\infty} f_{00}^{(n)} \leq 1 \cdots\cdots\cdots\cdots\cdots\cdots\cdots\cdots\cdots\cdots\cdots\cdots\cdots\cdots\cdots\cdots (d)$$

となり,いつか必ず E_0 に帰るとすれば,$\sum f_{00}^{(n)}=1$ となる.

n 回目に E_0 が生じる確率は,一般に m 回目 ($m \leq n$) にはじめて E_0 が生じて,それから ($n-m$) 回後に E_0 が生じるという事象を考えれば,$m=1, 2, \cdots, n$ のいずれかの場合が生じる確率とみなすことができる.すなわち

$$p_{00}^{(n)} = \sum_{m=1}^{n} f_{00}^{(m)} p_{00}^{(n-m)} \quad (n \geq 1) \cdots\cdots\cdots\cdots\cdots\cdots\cdots (e)$$

$p_{00}^{(0)}=1$ であるから,式 (e) を書きかえると,

$$f_{00}^{(n)} = p_{00}^{(n)} - \sum_{m=1}^{n-1} f_{00}^{(m)} p_{00}^{(n-m)} \quad (n \geq 1) \cdots\cdots\cdots\cdots\cdots (f)$$

推移確率 $p_{00}^{(n)}$ ($n=1, 2, \cdots$) が式 (a) または (b) のように与えられていれば,式 (f) より逐次に $f_{00}^{(1)} = p_{00}^{(1)}$, $f_{00}^{(2)} = p_{00}^{(2)} - f_{00}^{(1)} p_{00}^{(1)}, \cdots$ として $f_{00}^{(n)}$ を求めることができる.

式 (e) より

$$p_{00}^{(1)} = f_{00}^{(1)} p_{00}^{(0)}, \quad p_{00}^{(2)} = f_{00}^{(1)} p_{00}^{(1)} + f_{00}^{(2)} p_{00}^{(0)}, \cdots$$

となるから,これらの式を辺々相加えると,

$$\sum_{n=1}^{\infty} p_{00}^{(n)} = f_{00}^{(1)} \sum_{n=0}^{\infty} p_{00}^{(n)} + f_{00}^{(2)} \sum_{n=0}^{\infty} p_{00}^{(n)} + \cdots = \sum_{n=1}^{\infty} f_{00}^{(n)} \sum_{n=0}^{\infty} p_{00}^{(n)}$$

$$\therefore \sum_{n=0}^{\infty} p_{00}^{(n)} = 1 / \left(1 - \sum_{n=1}^{\infty} f_{00}^{(n)}\right) \cdots\cdots\cdots\cdots\cdots\cdots\cdots (g)$$

が成り立つ.したがって式 (c) は $\sum f_{00}^{(n)} = 1$ が成り立つための必要十分条件となる.すなわちこの例題ではいつか必ず E_0 に帰ることになる.

この例題は,x 軸上の 1 次元酔歩モデルであるが,xy 平面上を x 方向または y 方向に 1 単位ずつ移動する 2 次元問題に拡張すると,どうなるであろうか.x の正負,y の正負に 1 単位移動する確率はすべて $1/4$ に等しいとして,四つの向きの移動する回数がすべて等しくなるという事象 E_0 について調べることにする.$4m$ 回のうち四つの向きにそれぞれ m 回移動する確率は,

$$p_{00}^{(4m)} = \{(4m)!/m!m!m!m!\}(1/4)^m(1/4)^m(1/4)^m(1/4)^m \cdots\cdots (h)$$

となり,Stirling の近似式を用いると,

$$p_{00}^{(4m)} = 2^{-1/2}(m\pi)^{-3/2} \quad (m > 0) \cdots\cdots\cdots\cdots\cdots\cdots\cdots (i)$$

したがって，式 (c) に相当する推移確率の和を求めると，
$$u_0 = \sum p_{00}^{(4m)} = 2^{-1/2} \pi^{-3/2} \sum m^{-3/2} < \infty \quad \cdots\cdots\cdots\cdots\cdots\cdots\cdots\cdots\cdots\cdots (\text{j})$$
となる．この場合，推移確率の総和が収束するから，四つの向きの移動回数が等しくならない可能性があるわけで，この点は二つの向きだけの場合と異なる．実力の等しい2人でゲームをやれば，勝負の回数がいつか必ず同じになるが，4人でやれば同じにならない可能性があるといってよい．

14. 酔歩モデルと拡散過程

　酔歩モデル（random walk model）は人口問題，投機問題などのモデルとなるが，これらは離散的変数のモデルであるから，その確率に関する方程式は差分方程式となる．そこでこの差分方程式を導いて，その解として推移確率を求める一般的な方法について述べることにしよう．

　例題13.2, 13.3でも述べた1次元の酔歩モデルでは，時刻 $t(=0, 1, 2, \cdots)$ で $x(=0, \pm 1, \pm 2, \cdots)$ にある粒子が時刻 $t+1$ で $x+1$ または $x-1$ に移動する確率が，それぞれ $p, q(=1-p)$ として与えられている．$p=q=1/2$ のときは，**対称モデル**（symmetric model）であり，$p>1/2$ のときは正の**偏り**（drift），$p<1/2$ のときは負の偏りをもつモデルとなる．粒子の移動範囲が $-\infty \leq x \leq \infty$ のときは，**制約のないモデル**（unrestricted model）であるが，変数 $X(t)$ が生物の個体数を表わすとすれば，$0 \leq x \leq \infty$ であるから**制約のあるモデル**（restricted model）となり，しかもこの場合，$x=0$ は吸収壁となる．$X(t)$ が賭博しの所持金を表わすとすれば，$x=0$ はやはり吸収壁であるが，相手の所持金を全部獲得したとき，すなわち $x=a$（自分と相手のすべての資金の和）のときも吸収壁であり，x の範囲は $0 \leq x \leq a$ となる．

　酔歩モデルとしては，移動の確率 p, q のほかに，停留する確率 $r(=1-p-q)$ が与えられる場合がある．また，1単位ずつ移動するだけでなく，2単位以上移動する確率が与えられる場合もある．さらに移動の確率がその位置 x に依存して変化する場合（たとえば後述の出生死滅過程のような場合はこの確率が x に比例する），時刻 t にも依存する場合なども考えられる．

　$x=1$ から $x=2$ に移動する確率が p で，$x=1$ に停留する確率が $q(=1-p)$ のとき，$x=0$ を**反射壁**（reflecting barrier）という．$x=0$ は境界の一つであるが，$x=1$ に停留するというのは，$x=0$ に移動したらただちに $x=1$ に反射されると考えればよい．一般に $x=0$ に移動したとき反射される確率が εq，吸収される

確率が $(1-\varepsilon)q$ $(0 \leq \varepsilon \leq 1)$ の場合は，$x=0$ を**弾性壁**（elastic barrier）という．$\varepsilon=1$ のときは反射壁，$\varepsilon=0$ のときは吸収壁である．

さて，一般に $x=i$ から出発して $x=0$ に到達する確率 U_i を求めてみよう．最初の1歩で $x=i+1$ に移動する場合と $x=i-1$ に移動する場合とに分けて考えると，前者の場合 $x=0$ に到達する確率は pU_{i+1} となり，後者の場合 qU_{i-1} となる．これらは排反事象であるから，

$$U_i = pU_{i+1} + qU_{i-1} \quad \cdots\cdots\cdots\cdots (14.1)$$

となる．これは U_i に関する同次差分方程式である．いま $x=0, a$ が吸収壁の場合を考えると，境界条件は

$$U_0 = 1, \quad U_a = 0 \quad \cdots\cdots\cdots\cdots (14.2)$$

である．$U_i = w^i$ とおいて式 (14.1) に代入すると，

$$pw^2 - w + q = 0 \quad \cdots\cdots\cdots\cdots (14.3)$$

$$\therefore w = (1/2p)(1 \pm \sqrt{1-4pq}) = (1/2p)\{1 \pm \sqrt{1-4p(1-p)}\} = q/p, 1$$
$$\cdots\cdots\cdots\cdots (14.4)$$

$$\therefore U_i = A(q/p)^i + B \quad (q/p \neq 1) \quad \cdots\cdots\cdots\cdots (14.5)$$

任意定数 A, B を式 (14.2) より決定すると，

$$U_i = \{(q/p)^a - (q/p)^i\}/\{(q/p)^a - 1\} \quad (p \neq q, \ 0 \leq i \leq a) \cdots\cdots (14.6)$$

$p = q = 1/2$ のときは，$w = 1$ であるから，一般解が

$$U_i = C\,1^i + D\,i\,1^i = C + Di \quad \cdots\cdots\cdots\cdots (14.7)$$

任意定数 C, D を境界条件から決定すると，

$$U_i = 1 - i/a \quad (p = q, \ 0 \leq i \leq a) \quad \cdots\cdots\cdots\cdots (14.8)$$

この酔歩モデルで $x=i$ から $x=0$ または $x=a$ に達するまでの時間（賭博でいえば勝負がつくまでの時間）の平均値 N_i は次の式を満足する．

$$N_i = p(1+N_{i+1}) + q(1+N_{i-1}) = 1 + pN_{i+1} + qN_{i-1} \quad (1 \leq i \leq a-1)$$
$$\cdots\cdots\cdots\cdots (14.9)$$

これは最初の1歩が i から $i+1$ に移動する場合と $i-1$ に移動する場合とに分けて平均をとった式である．境界条件は

$$N_0 = N_a = 0 \quad \cdots\cdots\cdots\cdots (14.10)$$

である．非同次差分方程式 (14.9) の一般解は，これに対応する同次差分方程式 $N_i = pN_{i+1} + qN_{i-1}$ の一般解と一つの特別解との和によって表わされる．

$p \neq q$ のとき,同次方程式の一般解は式 (14.5) と同じである.特別解は $N_i = i\alpha$ とおいて式 (14.9) に代入すれば,$\alpha = 1/(q-p)$ となり,式 (14.9) の一般解は

$$N_i = i/(q-p) + A(q/p)^i + B \quad (p \neq q) \cdots\cdots\cdots\cdots (14.11)$$

となる.境界条件 (14.10) によって A, B を決定すると,

$$N_i = i/(q-p) - \{a/(q-p)\}\{1-(q/p)^i\}/\{1-(q/p)^a\} \quad (p \neq q,\ 0 \leq i \leq a)$$
$$\cdots\cdots\cdots\cdots (14.12)$$

$p = q = 1/2$ のときは,同次方程式の一般解は式 (14.7) と同じであり,特別解は $-i^2$ となる.したがって式 (14.9) の一般解は

$$N_i = -i^2 + C + Di \quad (p = q) \cdots\cdots\cdots\cdots (14.13)$$

境界条件によって C, D を決定すると,

$$N_i = i(a-i) \quad (p = q) \cdots\cdots\cdots\cdots (14.14)$$

$x = i$ から $x = 0$ に達するまでの時間(歩数)がちょうど n となる確率を $U_{i,n}$ ($i > n$ のときは $U_{i,n} = 0$) とすれば,これはマルコフ連鎖における n 段推移確率 $p_{i0}^{(n)}$ に相当する.さきに求めた U_i, N_i との関係は

$$U_i = \sum_{n=0}^{\infty} U_{i,n} \quad N_i = \sum_{n=0}^{\infty} n U_{i,n} \cdots\cdots\cdots\cdots (14.15)$$

として与えられる.$U_{i,n}$ が満足すべき方程式は,式 (14.1) の場合と同様に考えると,

$$U_{i,n+1} = p U_{i+1,n} + q U_{i-1,n} \quad (1 \leq i \leq a-1,\ n \geq 0) \cdots\cdots (14.16)$$

となる.境界条件および初期条件は

$$U_{0,n} = U_{a,n} = 0 \quad (n \geq 1),\ U_{0,0} = 1,\ U_{i,0} = 0 \quad (i \geq 1) \cdots\cdots (14.17)$$

式 (14.16) のような 2 変数 i, n の関数 $U_{i,n}$ に関する差分方程式は,母関数(第 6 章)を用いて解くことができるが,その計算は多少煩雑になるので,ここではその方法の骨子だけを以下に述べることにする.

まず式 (14.16) の両辺に s^{n+1} をかけて n について 0 から ∞ まで加えると,

$$\sum_{n=0}^{\infty} s^{n+1} U_{i,n+1} = ps \sum_{n=0}^{\infty} s^n U_{i+1,n} + qs \sum_{n=0}^{\infty} s^n U_{i-1,n}$$

ここで $U_{i,n}$ の確率母関数〔式 (6.30) 参照〕を

$$P_i(s) = \sum_{n=0}^{\infty} s^n U_{i,n} \cdots\cdots\cdots\cdots (14.18)$$

とおくと,$P_i(s)$ に関する方程式が導かれる.すなわち

$$P_i(s) = ps P_{i+1}(s) + qs P_{i-1}(s) \cdots\cdots\cdots\cdots (14.19)$$

式 (14.17) の条件から $P_i(s)$ の境界条件は

$$P_0(s)=1,\ P_a(s)=0 \quad\cdots\cdots\cdots\cdots\cdots\cdots\cdots\cdots\cdots\cdots\cdots\cdots (14.20)$$

となる。s を一定として同次差分方程式 (14.19) の一般解を求めるために, $P_i(s)=w^i$ とおくと,

$$psw^2-w+qs=0$$

上式の2根を w_1, w_2 とすると, 一般解は

$$P_i(s)=Aw_1^i(s)+Bw_2^i(s) \quad\cdots\cdots\cdots\cdots\cdots\cdots\cdots\cdots\cdots (14.21)$$

ただし
$$\left.\begin{array}{l}w_1(s)=(1+\sqrt{1-4pqs^2})/2ps \\ w_2(s)=(1-\sqrt{1-4pqs^2})/2ps\end{array}\right\} \cdots\cdots\cdots\cdots (14.22)$$

境界条件 (14.20) より任意定数 A, B を決定すると,

$$A=-w_2^a/(w_1^a-w_2^a) \quad B=w_1^a/(w_1^a-w_2^a)$$

したがって

$$P_i(s)=(q/p)^i\{w_1^{a-i}(s)-w_2^{a-i}(s)\}/\{w_1^a(s)-w_2^a(s)\} \quad (0\leq i\leq a)$$
$$\cdots\cdots\cdots\cdots\cdots\cdots\cdots\cdots\cdots\cdots\cdots\cdots\cdots\cdots\cdots\cdots\cdots (14.23)$$

となる。この確率母関数を s のべき級数に展開すれば, 式 (14.18) より s^n の係数として, 確率 $U_{i,n}$ を求めることができる。それにはまず $P_i(s)$ を部分分数に展開して

$$P_i(s)=\sum_{k=1}^{\infty} r_k/(s_k-s) \quad\cdots\cdots\cdots\cdots\cdots\cdots\cdots\cdots\cdots (14.24)$$

とする。しかるに

$$r_k/(s_k-s)=(r_k/s_k)(1-s/s_k)^{-1}=(r_k/s_k)\{1+(s/s_k)+(s/s_k)^2+\cdots\}$$
$$\cdots\cdots\cdots\cdots\cdots\cdots\cdots\cdots\cdots\cdots\cdots\cdots\cdots\cdots\cdots\cdots\cdots (14.25)$$

と書き換えられるから, $P_i(s)$ における s^n の係数は

$$U_{i,n}=\sum_{k=1}^{\infty} r_k/s_k^{n+1} \quad\cdots\cdots\cdots\cdots\cdots\cdots\cdots\cdots\cdots\cdots (14.26)$$

として求められる。したがってこれは部分分数における r_k, s_k を決定する問題に帰着する。それには $P_i(s)$ の分母を0とおいたときの根 s_k, すなわち $P_i(s)$ の極を求めて, 極 s_k における $P_k(s)$ の留数 $r_k=(s-s_k)P_i(s)|_{s=s_k}$ を計算すればよい。結果を示すと[8]

$$U_{in}=(2^n/a)p^{(n-i)/2}q^{(n+i)/2}\sum_{k=1}^{\infty}\cos^{n-1}(k\pi/a)\sin(k\pi/a)\sin(ik\pi/a)$$
$$(n\geq i,\ 0\leq i\leq a) \quad\cdots\cdots\cdots\cdots\cdots\cdots (14.27)$$

$x=i$ から $x=a$ に達するまでの時間がちょうど n となる確率は, 上式において p と q とを入れ換えて, i の代りに $a-i$ を入れればよい。

式 (14.15) の U_i は式 (14.18) から明らかなように，$P_i(1)$ に等しいから，式 (14.23), (14.22) より

$$U_i = (q/p)^i \{w_1^{a-i}(1) - w_2^{a-i}(1)\} / \{w_1^a(1) - w_2^a(1)\}$$
$$= \{(q/p)^a - (q/p)^i\} / \{(q/p)^a - 1\} \quad (p \neq q, \ 0 \leq i \leq a) \quad \cdots\cdots\cdots (14.28)$$

となり，式 (14.6) に一致する．$a \to \infty$ の場合，すなわち吸収壁が $x=0$ だけのときは，上式より

$$U_i = (q/p)^i \quad (p>q), \quad U_i = 1 \quad (p \leq q) \quad \cdots\cdots\cdots\cdots\cdots\cdots\cdots (14.29)$$

賭博の例では，資金 $x=i>0$ で始めて $x=0$ となれば破産であるが，$p>q$, すなわち相手よりも腕がいい場合には，破産確率 U_i が $(q/p)^i$ となり，腕がいいほど，また資金 i が多いほど，この確率は低くなることがわかる．もし相手より腕が悪ければ，$U_i=1$, すなわち必ず破産するから，賭博は最初からしないほうが良い．

$x=0$ から出発して n 歩で $x=j$ に到達する確率を U_{jn} とすると，n 歩のうち正の向きが k 歩，負の向きが $(n-k)$ 歩となる確率は，二項分布によって与えられるから，

$$U_{jn} = {}_nC_k p^k q^{n-k} \quad \cdots\cdots\cdots\cdots\cdots\cdots\cdots\cdots\cdots\cdots\cdots\cdots\cdots\cdots\cdots (14.30)$$

ただし $j = k - (n-k) = 2k - n$, すなわち $k = (n+j)/2$ が成り立つから，

$$U_{jn} = {}_nC_{(n+j)/2} \, p^{(n+j)/2} q^{(n-j)/2} \quad \cdots\cdots\cdots\cdots\cdots\cdots\cdots\cdots (14.31)$$

$x=j$ から出発して n 歩で $x=0$ に到達する確率を考えるときは，$j = (n-k) - k = n - 2k$, すなわち $k = (n-j)/2$ であるから，

$$U_{jn} = {}_nC_{(n-j)/2} \, p^{(n-j)/2} q^{(n+j)/2} \quad \cdots\cdots\cdots\cdots\cdots\cdots\cdots\cdots (14.32)$$

となる．なお，式 (14.31), (14.32) はそれぞれ $x=j$ または $x=0$ に n 歩で最初に到達する確率とは限らない．最初とは限らずちょうど n 歩で到達する確率を表わしている点に注意．もし到達点が吸収壁であれば最初に到達する確率となる．

いま，1 歩の距離が常に Δx で，Δx だけ移動するのに要する時間が Δt であるとし，$\Delta t \to 0$ のとき $\Delta x \to 0$ とすれば，酔歩モデルが連続変数のモデルとなる．このようなモデルは**拡散過程** (diffusion process) といい，第 15, 16 章で扱うが，ここでは酔歩モデルの極限としての拡散過程を導くことにする．

時間 Δt における正の向きの移動距離の平均値および二乗平均値は，

$$E[X(\Delta t)] = p\Delta x + q(-\Delta x) = (p-q)\Delta x \cdots \cdots (14.33)$$

$$E[X^2(\Delta t)] = p(\Delta x)^2 + q(-\Delta x)^2 = (p+q)(\Delta x)^2 \cdots \cdots (14.34)$$

したがって分散は，

$$V[X(\Delta t)] = (p+q)(\Delta x)^2 - (p-q)^2(\Delta x)^2 = 4pq(\Delta x)^2 \cdots (14.35)$$

時間 $(0, t)$ では正負の向き合わせて約 $t/\Delta t$ 歩だけ移動を繰り返したことになるから，一歩一歩がお互いに独立であるとすれば，$(0, t)$ で正の向きに移動する距離の平均値と分散は，

$$E[X(t)] = (t/\Delta t)E[X(\Delta t)] = (p-q)t\Delta x/\Delta t \cdots \cdots (14.36)$$

$$V[X(t)] = (t/\Delta t)V[X(\Delta t)] = 4pqt(\Delta x)^2/\Delta t \cdots \cdots (14.37)$$

$\Delta t \to 0$, $\Delta x \to 0$ の極限において $E[X(t)]$, $V[X(t)]$ が存在するためには，式 (14.37) より $(\Delta x)^2/\Delta t$ が有限確定，したがって式 (14.36) より $(p-q)/\Delta x$ が有限確定でなければならない．そこで

$$(\Delta x)^2/\Delta t = 2D, \quad (p-q)/\Delta x = C/D \quad (C, D = 定数) \cdots \cdots (14.38)$$

とおけば，$q = 1-p$ であるから，上式より

$$p = 1/2 + (C/2D)\Delta x, \quad q = 1/2 - (C/2D)\Delta x \cdots \cdots (14.39)$$

したがって式 (14.36), (14.37) より $\Delta t \to 0$, $\Delta x \to 0$ のときは

$$E[X(t)] = (C/D)t(\Delta x)^2/\Delta t = (C/D)t2D = 2Ct \cdots \cdots (14.40)$$

$$V[X(t)] = \{1 - (C/D)^2(\Delta x)^2\}t2D = 2Dt \cdots \cdots (14.41)$$

すなわち $X(t)$ の平均値も分散も時間 t に比例して変化し，その比例定数はそれぞれ $2C$, $2D$ である．C を**偏り** (drift)，D を**拡散係数** (diffusion coefficient) という（第 16 章，例 16.1，16.2 参照）．なお式 (14.39) から明らかなように，C, D が有限確定のとき $\Delta x \to 0$ であれば，$p = q = 1/2$ となる．

　式 (14.30) の二項分布の平均値は np であるが，これは $(n+j)/2$ の平均値であるから，$np = (n+E[j])/2$, したがって $E[j] = (2np-n) = (p-q)n = (p-q)(t/\Delta t)$ となり，n 歩で移動する距離 $x = j\Delta x$ の平均値は，$E[X] = E[j]\Delta x = (p-q)(t/\Delta t)\Delta x$ となり，式 (14.36) に一致する．また式 (14.30) の二項分布の分散は npq であるが，これは $(n+j)/2$ の分散であるから，$npq = V[j]/4$, したがって $V[X] = V[j](\Delta x)^2 = 4npq(\Delta x)^2 = 4pq(t/\Delta t)(\Delta x)^2$ となり，式 (14.37) に一致する．したがって $\Delta t \to 0$, $\Delta x \to 0$ のときは，式 (14.31) の二項分布からきまる移動距離 x の平均値は $2Ct$, 分散は $2Dt$ と

なる.

しかるに $\Delta t \to 0$ のときは $n \to \infty$ となり, このとき二項分布は正規分布に近づく(第8章). したがって t 時間における拡散距離 x は平均値 $2Ct$, 分散 $2Dt$ の正規分布に従うことになる. これを $f(x, t)$ とおくと,

$$f(x, t) = (1/\sqrt{4\pi Dt}) \exp\{-(x-2Ct)^2/4Dt\} \cdots\cdots\cdots (14.42)$$

式 (14.42) を $(C=0, D=1)$ および $(C=1, D=1)$ の場合について図示すると, 図 14.1, 14.2 のようになる. これは $t=0$ で $x=0$ にあった粒子が時間とともに拡散する距離の確率密度を与えるものである.

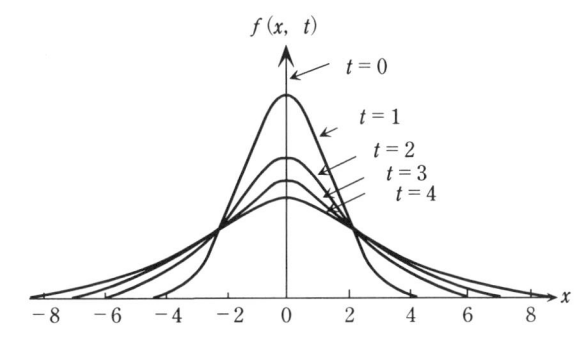

図 14.1　1次元拡散過程における確率密度
偏り $C=0$, 拡散係数 $D=1$ (平均値 $=0$, 分散 $=2t$)

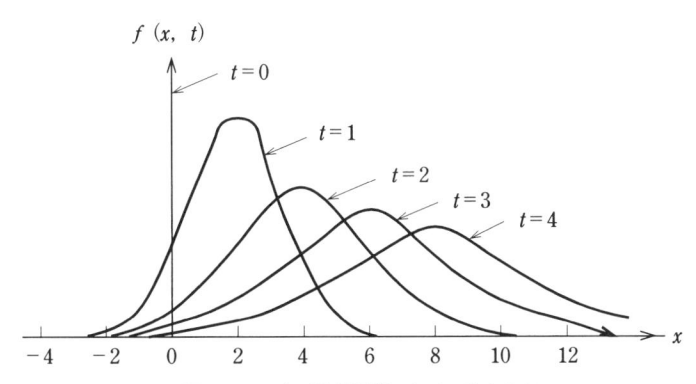

図 14.2　1次元拡散過程における確率密度
偏り $C=1$, 拡散係数 $D=1$ (平均値 $=2t$, 分散 $=2t$)

15. コルモゴロフ方程式

酔歩モデルにおいて，$\Delta t \to 0$ のとき $\Delta x \to 0$ とすれば，酔歩モデルが拡散過程となり，時間 t における移動距離 x の平均値と分散がそれぞれ式 (14.40)，(14.41) で与えられ，粒子が時間とともに拡散する距離は，式 (14.42) のような正規分布に従うことを述べた．これは酔歩モデルにおける推移確率 $U_{i,n}$（時間 n における移動距離が i となる確率）が満足する差分方程式 (14.16) を，連続変数の場合に拡張して微分方程式の形にし，それを解くことによって導くこともできる．すなわち $j=x, j\pm 1=x\pm\Delta x, n=t, n\pm 1=t\pm\Delta t$ とおくと，式 (14.16) は

$$U_{x,t+\Delta t}=pU_{x+\Delta x,t}+qU_{x-\Delta x,t} \cdots\cdots (15.1)$$

となる．ここで各項をテイラー級数に展開すると，

$$U_{x,t+\Delta t}=U_{x,t}+(\partial U_{x,t}/\partial t)\Delta t+(1/2)(\partial^2 U_{x,t}/\partial t^2)(\Delta t)^2+\cdots$$

$$U_{x\pm\Delta x,t}=U_{x,t}+(\partial U_{x,t}/\partial x)\Delta x+(1/2)(\partial^2 U_{x,t}/\partial x^2)(\Delta x)^2+\cdots$$

これらを式 (15.1) に代入して，Δt の 2 次以上，Δx の 3 次以上の項を省略し，$p+q=1$ とおくと，

$$\partial U_{x,t}/\partial t=(q-p)(\partial U_{x,t}/\partial x)\Delta x/\Delta t+(1/2)(\partial^2 U_{x,t}/\partial x^2)(\Delta x)^2/\Delta t$$
$$\cdots\cdots (15.2)$$

しかるに式 (14.38) より $(q-p)\Delta x/\Delta t=-(C/D)(\Delta x)^2/\Delta t=-2C$，$(\Delta x)^2/\Delta t=2D$，また $U_{x,t}=f(x,t)$ とおくと，式 (15.2) は

$$\partial f(x,t)/\partial t=-2C\partial f(x,t)/\partial x+D\partial^2 f(x,t)/\partial x^2 \cdots\cdots (15.3)$$

となる．これは 1 次元拡散過程における確率密度関数 $f(x,t)$ が満足すべき偏微分方程式であり，初期条件は一般に $f(x,0)=g(x)$ として与えられる．式 (14.17) の場合には

$$f(x,0)=\delta(x) \quad (デルタ関数) \cdots\cdots (15.4)$$

である．x について制約がなければ，境界条件は

$$f(\pm\infty, t) = 0 \quad \cdots\cdots\cdots\cdots\cdots\cdots\cdots\cdots\cdots\cdots\cdots\cdots\cdots\cdots\cdots (15.5)$$

となる．偏り $C=0$ の場合，式 (15.3) は

$$\partial f(x,t)/\partial t = D\partial^2 f(x,t)/\partial x^2 \quad \cdots\cdots\cdots\cdots\cdots\cdots\cdots\cdots\cdots (15.6)$$

となり，1次元熱伝導方程式（$f(x,t)$：温度，D：温度伝導率），1次元拡散方程式（$f(x,t)$：濃度，D：拡散係数）に相当する．

式 (15.3) の解は変数分離法で求められる．すなわち

$$f(x,t) = f_1(x) f_2(t) \quad \cdots\cdots\cdots\cdots\cdots\cdots\cdots\cdots\cdots\cdots\cdots\cdots (15.7)$$

とおいて，式 (15.3) に代入して，両辺を $f_1(x)f_2(t)$ で割ると，

$$(\mathrm{d}f_2/\mathrm{d}t)/f_2 = -2C(\mathrm{d}f_1/\mathrm{d}x)/f_1 + D(\mathrm{d}^2 f_1/\mathrm{d}x^2)/f_1 = -k^2$$

（負の定数とおく）

したがって

$$\mathrm{d}f_2/\mathrm{d}t + k^2 f_2 = 0 \quad \cdots\cdots\cdots\cdots\cdots\cdots\cdots\cdots\cdots\cdots\cdots (15.8)$$

$$D(\mathrm{d}^2 f_1/\mathrm{d}x^2) - 2C(\mathrm{d}f_1/\mathrm{d}x) + k^2 f_1 = 0 \quad \cdots\cdots\cdots\cdots\cdots (15.9)$$

式 (15.8) の一般解は

$$f_2(t) = a\exp(-k^2 t) \quad (a：任意定数) \quad \cdots\cdots\cdots\cdots\cdots (15.10)$$

式 (15.9) の解を，$f_1 = \exp(sx)$ とおくと，

$$Ds^2 - 2Cs + k^2 = 0, \quad s = (C \pm \sqrt{C^2 - Dk^2})/D$$

となるが，任意定数 k は $Dk^2 - C^2 \geq 0$ となるように選んだとすれば，

$$f_1(x) = \exp(Cx/D)\{A\cos(\sqrt{Dk^2 - C^2}/D)x + B\sin(\sqrt{Dk^2 - C^2}/D)x\}$$
$$\cdots\cdots\cdots\cdots\cdots\cdots\cdots\cdots\cdots\cdots\cdots\cdots\cdots\cdots\cdots (15.11)$$

ここで $Dk^2 - C^2 = D^2 h^2 \geq 0$ とおいて，k の代わりに任意定数 h を用いれば，式 (15.10)，(15.11) より

$$f(x,t) = f_1(x) f_2(t) = \exp\{-(Dh^2 + C^2/D)t + Cx/D\}$$
$$\{A(h)\cos(hx) + B(h)\sin(hx)\} \quad \cdots\cdots\cdots (15.12)$$

A, B は任意定数であるから，h の関数と見なすことができる．式 (15.3) は線形同次微分方程式であるから，式 (15.12) の解を h について 0 から ∞ まで積分したものも解となる．

$$f(x,t) = \exp(-C^2 t/D + Cx/D)\int_0^\infty \exp(-Dh^2 t)\{A(h)\cos(hx)$$
$$+ B(h)\sin(hx)\}\mathrm{d}h \quad \cdots\cdots\cdots\cdots\cdots (15.13)$$

初期条件は式 (15.4) であるから，式 (15.13) より

$$\exp(Cx/D)\int_0^\infty \{A(h)\cos(hx) + B(h)\sin(hx)\}\mathrm{d}h = \delta(x) \quad \cdots\cdots (15.14)$$

一般に任意の関数 $g(x)$ がフーリエ積分
$$g(x) = \int_0^\infty \{A(h)\cos(hx) + B(h)\sin(hx)\} dh \quad \cdots\cdots\cdots\cdots (15.15)$$
によって表わされるとき，$A(h), B(h)$ は次式で与えられる．
$$A(h) = (1/\pi)\int_{-\infty}^\infty g(x)\cos(hx)dx, \quad B(h) = (1/\pi)\int_{-\infty}^\infty g(x)\sin(hx)dx$$
$$\cdots\cdots\cdots\cdots\cdots\cdots\cdots\cdots\cdots\cdots\cdots\cdots (15.16)$$
この性質を利用すると，式 (15.14) より
$$\left.\begin{array}{l} A(h) = (1/\pi)\int_{-\infty}^\infty \exp(-Cx/D)\delta(x)\cos(hx)dx = 1/\pi \\ B(h) = (1/\pi)\int_{-\infty}^\infty \exp(-Cx/D)\delta(x)\sin(hx)dx = 0 \end{array}\right\} \cdots (15.17)$$
したがって式 (15.13) より初期条件を満足する解は
$$f(x,t) = (1/\pi)\exp(-C^2t/D + Cx/D)\int_0^\infty \exp(-Dh^2t)\cos(hx)dh$$
$$\cdots\cdots\cdots\cdots\cdots\cdots\cdots\cdots\cdots\cdots\cdots\cdots (15.18)$$
ここで積分公式
$$\int_0^\infty \exp(-\alpha h^2)\cos(hx)dh = (1/2)\sqrt{\pi/\alpha}\exp(-x^2/4\alpha) \quad (\alpha > 0)$$
を用いると[9]，式 (15.18) は
$$f(x,t) = (1/2\sqrt{\pi Dt})\exp(-x^2/4Dt + Cx/D - C^2t/D)$$
$$= (1/\sqrt{4\pi Dt})\exp\{-(x - 2Ct)^2/4Dt\} \quad \cdots\cdots\cdots (15.19)$$
式 (15.19) は式 (14.42) に一致する．すなわち式 (15.3) を満足する1次元拡散過程の確率密度関数 $f(x,t)$ は平均値 $2Ct$，分散 $2Dt$ の正規分布となり，1次元酔歩モデルから導かれた連続変数モデルの結果と一致する．

マルコフ連鎖の推移確率は，式 (13.2) に定義されたが，熱が伝わったり，物質が移動したりする拡散過程は，連続な確率変数 $X(t)$ の問題であるから，マルコフ過程としての推移確率密度をまず定義して，これが満足すべき方程式を直接導くことにしよう．

1次元空間では，時刻 s において $X(s) = y$ であるとして，時刻 $t (\geqq s)$ において $X(t) = x$ となる条件つき確率
$$P[X(t) = x | X(s) = y] = f(y, s; x, t) \quad (s \leqq t) \cdots\cdots\cdots\cdots (15.20)$$
として推移確率密度が与えられる．したがって $X(s) = y$ を固定すれば，これは時刻 t における x の確率密度である．一般に，n 次元空間では，

$$P[X_1(t)=x_1, X_2(t)=x_2, \cdots, X_n(t)=x_n | X_1(s)=y_1,$$
$$X_2(s)=y_2, \cdots, X_n(s)=y_n]$$
$$=f(y_1, y_2, \cdots, y_n, s; x_1, x_2, \cdots, x_n, t) \quad (s \leq t) \cdots\cdots\cdots (15.21)$$

となる. 式(15.20)の1次元推移確率密度の性質として, 式(13.6), (13.8)に相当するものは,

$$\int_{-\infty}^{\infty} f(y,s;x,t) \mathrm{d}x = 1 \cdots\cdots\cdots\cdots\cdots\cdots\cdots\cdots\cdots\cdots\cdots (15.22)$$
$$f(y,s;x,t) = \int_{-\infty}^{\infty} f(y,s;z,r) f(z,r;x,t) \mathrm{d}z \cdots\cdots\cdots\cdots\cdots (15.23)$$

となる. これらの性質を用いて, $f(y,s;x,t)$ に関する微分方程式を導くために, まず, 次のような式を考えることにする.

$$\int_{-\infty}^{\infty} \{f(y,s;z,t+\Delta t) - f(y,s;x,t)\} \phi(x) \mathrm{d}x$$
$$= \int_{-\infty}^{\infty} \int_{-\infty}^{\infty} f(y,s;z,t) f(z,t;x,t+\Delta t) \phi(x) \mathrm{d}z \mathrm{d}x$$
$$\quad - \int_{-\infty}^{\infty} f(y,s;x,t) \phi(x) \mathrm{d}x$$
$$= \int_{-\infty}^{\infty} f(y,s;z,t) \{\int_{-\infty}^{\infty} f(z,t;x,t+\Delta t) \phi(x) \mathrm{d}x - \phi(z)\} \mathrm{d}z \cdots (15.24)$$

ただし $\phi(x)$: 任意の有界な非負の連続関数.

$$x < x_1, x > x_2 \text{ において } \phi(x) = 0$$
$$\phi(x_i) = \phi'(x_i) = \phi''(x_i) = 0 \quad (i=1,2) \cdots\cdots\cdots\cdots\cdots (15.25)$$
$$\phi(x) = \phi(z) + (x-z) \phi'(z) + (1/2)(x-z)^2 \phi''(z) + \cdots\cdots (15.26)$$

したがって式(15.24)は次のように書き換えられる.

$$\int_{x_1}^{x_2} \{f(y,s;x,t+\Delta t) - f(y,s;x,t)\} \phi(x) \mathrm{d}x$$
$$= \int_{x_1}^{x_2} f(y,s;z,t) \{\phi(z) \int_{-\infty}^{\infty} f(z,t;x,t+\Delta t) \mathrm{d}x$$
$$\quad + \phi'(z) \int_{-\infty}^{\infty} (x-z) f(z,t;x,t+\Delta t) \mathrm{d}x$$
$$\quad + (1/2) \phi''(z) \int_{-\infty}^{\infty} (x-z)^2 f(z,t;x,t+\Delta t) \mathrm{d}x + \cdots - \phi(z)\} \mathrm{d}z$$

しかるに式(15.22)より $\int_{-\infty}^{\infty} f(z,t;x,t+\Delta t) \mathrm{d}x = 1$ であるから, 上式は

$$\int_{x_1}^{x_2} \{f(y,s;x,t+\Delta t) - f(y,s;x,t)\} \phi(x) \mathrm{d}x$$
$$= \int_{x_1}^{x_2} f(y,s;z,t) \{\phi'(z) \int_{-\infty}^{\infty} (x-z) f(z,t;x,t+\Delta t) \mathrm{d}x$$
$$\quad + (1/2) \phi''(z) \int_{-\infty}^{\infty} (x-z)^2 f(z,t;x,t+\Delta t) \mathrm{d}x + \cdots\} \mathrm{d}z$$

$$\therefore \int_{x_1}^{x_2} \{\partial f(y,s;x,t)/\partial t\} \phi(x) \mathrm{d}x$$

15. コルモゴロフ方程式

$$= \lim_{\Delta t \to 0} (1/\Delta t) \int_{x_1}^{x_2} \{f(y,s;x,t+\Delta t) - f(y,s;x,t)\} \phi(x) dx$$
$$= \int_{x_1}^{x_2} f(y,s;z,t)\{\phi'(z)a(z,t) + (1/2)\phi''(z)b(z,t)\} dz \cdots (15.27)$$

ただし $(x-z)$ の3次以上の微小項は省略した. $a(z,t), b(z,t)$ は

$$a(z,t) = \lim_{\Delta t \to 0} (1/\Delta t) \int_{-\infty}^{\infty} (x-z) f(z,t;x,t+\Delta t) dx = \lim_{\Delta t \to 0} E[\Delta x | z,t]/\Delta t$$
$$\cdots\cdots\cdots (15.28)$$
$$b(z,t) = \lim_{\Delta t \to 0} (1/\Delta t) \int_{-\infty}^{\infty} (x-z)^2 f(z,t;x,t+\Delta t) dx = \lim_{\Delta t \to 0} E[(\Delta x)^2 | z,t]/\Delta t$$
$$\cdots\cdots\cdots (15.29)$$

ただし $E[\Delta x | z,t], E[(\Delta x)^2 | z,t] (\Delta x = x-z)$: 条件つき平均値.

式 (15.27) の右辺の部分積分を行ない, 式 (15.25) を考慮すると,

$$\int_{x_1}^{x_2} \{\partial f(y,s;x,t)/\partial t\} \phi(x) dx = -\int_{x_1}^{x_2} [\partial \{f(y,s;z,t)a(z,t)\}/\partial z] \phi(z) dz$$
$$+ (1/2) \int_{x_1}^{x_2} [\partial^2 \{f(y,s;z,t)b(z,t)\}/\partial^2 z] \phi(z) dz \cdots\cdots (15.30)$$

上式の右辺を左辺に移項して, 被積分関数を ϕ で括った形にまとめると,

$$\int_{x_1}^{x_2} [\{\partial f(y,s;x,t)/\partial t\} + \partial \{f(y,s;x,t)a(x,t)\}/\partial x$$
$$- (1/2)\partial^2 \{f(y,s;x,t)b(x,t)\}/\partial^2 x] \phi(x) dx = 0 \cdots\cdots (15.31)$$

ここで $\phi(x) \geq 0$ $(x_1 \leq x \leq x_2)$ であることを考慮すると,

$$\partial f(y,s;x,t)/\partial t + \partial \{a(x,t)f(y,s;x,t)\}/\partial x$$
$$- (1/2)\partial^2 \{b(x,t)f(y,s;x,t)\}/\partial^2 x = 0 \cdots\cdots (15.32)$$

式 (15.32) は, 推移確率密度 $f(y,s;x,t)$ に関する偏微分方程式であり, **1次元拡散過程のフォッカー・プランク方程式** (Fokker-Planck equation for one-dimensional diffusion process), または**コルモゴロフの前進方程式** (Kolmogorov forward equation) という. $a(x,t), b(x,t)$ は式 (15.28), (15.29) に示されるように, それぞれ時間 Δt における x の変化量 Δx およびその二乗 $(\Delta x)^2$ の条件つき平均値の変化率を表わしている. $a(x,t), b(x,t)$ は後述のように (第16章), 物理モデルに対して決められる変数である. なお, $t=s$ における初期条件は, デルタ関数によって与えられる. すなわち

$$f(y,s;x,s) = \delta(x-y) \cdots\cdots (15.33)$$

式 (15.32) では y,s が固定されているから,

$$f(y,s;x,t) = f(x,t) \cdots\cdots (15.34)$$

とおき, さらに $a(x,t) = 2C, b(x,t) = 2D$ とおくと, 式 (15.32) は式 (15.3)

に一致する．すなわち式 (15.3) はフォッカー・プランク方程式の一例として導かれる（例 16.2 参照）．

式 (15.32) において

$$a(x,t)f(x,t)-(1/2)\partial\{b(x,t)f(x,t)\}/\partial x = \lambda(x,t) \cdots\cdots\cdots (15.35)$$

とおくと，フォッカー・プランク方程式は次のような**確率保存方程式**（equation of conservation of probability）に書き換えられる．

$$\partial f(x,t)/\partial t + \partial \lambda(x,t)/\partial x = 0 \cdots\cdots\cdots\cdots\cdots\cdots\cdots (15.36)$$

すなわち，1次元空間における Δx 部分を考えると，その部分の確率の大きさ $f(x,t)\Delta x$ の Δt 時間における増加 $\Delta f(x,t)\Delta x$ が，そこに Δt 時間に流入する量から流出する量を差し引いた $-\Delta\lambda(x,t)\Delta t$ に等しいことを表わしている．したがって $\lambda(x,t)$ は x における単位時間あたりの**確率の流量**（probability flow rate）であり，

$$\int_{-\infty}^{\infty} f(x,t)\mathrm{d}x = 1 \text{ のとき，} \lambda(\pm\infty, t) = 0 \cdots\cdots\cdots\cdots\cdots (15.37)$$

が成り立つ．すなわち，$-\infty \leq x \leq \infty$ における確率の大きさが一定であれば，$x = \pm\infty$ における確率の流出入はない．また

$\int_{x_1}^{x_2} f(x,t)\mathrm{d}x = 1$，$\lambda(x_1,t) = \lambda(x_2,t) = 0$ のとき，$x = x_1, x_2$ は，**反射壁**（reflecting barrier），

$f(x_1,t) = f(x_2,t) = 0$ のとき，$x = x_1, x_2$ は，**吸収壁**（absorbing barrier）である．

式 (15.32) において，$a(x,t) = a(x)$，$b(x,t) = b(x)$，$t \to \infty$ において，$f(x,t) \to f_s(x)$，すなわち定常過程の場合，

$$\mathrm{d}\{a(x)f_s(x)\}/\mathrm{d}x - (1/2)\mathrm{d}^2\{b(x)f_s(x)\}/\mathrm{d}x^2 = 0 \cdots\cdots\cdots\cdots (15.38)$$

このとき $\lambda(x,t) \to \lambda_s(x)$ とすると，式 (15.36) より $\mathrm{d}\lambda_s(x)/\mathrm{d}x = 0$，したがって $\lambda_s(x) =$ 一定であり，$\lambda_s(\pm\infty) = 0$ とすれば，定常過程では確率の流動が生じない．

x, t を固定して，y, s を変数とした場合には，過去に遡って推移確率密度を調べることになるが，その場合には式 (15.32) に対応するコルモゴロフの**後退方程式**（backward equation）を導くこともできる．

n 次元空間における推移確率密度〔式 (15.21)〕についても，式 (15.22)，(15.23) と同様な関係が成り立ち，これらを基にして次のような n **次元拡散過**

程のフォッカー・プランク方程式 (Fokker-Planck equation for n-dimensional diffusion process) を導くことができる。

$X = [x_1, x_2, \cdots, x_n]^T$ $Y = [y_1, y_2 \cdots, y_n]^T$, $Z = [z_1, z_2, \cdots, z_n]^T$
とすると,

$$\partial f(Y,s;X,t)/\partial t = -\sum_{i=1}^{n} \partial\{a_i(X,t)f(Y,s;X,t)\}/\partial x_i$$
$$+ (1/2)\sum_{i=1}^{n}\sum_{j=1}^{n} \partial^2\{b_{ij}(X,t)f(Y,s;X,t)\}/\partial x_i \partial x_j \cdots\cdots (15.38)$$

ただし

$$a_i(X,t) = \lim_{\Delta t \to 0} (1/\Delta t) \int_{-\infty}^{\infty} \cdots \int_{-\infty}^{\infty} (z_i - x_i) f(X,t;Z,t+\Delta t) dz_1 \cdots dz_n$$
$$= \lim_{\Delta t \to 0} E[\Delta x_i | X, t]/\Delta t \quad (i=1,2,\cdots,n) \cdots\cdots (15.39)$$

$b_{ij}(X,t)$
$$= \lim_{\Delta t \to 0} (1/\Delta t) \int_{-\infty}^{\infty} \cdots \int_{-\infty}^{\infty} (z_i - x_i)(z_j - x_j) f(X,t;Z,t+\Delta t) dz_1 \cdots dz_n$$
$$= \lim_{\Delta t \to 0} E[\Delta x_i \Delta x_j | X, t]/\Delta t \quad (i,j=1,2,\cdots,n) \cdots\cdots (15.40)$$

初期条件: $f(Y,s;X,t) = \prod_{i=1}^{n} \delta(x_i - y_i)$ $\cdots\cdots\cdots\cdots\cdots$ (15.41)

16. 確率微分方程式

　白色雑音の自己相関関数は，式 (10.17) に示されたように，デルタ関数によって与えられる．このことは白色雑音の現在の状態が，過去にも未来にも相関をもたない純粋にランダムな性質をもつものであることを意味している．このような性質をもつノイズが，ダイナミックシステムの入力として与えられると，その出力はマルコフ性をもつ．なぜならば，一般にダイナミックシステムの未来における状態（出力）は，現在の状態とそれ以降に加えられた入力によって一意的に決まるものであるから，入力が過去と相関をもたなければ，システムの未来における確率的挙動は現在の状態のみによって決まる，すなわちマルコフ性をもつことになる．このようなシステムの状態方程式は，伊藤形の**確率微分方程式** (random differential equation) として知られている．すなわち

$$dX(t)/dt = \phi(X(t),t) + \gamma(X(t),t)W(t) \quad \cdots\cdots (16.1)$$

ただし　$X(t) = [x_1(t) \, x_2(t) \cdots x_n(t)]^T$: n 次元状態ベクトル

$$\phi(X(t),t) = [\phi_1(X(t),t) \, \phi_2(X(t),t) \cdots \phi_n(X(t),t)]^T \cdots (16.2)$$

$\phi_i(X(t),t) \; (i=1,2,\cdots,n)$: $X(t)$ の非線形関数

$$\gamma(X(t),t) = \begin{bmatrix} \gamma_{11}(X(t),t) & \gamma_{12}(X(t),t) & \cdots & \gamma_{1m}(X(t),t) \\ \gamma_{21}(X(t),t) & \cdots & & \\ \cdots & & & \\ \gamma_{n1}(X(t),t) & \cdots & & \gamma_{nm}(X(t),t) \end{bmatrix} \cdots (16.3)$$

$\gamma_{ij}(X(t),t) \; (i=1,2,\cdots,n, \; j=1,2,\cdots,m)$: $X(t)$ の非線形関数
$W(t) = [w_1(t) \, w_2(t) \cdots w_m(t)]^T$: m 次元正規性白色雑音ベクトル

$$\cdots\cdots\cdots\cdots (16.4)$$

$$E[W(t)] = 0, \; E[w_j(t)] = 0 \; (j=1,2,\cdots,m) \quad \cdots\cdots (16.5)$$

$$E[W(t)W(s)^T] = 2D\delta(t-s), \; E[w_i(t)w_j(s)] = 2D_{ij}\delta(t-s)$$

$$(i,j=1,2,\cdots,m) \quad \cdots\cdots\cdots\cdots (16.6)$$

$$D = \begin{bmatrix} D_{11} & D_{12} & \cdots & D_{1m} \\ D_{21} & \cdots & & \\ \cdots & & & \\ D_{m1} & \cdots & & D_{mm} \end{bmatrix}$$

$2D_{ij}: w_i(t)$ と $w_j(t)$ との相互スペクトル密度 $(-\infty \leq f \leq \infty)$

式 (16.1) を差分方程式の形に書き換えると,

$$\Delta X(t) = \phi(X(t),t)\Delta t + \gamma(X(t),t)W(t)\Delta t + o(\Delta t) \cdots \cdots (16.7)$$

ただし $\lim_{\Delta t \to 0} o(\Delta t)/\Delta t = 0$ $\cdots\cdots\cdots\cdots\cdots\cdots\cdots\cdots\cdots\cdots\cdots\cdots$ (16.8)

$$W(t)\Delta t = \Delta B(t) \cdots\cdots\cdots\cdots\cdots\cdots\cdots\cdots\cdots\cdots\cdots\cdots (16.9)$$

$B(t): m$ 次元ウィーナ過程 (m - dimensional Wiener process)

式 (16.7) において第 i 行の要素を取り出すと,

$$\Delta x_i = \phi_i(X,t)\Delta t + \sum_{k=1}^{m} \gamma_{ik}(X,t)w_k(t)\Delta t + o(\Delta t) \quad (i=1,2,\cdots,n)$$
$$\cdots\cdots\cdots\cdots\cdots\cdots\cdots\cdots\cdots\cdots\cdots\cdots\cdots\cdots\cdots\cdots\cdots (16.10)$$

第 i 行と第 j 行の要素の積は,

$$\Delta x_i \Delta x_j = \phi_i(X,t)\phi_j(X,t)(\Delta t)^2$$
$$+ \phi_i(X,t)\sum_{k=1}^{m}\gamma_{jk}(X,t)w_k(t)\Delta t + \phi_j(X,t)\sum_{h=1}^{m}\gamma_{ih}(X,t)w_h(t)\Delta t$$
$$+ \sum_{k=1}^{m}\sum_{h=1}^{m}\gamma_{ik}(X,t)\gamma_{jh}(X,t)w_k(t)w_h(t)(\Delta t)^2 + o(\Delta t) \cdots (16.11)$$
$$(i,j=1,2,\cdots,n)$$

式 (16.10) を式 (15.39) における Δx_i として代入すると,

$$a_i(X,t) = \lim_{\Delta t \to 0} E[\phi_i(X,t)\Delta t + \sum_{k=1}^{m}\gamma_{ik}(X,t)w_k(t)\Delta t + o(\Delta t)|X,t]/\Delta t$$
$$= E[\phi_i(X,t)|X,t] + \sum_{k=1}^{m} E[\gamma_{ik}(X,t)w_k(t)|X,t] + \lim_{\Delta t \to 0} o(\Delta t)/\Delta t$$
$$= \phi_i(X,t) + \sum_{k=1}^{m}\gamma_{ik}(X,t)E[w_k(t)] = \phi_i(X,t) \quad (i=1,2,\cdots,n)$$
$$\cdots\cdots\cdots\cdots\cdots\cdots\cdots\cdots\cdots\cdots\cdots\cdots\cdots\cdots\cdots\cdots (16.12)$$

式 (16.11) を式 (15.40) における $\Delta x_i \Delta x_j$ として代入すると,

$$b_{ij}(X,t) = \lim_{\Delta t \to 0} E[\phi_i(X,t)\phi_j(X,t)(\Delta t)^2 + \phi_i(X,t)\sum_{k=1}^{m}\gamma_{jk}(X,t)w_k(t)\Delta t$$
$$+ \phi_j(X,t)\sum_{h=1}^{m}\gamma_{ih}(X,t)w_h(t)\Delta t$$
$$+ \sum_{k=1}^{m}\sum_{h=1}^{m}\gamma_{ik}(X,t)\gamma_{jh}(X,t)w_k(t)w_h(t)(\Delta t)^2$$
$$+ o(\Delta t)|X,t]/\Delta t$$

$$= \lim_{\Delta t \to 0} \phi_i(X,t)\phi_j(X,t)\Delta t + \phi_i(X,t)\sum_{k=1}^{m}\gamma_{jk}(X,t)E[w_k(t)]$$
$$+ \phi_j(X,t)\sum_{h=1}^{m}\gamma_{ih}(X,t)E[w_h(t)]$$
$$+ \lim_{\Delta t \to 0}\sum_{k=1}^{m}\sum_{h=1}^{m}\gamma_{ik}(X,t)\gamma_{jh}(X,t)E[w_k(t)w_h(t)]\Delta t + \lim_{\Delta t \to 0}o(\Delta t)/\Delta t$$
$$= \sum_{k=1}^{m}\sum_{h=1}^{m}\gamma_{ik}(X,t)\gamma_{jh}(X,t)\lim_{\Delta t \to 0}E[w_k(t)w_h(t)]\Delta t$$

ここで式 (16.6) を用いると,
$$\lim_{\Delta t \to 0}E[w_k(t)w_h(t)]\Delta t = \lim_{\Delta t \to 0}E[w_k(t)w_h(t+\Delta t)]\Delta t = 2D_{kh}\lim_{\Delta t \to 0}\delta(\Delta t)\Delta t$$
$$= 2D_{kh}\lim_{\Delta t \to 0}\Delta t/\Delta t = 2D_{kh}$$

$$\therefore b_{ij}(X,t) = \sum_{k=1}^{m}\sum_{h=1}^{m}\gamma_{ik}(X,t)\gamma_{jh}(X,t)2D_{kh} = 2[\gamma(X,t)D\gamma(X,t)^T]_{ij}$$
$$(i,j=1,2,\cdots,n) \quad \cdots\cdots\cdots\cdots\cdots\cdots (16.13)$$

式 (16.12) の $a_i(X,t)$ と式 (16.13) の $b_{ij}(X,t)$ を, 式 (15.38) に代入すると, n 次元拡散過程のフォッカー・プランク方程式は, 確率微分方程式 (16.1) における $\phi(X,t)$, $\gamma(X,t)$ を用いて書き換えることができる. すなわち

$$\partial f(Y,s;X,t)/\partial t = -\sum_{i=1}^{n}\partial\{\phi_i(X,t)f(Y,s;X,t)\}/\partial x_i$$
$$+ \sum_{i=1}^{n}\sum_{j=1}^{n}\partial^2\{[\gamma(X,t)D\gamma(X,t)^T]_{ij}f(Y,s;X,t)\}/\partial x_i\partial x_j \cdots (16.14)$$

例 16.1

質量 ($m=1$) の粒子が 1 次元空間を速度 $v(t)$ で運動する問題を考えよう. 他の粒子との衝突によって, この粒子にはランダムな外力 $u(t)$ が作用するとすれば, 運動方程式はニュートンの法則により,

$$dv(t)/dt = u(t) \cdots\cdots\cdots\cdots\cdots\cdots\cdots\cdots\cdots\cdots\cdots\cdots (a)$$

$u(t)$ は平均値 0 の正規性白色雑音 $W(t)$ であるとして, $v(t)=X(t)$ とおけば, 式 (a) は確率微分方程式

$$dX(t)/dt = W(t) \cdots\cdots\cdots\cdots\cdots\cdots\cdots\cdots\cdots\cdots\cdots\cdots (b)$$

となる. $X(t)$ は式 (16.9) のウィーナ過程 $B(t)$ に相当する. 式 (b) を式 (16.1) と比較すると,

$$\phi(X,t)=0, \quad \gamma(X,t)=I \text{ (単位行列)} \cdots\cdots\cdots\cdots\cdots (c)$$

となるから, 式 (16.14) のフォッカー・プランク方程式は

$$\partial f(X,t)/\partial t = \sum_{i=1}^{n}\sum_{j=1}^{n}D\partial^2 f(X,t)/\partial x_i\partial x_j \cdots\cdots\cdots\cdots (d)$$

ただし表記の便宜上 $f(Y,s;X,t)=f(X,t)$ とおいた. 1 次元空間の問題として

は，$n=m=1$ であるから，

$$\partial f(x,t)/\partial t = D\partial^2 f(x,t)/\partial^2 x \quad \cdots\cdots\cdots\cdots\cdots (e)$$

式 (e) は酔歩モデルから導かれた1次元拡散方程式 (15.6) と同じであり，物質移動の問題としては，パラメータ D を**拡散係数** (diffusion coefficient) といい，粒子の存在確率密度 $f(x,t)$ は濃度の分布を表わしている．また式 (e) は1次元熱伝導方程式でもあり，その場合，D は**温度伝導率** (temperature conductivity) $D=k/c\rho$（k：熱伝導率，c：比熱，ρ：密度）を表わしており，$f(x,t)$ は温度の分布となる．

式 (b) は線形方程式であるから，入力 $W(t)$ が正規分布に従えば，出力 $X(t)$，すなわちウィーナ過程も正規分布に従う．そこで式 (e) を満足する確率密度 $f(x,t)$ は正規分布となるはずであり，実際，偏微分方程式 (e) を

$$\text{初期条件}\quad f(x,0)=\delta(x) \quad \cdots\cdots\cdots\cdots\cdots\cdots (f)$$

のもとで解くと，式 (15.19) のようになる．ただし平均値 $2Ct=0$ であるから，

$$f(x,t)=(1/\sqrt{4\pi Dt})\exp(-x^2/4Dt) \quad \cdots\cdots\cdots (g)$$

となり，平均値 $\mu_x=0$，分散 $\sigma_x^2=2Dt$ の正規分布となる．すなわち分散は時間に比例して大きくなり，それは最初 $x=0$ に存在した粒子が衝突を繰り返すうちに，原点から離れる確率が増大することを示している．したがって，もし粒子が沢山存在すれば時間とともにその濃度の分布が広がることになる．

例16.2

例 16.1 と同様に，粒子が1次元空間を移動するが，ランダムな外力以外に，一定の力 $2C$ が作用している場合を考えると，運動方程式は

$$dv(t)/dt = 2C + u(t) \quad \cdots\cdots\cdots\cdots\cdots\cdots (a)$$

となり，例 16.1 の式 (b) に相当する確率微分方程式は

$$dX(t)/dt = 2C + W(t) \quad \cdots\cdots\cdots\cdots\cdots\cdots (b)$$

これを式 (16.1) と比較すると，

$$\phi(X,t)=2C,\quad \gamma(x,t)=I \quad \cdots\cdots\cdots\cdots\cdots (c)$$

となるから，フォッカー・プランク方程式は

$$\partial f(X,t)/\partial t = -2C\sum_{i=1}^{n}\partial f(X,t)/\partial x_i + \sum_{i=1}^{n}\sum_{j=1}^{n}D\partial^2 f(X,t)/\partial x_i \partial x_j \quad \cdots (d)$$

1次元の問題としては，

$$\partial f(x,t)/\partial t = -2C\partial f(x,t)/\partial x + D\partial^2 f(x,t)/\partial^2 x \cdots\cdots\cdots\cdots\cdots (e)$$

この方程式は式 (15.3) と同じであり，その解は式 (15.19) に与えられている．すなわち

$$f(x,t) = (1/\sqrt{2\pi}\sigma_x)\exp\{-(x-\mu_x)^2/2\sigma_x^2\}$$
$$\mu_x = 2Ct \quad \sigma_x^2 = 2Dt \cdots\cdots\cdots\cdots\cdots\cdots\cdots\cdots\cdots (f)$$

となり，平均値 μ_x も時間に比例して変化する．$C>0$ のとき，正の偏り，$C<0$ のとき，負の偏りという．

例16.3

線形システムの振動問題の一つとして，図11.4 の模式図で表わされるようなモデルを考える．ただし質量 $m=1$ の物体が線形ばね k および線形ダンパ c を介して固定壁に結合されているものとし，物体には平均値 0 の正規性白色雑音と見なされる外力 $w(t)$ が作用するものとする．物体の変位を $x(t)$ とすると，運動方程式は

$$d^2x(t)/dt^2 + cdx(t)/dt + kx(t) = w(t) \cdots\cdots\cdots\cdots\cdots\cdots (a)$$

となる．このシステムの状態変数，すなわち変位 x と速度 dx/dt を，それぞれ $x=x_1$，$dx/dt=x_2$ とおくと，式 (a) は次のように書き換えられる．

$$dx_1/dt = x_2, \quad dx_2/dt = -kx_1 - cx_2 + w(t) \cdots\cdots\cdots\cdots (b)$$

したがって，$X = [x_1\ x_2]^T$ とおくと，確率微分方程式 (16.1) における $\phi(X,t)$ および $\gamma(X,t)$ は，

$$\phi(x,t) = \begin{bmatrix} x_2 \\ -kx_1 - cx_2 \end{bmatrix} \quad \gamma(X,t) = \begin{bmatrix} 0 \\ 1 \end{bmatrix} \cdots\cdots\cdots\cdots\cdots (c)$$

となり，状態変数は 2 次元（$n=2$），白色雑音は 1 次元（$m=1$）のモデルとなる．したがって，フォッカー・プランク方程式 (16.14) において，

$$\phi_1 = x_2 \quad \phi_2 = -kx_1 - cx_2, \quad \gamma\gamma^T = \begin{bmatrix} 0 & 0 \\ 0 & 1 \end{bmatrix} \cdots\cdots\cdots\cdots (d)$$

となるから，

$$\partial f(x_1,x_2,t)/\partial t = -x_2\partial f(x_1,x_2,t)\}/\partial x_1 + (kx_1+cx_2)\partial f(x_1,x_2,t)\}/\partial x_2$$
$$+ cf(x_1,x_2,t) + D\partial^2 f(x_1,x_2,t)\}/\partial x_2^2 \cdots\cdots\cdots (e)$$

$t\to\infty$ のとき，$f(x_1,x_2,t) \to f_s(x_1,x_2)$，すなわち，確率密度が定常状態に収

束するとすれば，$\partial f(x_1, x_2, t)/\partial t \to 0$ であるから，式 (e) は

$$-x_2 \partial f_s(x_1, x_2)/\partial x_1 + (kx_1 + cx_2)\partial f_s(x_1, x_2)/\partial x_2$$
$$+ cf_s(x_1, x_2) + D\partial^2 f_s(x_1, x_2)/\partial x_2^2 = 0 \cdots\cdots\cdots\cdots (f)$$

この方程式を解いて（解法は後述），定常状態の確率密度を求めると，

$$f_s(x_1, x_2) = A\exp\{-(c/2D)(kx_1^2 + x_2^2)\} \cdots\cdots\cdots\cdots (g)$$

$\int_{-\infty}^{\infty}\int_{-\infty}^{\infty} f_s(x_1, x_2)\,dx_1\,dx_2 = 1$ を満足するように定数 A を決定すると，

$$A = c\sqrt{k}/2\pi D \cdots\cdots\cdots\cdots\cdots\cdots\cdots\cdots\cdots\cdots\cdots\cdots\cdots\cdots (h)$$

式 (g) は2次元の正規分布の式 (8.18) に対応している．ただし定常状態における x_1 と x_2 とは式 (10.20) により無相関であるから，相関係数は $\rho_{12} = 0$ となる．また平均値は 0 であるから，式 (8.18) は

$$f_s(x_1, x_2) = (1/2\pi\sigma_{11}\sigma_{22})\exp\{-(x_1^2/\sigma_{11}^2 + x_2^2/\sigma_{22}^2)/2\} \cdots\cdots (i)$$

式 (g)，(h) と式 (i) を比較すると，x_1，x_2 の分散は，それぞれ

$$\sigma_{11}^2 = D/ck, \quad \sigma_{22}^2 = D/c \cdots\cdots\cdots\cdots\cdots\cdots\cdots\cdots\cdots\cdots (j)$$

となる．

同様なシステムについて，入力が白色雑音のときの定常出力の分散を，周波数応答を用いて求めた結果が，式 (11.25) に与えられている．すなわち

$$E[y(t)^2] = S_w \omega_0/4\zeta \cdots\cdots\cdots\cdots\cdots\cdots\cdots\cdots\cdots\cdots\cdots\cdots (k)$$

ここでは $k^2 S_w = 2D$，$\omega_0 = \sqrt{k/m}$，$\zeta = c/2\sqrt{km}$（$m = 1$）であるから，式 (k) は式 (j) の σ_{11}^2 に一致している．

線形システムの定常出力の分散を調べたいときは，フォッカー・プランク方程式から確率密度を求めるよりも，周波数応答を用いたほうが簡単である．非線形システムや非定常出力の問題ではフォッカー・プランク方程式によるのがよいが，この方程式の解を直接求めるのは一般には困難である．

[式 (f) の解法]：式 (f) を書き換えると，

$$(\partial/\partial x_2)\{kx_1 f_s(x_1, x_2) + (D/c)\partial f_s(x_1, x_2)/\partial x_1\}$$
$$+ (c\partial/\partial x_2 - \partial/\partial x_1)\{x_2 f_s(x_1, x_2) + (D/c)\partial f_s(x_1, x_2)/\partial x_2\} = 0$$

$f_s(x_1, x_2) = f_{s1}(x_1) f_{s2}(x_2)$ とおくと，

$$(df_{s2}/dx_2)\{kx_1f_{s1}+(D/c)df_{s1}/dx_1\}$$
$$+cf_{s1}(d/dx_2)\{x_2f_{s2}+(D/c)df_{s2}/dx_2\}$$
$$-(df_{s1}/dx_1)\{x_2f_{s2}+(D/c)df_{s2}/dx_2\}=0$$
$$\therefore\ kx_1f_{s1}+(D/c)df_{s1}/dx_1=0,\ x_2f_{s2}+(D/c)df_{s2}/dx_2=0$$
$$\therefore\ f_{s1}(x_1)=\exp\{-(c/2D)kx_1^2\},\ f_{s2}(x_2)=\exp\{-(c/2D)x_2^2\}$$
$$\therefore\ f_s(x_1,x_2)=A\exp\{-(c/2D)(kx_1^2+x_2^2)\}$$

例16.4

非線形システムの例として，例16.3と同様なモデルにおいて，復元力が一般に非線形関数 $k(x)$ として与えられる場合を考えよう．このとき，運動方程式は

$$d^2x(t)/dt^2+cdx(t)/dt+k(x(t))=w(t) \quad\cdots\cdots\cdots\cdots\text{(a)}$$

フォッカー・プランク方程式は，例16.3の式 (e) における kx_1 の項を非線形関数 $k(x_1)$ に置き換えたものになる．定常状態の確率密度を求めると，

$$f_s(x_1,x_2)=A\exp[-(c/D)\{\int_0^{x_1}k(x)dx+x_2^2/2\}] \quad\cdots\cdots\text{(b)}$$

式 (b) は正規分布の形でないことが分かる．$k(x)=kx$ とおけば，式 (b) は例16.3の式 (g) に一致する．同様のモデルにおいて，減衰力が一般に非線形関数 $c(\dot{x})$ として与えられる場合には，定常状態の場合でもフォッカー・プランク方程式の厳密解を求めることはできない．減衰力については $c(\dot{x})=c\dot{x}$ の場合しか解けないことが証明されている[10]．

なお，例16.2, 16.3では，システムの入力が白色雑音であるとしているが，もし**有色雑音**（colored noise），すなわち特定のパワースペクトル密度をもつ入力の場合には，図16.1に示されるように，まず白色雑音が**成形フィルタ**（shap-

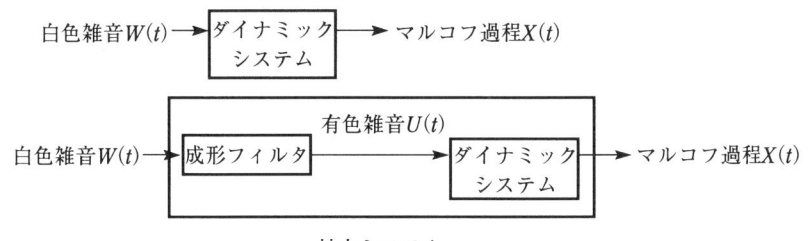

図16.1 白色雑音または有色雑音を入力とするダイナミックシステム

ing filter) によって有色雑音に変換されてから，問題のシステムの入力として与えられるとする．このとき成形フィルタをシステムの一部と見なした**拡大システム** (augmented system) について確率微分方程式を導くことになり，この拡大システムの入力は白色雑音となる．ただし非定常問題を扱うときは，成形フィルタの過渡応答が影響することを考慮しなければならない．

例16.5

金融工学の例について考えて見よう．式 (16.1) の確率微分方程式は，

$$dX(t) = \phi(X(t), t)dt + \gamma(X(t), t)W(t)dt \quad \cdots\cdots (a)$$

と書き換えられるが，ここで $W(t)dt = dB(t)$， $B(t)$：ウィーナ過程とおくと，式 (a) は

$$dX(t) = \phi(X(t), t)dt + \gamma(X(t), t)dB(t) \quad \cdots\cdots (b)$$

ただし $X(t)$ は株価を表わし，$B(t)$ は正規分布に従う外乱を表わすものとする．ここで

$$\phi(X(t), t) = \mu X(t), \quad \gamma(X(t), t) = \sigma X(t) \quad \mu, \sigma = \text{constants} \quad \cdots (c)$$

とおくと，

$$dX(t) = \mu X(t)dt + \sigma X(t)dB(t) \quad \cdots\cdots (d)$$

は定常な線形システムとなる．したがって，$X(t)$ も正規分布に従うことになるが，株価の変動は自然界の現象と違って，お互いに無関係な無限に多くの要因に支配されているとは言い切れない．すなわち第8章で述べた中心極限定理が成り立つとは限らないから，式 (c) のような線形化には無理がある．しかし問題の単純化を優先するとすれば，式 (d) を用いることになるが，その場合フォッカー・プランク方程式を解く必要はなく，$X(t)$ の平均値と分散を直接求めればよい．過渡的な株価変動を調べるには，第17章で述べるモーメント方程式を用いることになる．定数 μ はその正負に応じて株価の平均的は上昇率，下降率を示すパラメータであり，定数 σ は volatility と称して，株価の変動率を示すパラメータである．

17. モーメント方程式

　フォッカー・プランク方程式の理論解を導くのは，一般に容易でないし，また実際問題として，確率密度が求められなくても，平均値や分散などのモーメントが分かれば十分という場合が多い．そこでフォッカー・プランク方程式からモーメントに関する微分方程式を導くことにする．

　一般に，変数 $x_i(t)$ $(i=1,2,\cdots,n)$ の $(k_1+k_2+\cdots+k_n)$ 次モーメントは，次式によって与えられる．

$$m_{k_1\cdots k_n}(t)=E[h(X)]=\int_{-\infty}^{\infty}\cdots\int_{-\infty}^{\infty}h(X)f(X,t)\mathrm{d}x_1\cdots\mathrm{d}x_n \cdots (17.1)$$

ただし $h(X)=x_1^{k_1}(t)\cdots x_n^{k_n}(t)$ ……………………………… (17.2)

$$f(X,t)=\int_{-\infty}^{\infty}\cdots\int_{-\infty}^{\infty}f(Y,s)f(Y,s;X,t)\mathrm{d}y_1\cdots\mathrm{d}y_n \cdots\cdots (17.3)$$

式 (17.1) の両辺を時間 t で微分すると，

$$\mathrm{d}E[h]/\mathrm{d}t=\int_{-\infty}^{\infty}\cdots\int_{-\infty}^{\infty}h\{\partial f(X,t)/\partial t\}\mathrm{d}x_1\cdots\mathrm{d}x_n\cdots\cdots (17.4)$$

　式 (16.14) のフォッカー・プランク方程式における $f(Y,s;X,t)$ を $f(X,t)$ とおいて，式 (17.4) の右辺に代入すると，

$$\mathrm{d}E[h]/\mathrm{d}t=-\sum_{i=1}^{n}\int_{-\infty}^{\infty}\cdots\int_{-\infty}^{\infty}h[\partial\{\phi_i(X,t)f(X,t)\}/\partial x_i]\mathrm{d}x_1\cdots\mathrm{d}x_n$$
$$+\sum_{i=1}^{n}\sum_{j=1}^{n}\int_{-\infty}^{\infty}\cdots\int_{-\infty}^{\infty}h[\partial^2\{[\gamma(X,t)D\gamma(X,t)^T]_{ij}f(X,t)\}$$
$$/\partial x_i\partial x_j]\mathrm{d}x_1\cdots\mathrm{d}x_n \cdots\cdots\cdots\cdots (17.5)$$

$x_i\to\pm\infty$ において $f(X,t)=\partial f(X,t)/\partial x_i=0$ $(i=1,2,\cdots,n)$ ……… (17.6)

となることを考慮して，式 (17.5) の右辺の部分積分をおこなうと，

$$\mathrm{d}E[h]/\mathrm{d}t=\sum\int\cdots\int(\partial h/\partial x_i)\phi_i f(X,t)\mathrm{d}x_1\cdots\mathrm{d}x_n$$
$$+\sum\sum\int\cdots\int(\partial^2 h/\partial x_i\partial x_j)[\gamma D\gamma^T]_{ij}f(X,t)\mathrm{d}x_1\cdots\mathrm{d}x_n$$

右辺の積分を平均値 $E[\ ]$ の形に書き換えれば，

$$\mathrm{d}E[h]/\mathrm{d}t=\sum_{i=1}^{n}E[(\partial h/\partial x_i)\phi_i]+\sum_{i=1}^{n}\sum_{j=1}^{n}E[(\partial^2 h/\partial x_i\partial x_j)[\gamma D\gamma^T]_{ij}]$$
$$\cdots\cdots\cdots\cdots\cdots\cdots\cdots\cdots\cdots\cdots (17.7)$$

式 (17.7) を一般に**モーメント方程式** (moment equation) という．例題によってこの方程式の使い方を以下に説明しよう．

例17.1

例 16.2 の場合，$n=1$ であり，確率微分方程式におけるパラメータは，例 16.2 の式 (c) に示されるように，$\phi=2C$，$\gamma=1$ であるから，モーメント方程式 (17.7) は，$\phi_i=2C$，$[\gamma D\gamma^T]_{ij}=D$ とおいて，

$$dE[h]/dt = 2CE[dh/dx] + DE[d^2h/dx^2] \cdots\cdots\cdots (a)$$

$h=x^k$ とおくと，$E[h]=m_k(t)$（k 次モーメント），

$$E[dh/dx] = km_{k-1}(t), \quad E[d^2h/dx^2] = k(k-1)m_{k-2}(t)$$

したがって式 (a) は

$$dm_k(t)/dt = 2Ckm_{k-1}(t) + Dk(k-1)m_{k-2}(t) \quad (k=1,2,\cdots) \cdot (b)$$

初期条件は，$m_k(0)=0$ $(k=1,2,\cdots)$（例 16.1 の式 (f) に相当する）．このとき式 (b) は，$k=1,2,\cdots$ とおいて，順次に解くことができる．すなわち

$$dm_1/dt = 2Cm_0 \quad (m_0=1)$$

$$\therefore\ m_1 = 2Ct = \mu_x \text{（例 16.2 の式 (f) に相当する）} \cdots\cdots (c)$$

$$dm_2/dt = 4Cm_1 + 2Dm_0 = 8C^2t + 2D$$

$$\therefore\ m_2 = 4C^2t^2 + 2Dt \cdots\cdots\cdots\cdots\cdots\cdots\cdots\cdots (d)$$

$$m_2 - m_1^2 = 2Dt = \sigma_x^2 \text{（例 16.2 の式 (f) に相当する）} \cdots\cdots (e)$$

例17.2

確率微分方程式が $\ dx(t)/dt = Cx(t) + w(t) \cdots\cdots\cdots\cdots (a)$
の場合，例 17.1 と同様に，$n=1$ であり，$\phi=Cx$，$\gamma=1$ であるから，モーメント方程式は，

$$dE[h]/dt = CE[xdh/dx] + DE[d^2h/dx^2] \cdots\cdots\cdots (b)$$

$h=x^k$ とおくと，

$$dm_k(t)/dt = Ckm_k(t) + Dk(k-1)m_{k-2}(t) \quad (k=1,2,\cdots)\cdots\cdots (c)$$

$k=1,2,\cdots$ とおいて，順次に解くと，

$$dm_1(t)/dt = Cm_1 \quad \therefore\ m_1(t) = m_1(0)\exp(Ct) \cdots\cdots (d)$$

$$dm_2(t)/dt = 2Cm_2(t) + 2Dm_0(t) \quad m_0(t)=1$$

$$\therefore\ m_2(t) = \{m_2(0) + D/C\}\exp(2Ct) - D/C \cdots\cdots\cdots (e)$$

例17.3

例16.3の場合，$n=2$ であり，ϕ, γ は式 (c) に与えられているから，モーメント方程式 (17.7) は，

$$dE[h]/dt = E[x_2 \partial h/\partial x_1] - E[(kx_1+cx_2)\partial h/\partial x_2] + D\partial^2 h/\partial x_2^2 \cdot \text{(a)}$$

$h = x_1^i x_2^j$ とおくと， $E[h] = E[x_1^i x_2^j] = m_{ij}(t)$ $(i, j = 0, 1, 2, \cdots) \cdot$ (b)

したがって，式 (a) を1次モーメントについて考えると，

$$\left.\begin{array}{l} i=1, j=0 \text{ のとき,} \quad dm_{10}(t)/dt = m_{01}(t) \\ i=0, j=1 \text{ のとき,} \quad dm_{01}(t)/dt = -km_{10}(t) - cm_{01}(t) \end{array}\right\} \cdots\cdots\text{(c)}$$

となる．式 (c) から m_{01} を消去すると，

$$d^2 m_{10}(t)/dt^2 + c\, dm_{10}(t)/dt + km_{10}(t) = 0 \cdots\cdots\cdots\cdots\cdots\cdots\text{(d)}$$

これは例16.3における運動方程式 (a) の両辺の平均値をとったものと同じである．

$k>0, c>0$ のとき，$t \to \infty$ において，$m_{10} \to 0$, $m_{01} \to 0$ となる．すなわち初期条件の如何によらず，変位 $x(t)$ と速度 $dx(t)/dt$ の平均値は0に収束する．

次に，式 (a) を2次モーメントについて考えると，

$$\left.\begin{array}{l} i=2, j=0 \text{ のとき,} \quad dm_{20}(t)/dt = 2m_{11}(t) \\ i=j=1 \text{ のとき,} \quad dm_{11}(t)/dt = m_{02}(t) - km_{20}(t) - cm_{11}(t) \\ i=0, j=2 \text{ のとき,} \quad dm_{02}(t)/dt = -2km_{11}(t) - 2cm_{02}(t) + 2D \end{array}\right\} \cdot \text{(e)}$$

となる．式 (e) から m_{11} を消去すると，

$$\left.\begin{array}{l} \therefore \ d^2 m_{20}(t)/dt^2 + c\, dm_{20}(t)/dt + 2km_{20}(t) = 2m_{02}(t) \\ dm_{02}(t)/dt + 2cm_{02}(t) = -k\, dm_{20}(t)/dt + 2D \end{array}\right\} \cdots\cdots\text{(f)}$$

式 (f) の特解を $m_{20}(t) = A_0 + A_1 \exp(\lambda t)$, $m_{02}(t) = B_0 + B_1 \exp(\lambda t) \cdots$ (g)

とおくと，$A_0 = D/ck$, $B_0 = D/c$, $A_1/B_1 = -(\lambda+2c)/k\lambda \cdots\cdots\cdots\cdots$ (h)

$$\lambda^3 + 3c\lambda^2 + 2(c^2+2k)\lambda + 4kc = 0 \cdots\cdots\cdots\cdots\cdots\cdots\cdots\text{(i)}$$

$k>0, c>0$ のとき，λ に関する3次方程式 (i) のすべての係数が正であるから，根 λ の実数部分は負になる (Hurwitz の安定判別条件)．すなわち式 (g) における指数関数は，$t \to \infty$ において0に収束する．したがって変位 $x(t)$ の分散 $m_{20}(t)$ および速度 $dx(t)/dt$ の分散 $m_{20}(t)$ は，それぞれ

$$m_{20}(t) \to D/ck, \ m_{02}(t) \to D/c \cdots\cdots\cdots\cdots\cdots\cdots\cdots\cdots\cdots\text{(j)}$$

となる．これらの結果は定常状態における分散として，例16.3の式 (j) に与え

られている結果と一致している．

例17.4

簡単な非線形システム

$$dx(t)/dt = -x(t) - ax^3(t) + w(t) \quad \cdots\cdots\cdots\cdots\cdots\cdots\cdots\cdots\cdots\cdots\cdots \text{(a)}$$

$a =$ 定数，$w(t) =$ 正規性白色雑音（平均値 0）

を考えてみよう．$\phi = -x - ax^3$，$\gamma = 1$ であるから，モーメント方程式 (17.7) は

$$dE[h]/dt = -E[(x + ax^3)dh/dx] + DE[d^2h/dx^2] \quad \cdots\cdots\cdots \text{(b)}$$

$h = x^k$ とおくと， $E[h] = m_k(t)$ $(k = 1, 2, \cdots) \quad \cdots\cdots\cdots\cdots\cdots\cdots \text{(c)}$

したがって，式 (b) は

$$dm_k(t)/dt = -k\{m_k(t) + am_{k+2}(t)\} + Dk(k-1)m_{k-2}$$
$$(k = 1, 2, \cdots) \quad \cdots\cdots\cdots\cdots\cdots\cdots\cdots\cdots\cdots\cdots\cdots\cdots\cdots \text{(d)}$$

$k = 1$ とおくと， $dm_1(t)/dt = -m_1(t) - am_3(t) \quad \cdots\cdots\cdots\cdots\cdots \text{(e)}$

$k = 2$ とおくと， $dm_2(t)/dt = -2m_2(t) - 2am_4(t) + 2D \quad \cdots\cdots\cdots \text{(f)}$

$k = 3$ とおくと， $dm_3(t)/dt = -3m_3(t) - 3am_5(t) + 6Dm_1(t) \quad \cdots\cdots \text{(g)}$

$\cdots\cdots\cdots$

式 (e) と (g) から $m_1(t)$ と $m_3(t)$ を決定しようとしても，さらに高次のモーメント $m_5(t)$ が決まらないから，方程式が閉じた形にならない．線形システムでは，前述の例のように，モーメント方程式は閉じた形となって解を決定することができたが，非線形システムでは解が決まらない．そこで，高次モーメントを低次モーメントによって近似的に表現する方法などが考えられている．中でも比較的簡便な近似法としては，$x(t)$ を平均値 0，分散 $m_2(t)$ の正規分布に従うと仮定して（非線形系の応答は一般に正規分布に従わないが），式 (8.16) の関係を用いる方法がある．すなわち，

偶数次モーメントは $m_{2n}(t) = 1 \cdot 3 \cdot 5 \cdots (2n-1)m_2(t)^n$

奇数次モーメントは $m_{2n-1}(t) = 0$ $(n = 1, 2, \cdots) \quad \cdots\cdots\cdots\cdots\cdots \text{(h)}$

このとき式 (f) は，

$$dm_2(t)/dt = -2m_2(t) - 6am_2(t)^2 + 2D \quad \cdots\cdots\cdots\cdots\cdots\cdots\cdots \text{(i)}$$

となり，$m_2(t)$ を決定することができる．しかし式 (i) は $m_2(t)$ に関する非線形常微分方程式となるから，ここからさきは一般には数値解析によって解が求められる．この方法は解の正規性を仮定するから，非線形問題の等価線形化法

による解法の一つである.

例17.5

簡単な係数励振形の線形システム
$$dx(t)/dt + \{a + w(t)\}x(t) = 0 \quad \cdots\cdots\cdots (a)$$
$a =$ 定数, $w(t) =$ 正規性白色雑音（平均値0）

を考えてみよう. $\phi = -ax, \gamma = -x$ であるから, モーメント方程式 (17.7) は
$$dE[h]/dt = -aE[x\,dh/dx] + DE[x^2 d^2h/dx^2] \quad \cdots\cdots\cdots (b)$$

例17.4と同様に, $h = x^k$ $(k=1,2,\cdots)$ とおくと, 式 (b) は
$$dm_k(t)/dt = -akm_k(t) + Dk(k-1)m_k(t) \quad (k=1,2,\cdots) \quad \cdots\cdots (c)$$
$$\therefore m_k(t) = m_k(0)\exp[-k\{a - D(k-1)\}t] \quad (k=1,2,\cdots) \quad \cdots\cdots (d)$$

したがって $a - D(k-1) > 0$ のとき, $t \to \infty$ において $m_k(t) \to 0$. すなわち, $x(t)$ の平均値 $m_1(t)$ $(k=1)$ は, $a > 0$ のとき, 0に収束し, 二乗平均値 $m_2(t)$ $(k=2)$ は, $a > D$ $(2D=$ 白色雑音のパワースペクトル密度) のとき, 0に収束する. $0 < a < D$ であれば, 平均値は収束しても分散が発散して, 二乗平均値の意味で $x = 0$ は不安定な平衡点となる.

例17.6

強制入力をもつ係数励振形の線形システム
$$d^2x(t)/dt^2 + c\,dx(t)/dt + \{k + w_1(t)\}x(t) = w_2(t) \quad \cdots\cdots\cdots (a)$$
$c, k =$ 定数, $w_1(t), w_2(t) =$ 正規性白色雑音（平均値0）

を考えてみよう. たとえば, 船舶から海中に降ろされたロープの先端に装着された超音波探知機は, 波浪による船舶の揺れによって振動する. これは振り子の支点が上下動するときと同様に, 係数励振形の方程式によって表わされるが, 海流によってロープが傾斜すると, 船舶の揺れによる強制振動も生じる. 波浪による揺れを白色雑音として単純化したものが式 (a) であり, $w_1(t)$ は係数励振の項, $w_2(t)$ は強制外力の項である. c は流体抵抗係数を, k は重力による復元力係数を表わしている.

式 (a) は $n=2, m=2$ であり,
$$\phi = \begin{bmatrix} x_2 \\ -kx_1 - cx_2 \end{bmatrix} \quad \gamma = \begin{bmatrix} 0 & 0 \\ -x_1 & 1 \end{bmatrix} \quad \cdots\cdots\cdots (b)$$

であるから，モーメント方程式 (17.7) は

$$dE[h]/dt = E[x_2 \partial h/\partial x_1] - E[(kx_1+cx_2)\partial h/\partial x_2]$$
$$+ E[(D_{11}x_1^2 - 2D_{12}x_1 + D_{22})\partial^2 h/\partial x_2^2] \quad \cdots \cdots \cdots (c)$$

ただし

$2D_{11}, 2D_{22}$：それぞれ $w_1(t), w_2(t)$ のパワースペクトル密度 $(-\infty \leq f \leq \infty)$

$2D_{12}$：$w_1(t)$ と $w_2(t)$ との相互スペクトル密度 $(-\infty \leq f \leq \infty)$

$h = x_1^i x_2^j$ とおくと，$E[h] = E[x_1^i x_2^j] = m_{ij}(t) \quad (i, j = 0, 1, 2, \cdots)$ $\cdots$ (d)

式 (c) を1次モーメントについて考えると，例17.3と同様に

$$\left. \begin{array}{l} dm_{10}(t)/dt = m_{01}(t) \\ dm_{01}(t)/dt = -km_{10}(t) - cm_{01}(t) \end{array} \right\} \cdots\cdots\cdots\cdots\cdots\cdots (e)$$

$$\therefore \quad d^2 m_{10}(t)/dt^2 + c \, dm_{10}(t)/dt + k m_{10}(t) = 0 \quad \cdots\cdots\cdots\cdots (f)$$

となる．2次モーメントについて考えると，

$$\left. \begin{array}{l} dm_{20}(t)/dt = 2m_{11}(t) \\ dm_{11}(t)/dt = m_{02}(t) - km_{20}(t) - cm_{11}(t) \\ dm_{02}(t)/dt = -2km_{11}(t) - 2cm_{02}(t) + 2D_{11}m_{20}(t) \\ \qquad\qquad -4D_{12}m_{10}(t) + 2D_{22} \end{array} \right\} \cdots\cdots (g)$$

$$\left. \begin{array}{l} \therefore \quad d^2 m_{20}(t)/dt^2 + c \, dm_{20}(t)/dt + 2km_{20}(t) = 2m_{02}(t) \\ dm_{02}(t)/dt + 2cm_{02}(t) = -k \, dm_{20}(t)/dt + 2D_{11}m_{20}(t) + 2D_{22} \end{array} \right\} \cdot (h)$$

ただし $m_{10}(t) = 0$ とした．

式 (h) の特解を

$$m_{20}(t) = A_0 + A_1 \exp(\lambda t), \quad m_{02}(t) = B_0 + B_1 \exp(\lambda t) \quad \cdots\cdots (i)$$

とおくと，

$$A_0 = D_{22}/(ck - D_{11}), \quad B_0 = D_{22}k/(ck - D_{11}) \quad \cdots\cdots\cdots\cdots (j)$$

$$A_1/B_1 = -(\lambda + 2c)/(k\lambda - 2D_{11}) \quad \cdots\cdots\cdots\cdots\cdots\cdots\cdots (k)$$

$$\lambda^3 + 3c\lambda^2 + 2(c^2 + 2k)\lambda + 4(kc - D_{11}) = 0 \quad \cdots\cdots\cdots\cdots (l)$$

$c > 0$, $k > D_{11}/c > 0$ のとき，λ の実数部 < 0 (Hurwitz の安定判別条件)．したがってこのとき，式 (i) より $t \to \infty$ において，

$$m_{20}(t) \to A_0, \quad m_{02}(t) \to B_0 \quad \cdots\cdots\cdots\cdots\cdots\cdots\cdots\cdots (m)$$

例17.7

係数励振形の問題で，その励振が有色雑音の場合を考えよう．

17. モーメント方程式

$$d^2x(t)/dt^2 + c\,dx(t)/dt + \{k+y(t)\}x(t) = 0 \quad c, k = 定数 \cdots\cdots (a)$$

$y(t)$ が有色雑音で，次の方程式を満足するとしよう．

$$dy(t)/dt + y(t) = w(t) \quad w(t):正規性白色雑音（平均値0）\cdots\cdots (b)$$

このとき，$y(t)$ のパワースペクトル密度は，例 11.1（低域フィルタ）の式 (d) の周波数応答 $|H(f)|$（$a=1, T=1$）と白色雑音のパワースペクトル密度 $2D$ より，$2D/((2\pi f)^2 + 1)$ となる．

式 (a), (b) を連立させると，状態変数は

$$x_1 = x(t),\ x_2 = dx(t)/dt,\ x_3 = y(t)$$

となり，$n=3, m=1$ であるから，式 (17.7) において

$$\phi = \begin{bmatrix} x_2 \\ -kx_1 - cx_2 - x_1 x_3 \\ -x_3 \end{bmatrix} \quad \gamma = \begin{bmatrix} 0 \\ 0 \\ 1 \end{bmatrix} \cdots\cdots\cdots (c)$$

したがってモーメント方程式は

$$dE[h]/dt = E[x_2 \partial h/\partial x_1] - E[(kx_1 + cx_2 + x_1 x_3)\partial h/\partial x_2]$$
$$- E[x_3 \partial h/\partial x_3] + DE[\partial^2 h/\partial x_3^2] \cdots\cdots (d)$$

$$E[h] = E[x_1^i x_2^j x_3^k] = m_{ijk} \quad (i,j,k = 0,1,2,\cdots) \cdots\cdots (e)$$

とおくと，1次モーメントについては

$$\left.\begin{array}{l} dm_{100}/dt = m_{010} \\ dm_{010}/dt = -km_{100} - cm_{010} - m_{101} \\ dm_{001}/dt = -m_{001} \end{array}\right\} \cdots\cdots (f)$$

2次モーメントについては

$$\left.\begin{array}{l} dm_{200}/dt = 2m_{110} \\ dm_{020}/dt = -2(km_{110} + cm_{020} + m_{111}) \\ dm_{002}/dt = -2m_{002} + 2D \\ dm_{110}/dt = m_{020} - km_{200} - cm_{110} - m_{201} \\ dm_{101}/dt = m_{011} - m_{101} \\ dm_{011}/dt = -km_{101} - cm_{011} - m_{102} - m_{011} \end{array}\right\} \cdots\cdots (g)$$

このモデルは式 (a) から明らかなように，状態変数 $x(t)$ と $y(t)$ との積の項があって，非線形モデルとなる．したがってモーメント方程式 (f), (g) はそれぞれ閉じた形にならない．もっとも簡便な近似解法の一つとして，高次モーメ

ントを 0 におく,すなわち $m_{111}=m_{201}=m_{102}=0$ とおいて,閉じた形にする方法も考えられる.

例17.8

例 16.5 では,金融工学における確率微分方程式について述べたが,$\phi(X(t),t)=\mu X(t)$, $\gamma(X(t),t)=\sigma X(t)$ (μ, σ = constants) を式 (17.7) に代入して,モーメント方程式を導くことにしよう.

いま,$n=m=1$ とすると,$\phi=\mu x$, $\gamma=\sigma x$, $[\gamma D\gamma^T]=\sigma^2 D x^2$, $h=x^i$, $E[h]=m_i(t)$, $(i=1,2,\cdots)$. したがってモーメント方程式は

$$dm_i(t)/dt = i\{\mu+(i-1)\sigma^2 D\}m_i(t) \quad (i=1,2,\cdots) \cdots\cdots\cdots (a)$$

$$\therefore\ m_i(t)=m_i(0)\exp[i\{\mu+(i-1)\sigma^2 D\}t] \cdots\cdots\cdots\cdots\cdots (b)$$

株価 x の平均値は,$i=1$ とおいて $m_1(t)=m_1(0)\exp[\mu t]\cdots\cdots\cdots$ (c)

株価 x の二乗平均値は,$i=2$ とおいて $m_2(t)=m_2(0)\exp[2(\mu+\sigma^2 D)t]$
$\cdots\cdots\cdots\cdots\cdots\cdots\cdots\cdots\cdots\cdots\cdots\cdots\cdots\cdots\cdots\cdots\cdots\cdots\cdots\cdots\cdots\cdots$ (d)

したがって,株価の分散は

$$V(t)=m_2(t)-m_1(t)^2=\{m_2(0)\exp(2\sigma^2 D t)-m_1(0)^2\}\exp(2\mu t) \cdots (e)$$

$D=1$ とおくと,株価の変動は μ と σ の値によって支配される.

18. 出生死滅過程

(1) 単純出生過程

突然電話のベルが鳴りだす．これはそのときの状況などに関係なく鳴りだす．これがポアソン過程（第7章）である．つまりそれまでに電話が何回くらいかかってどれほど忙しかったかなど関係なく鳴りだす．

ある日近くの森で鳥が死んだ．これも偶然かもしれないが，森に住む鳥がすくなくなっていけば鳥が死ぬ回数も減るだろう．雛が生まれる回数もそのときの鳥の数によって変わるだろう．これはポアソン過程とは言えない．

ポアソン過程では時間 $(t, t+\Delta t)$ における状態の変化 Δx（たとえば電話が1回かかってくる）が時刻 t における状態 $x(t)$（これまでに何回かかってきたか）とは無関係である．ところが生物の出生，死滅のように，$(t, t+\Delta t)$ における状態の変化（たとえば山の鳥が一羽生まれる）が t における状態（鳥の数）に依存する場合がある．このような問題はお店の前の行列に加わる場合も同じで，列が長ければ加わる気がおきないだろう．核分裂の過程や資本の増殖過程にもこのような性質がある．このような過程では，一定時間 $(0, t)$ に n 回の変化が生じる確率はいくらになるだろうか．これが本章で扱うテーマである．

いま Δt の間に一つの個体が一つの新しい個体を生む確率を $\lambda \Delta t + o(\Delta t)$ （λ：正の定数，$\Delta t \to 0$ のとき $o(\Delta t)/\Delta t \to 0$）とし，$\Delta t$ の間に一つの個体が二つ以上の新しい個体を生んだり，二つ以上の個体が新しい個体を生む確率は $o(\Delta t)$ とする．時刻 t における個体数 $X(t)=k$ とすれば，Δt の間に全体として個体が一つだけ増加する確率は $k\lambda \Delta t + o(\Delta t)$ となり，一つも増加しない確率は $1 - k\lambda \Delta t + o(\Delta t)$ となる．個体の死滅は考えないとすれば，このような確率過程を**単純出生過程**（simple birth process）という．パラメータ λ が時間に依存しないから，これはポアソン過程（第7章）と同様に一様マルコフ過程（第13章）の一つである．

18. 出生死滅過程

一般には $X(t)=k$ のとき, 次の時間 $(t, t+\Delta t)$ 内になんらかの変化が生じる確率を $\lambda_k(t)\Delta t$ とする (微小項 $o(\Delta t)$ は省略). またこのとき $X(t+\Delta t)=j$ となる確率, すなわち推移確率, を $p_{kj}(t, t+\Delta t)$ とする. さらに $(t, t+\Delta t)$ 内に変化が生じるという条件のもとで, それが k から j への変化となる確率, すなわち条件つき推移確率, を $q_{kj}(t)$ とすると, 一般に次のような関係が成り立つ.

$$\lambda_k(t)q_{kj}(t)=\lim_{\Delta t\to 0}(1/\Delta t)p_{kj}(t,t+\Delta t)\quad(k\neq j)\quad\cdots\cdots(18.1)$$

単純出生過程では

$$\lambda_k(t)=k\lambda,\quad q_{k,k+1}(t)=1,\quad q_{kj}(t)=0\quad(j\geq k+2,\ j\leq k)\quad(k=1,2,\cdots)$$
$$\cdots\cdots(18.2)$$

この場合は λ_k が k の1次関数であるから, **線形出生過程** (linear birth process) ともいう. 一般に λ_k が k の任意関数で, $q_{k,k+1}(t)=1$ の場合, **純出生過程** (pure birth process) という.

単純出生過程では, $t+\Delta t$ における個体の数が j となる確率 $p_j(t+\Delta t)$ $(j=1,2,\cdots)$ が次のように与えられる.

$$p_1(t+\Delta t)=p_1(t)(1-\lambda\Delta t)+o(\Delta t)\quad\cdots\cdots(18.3)$$

$$p_j(t+\Delta t)=p_{j-1}(t)(j-1)\lambda\Delta t+p_j(t)(1-j\lambda\Delta t)+o(\Delta t)\quad(j\geq 2)$$
$$\cdots\cdots(18.4)$$

$\Delta t\to 0$ として式 (18.3), (18.4) から微分方程式を導くと,

$$\mathrm{d}p_1(t)/\mathrm{d}t=-\lambda p_1(t)\quad\cdots\cdots(18.5)$$

$$\mathrm{d}p_j(t)/\mathrm{d}t=\lambda\{(j-1)p_{j-1}(t)-jp_j(t)\}\quad(j\geq 2)\quad\cdots\cdots(18.6)$$

最初は個体が一つ, すなわち $X(0)=1$ とすれば, 初期条件は

$$p_j(0)=1\ (j=1),\quad p_j(0)=0\ (j\geq 2)\quad\cdots\cdots(18.7)$$

この条件のもとで式 (18.5), (18.6) を解くと,

$$p_1(t)=\exp(-\lambda t)\quad\cdots\cdots(18.8)$$

$$p_j(t)=(j-1)\lambda\exp(-j\lambda t)\int_0^t p_{j-1}(t)\exp(j\lambda t)\mathrm{d}t\quad(j\geq 2)\quad\cdots\cdots(18.9)$$

であるから, 一般に

$$p_j(t)=\exp(-j\lambda t)\{\exp(\lambda t)-1\}^{j-1}=\exp(-\lambda t)\{1-\exp(-\lambda t)\}^{j-1}$$
$$(j\geq 1)\quad\cdots\cdots(18.10)$$

となる. 式 (18.10) は数学的帰納法によって証明される. 同様な方法がポアソ

ン分布（第7章）の導出に関連して式 (7.14) の証明に用いられている．なお式 (18.10) は**ユール・ファーリ分布**（Yule-Furry distribution）として知られている．

一般に $X(0)=i \geqq 1$ のときは，初期条件が

$$p_j(0)=1 \quad (j=i), \quad p_j(0)=0 \quad (j \geqq i+1) \cdots\cdots\cdots\cdots (18.11)$$

であるから，まず

$$dp_i(t)/dt = -i\lambda p_i(t) \cdots\cdots\cdots\cdots\cdots\cdots\cdots\cdots\cdots\cdots (18.12)$$

を解いて，$p_i(t)=\exp(-i\lambda t)$．次に式 (18.9) を用いて，$j=i+1, i+2, \cdots$ とおいて順次に $p_{i+1}, p_{i+2}, \cdots$ を求めると，一般に

$$p_j(t)=p_{ij}(t)={}_{j-1}C_{j-i}\exp(-i\lambda t)\{1-\exp(-\lambda t)\}^{j-i} \quad (j \geqq i) \cdots (18.13)$$

$$p_j(t)=p_{ij}(t)=0 \quad (j<i) \cdots\cdots\cdots\cdots\cdots\cdots\cdots\cdots (18.14)$$

となることが示される．式 (18.13) は $i=1$ とおけば式 (18.10) に一致する．なお式 (18.13) は時間 $(0,t)$ において X の値が i から j に変化する推移確率 $p_{ij}(t)$ に相当する．

一般に推移確率 $p_{ij}(t)$ を求める方法としては，推移確率に関するコルモゴロフ方程式（第15章）を立ててそれを解く方法と，母関数（第6章）に関する方程式を立ててそれを解く方法とが考えられる．特に後者の方法は分布の性質（平均値，分散など）を調べるのに便利である．

確率母関数に関する方程式は，一般に次のようにして導かれる．確率変数 $X(t)$ は時間 $(0,t)$ において生じた変化の数（たとえば出生した個体数）として定義し，$X(t+\varDelta t)$ と $X(t)$ との差を $\varDelta X(t)$ とおくと，これは時間 $(t, t+\varDelta t)$ において生じる変化の数である．いま $X(t+\varDelta t)$ の確率母関数を $P(s, t+\varDelta t)$ とすると，これは式 (6.30) の定義により

$$P(s, t+\varDelta t)=E[s^{X(t+\varDelta t)}]=E[s^{X(t)+\varDelta X(t)}]=E[s^{X(t)}s^{\varDelta X(t)}] \cdots\cdots (18.15)$$

一般に $X(t)$ と $\varDelta X(t)$ とがお互いに独立でない場合，$X(t)$ が与えられたときの条件つき平均値を $Ec[\cdot]$ として表わすことにすれば，上式は

$$P(s, t+\varDelta t)=E[s^{X(t)}Ec[s^{\varDelta X(t)}]] \cdots\cdots\cdots\cdots\cdots\cdots\cdots (18.16)$$

となる．ただし $E[\cdot]$ は $X(t)$ に関する平均値を表わす．これに対して式 (18.15) の $E[\cdot]$ は $X(t+\varDelta t)$ に関する平均値を表わす．なお $X(t)$ と $\varDelta X(t)$ とが独立であれば，式 (18.15) は $E[s^{X(t)}]E[s^{\varDelta X(t)}]$ と書き換ええられる．

18. 出生死滅過程

さて確率母関数の導関数を次のように書き換えることにする.

$$\partial P(s,t)/\partial t = \lim_{\Delta t \to 0} \{P(s,t+\Delta t) - P(s,t)\}/\Delta t$$
$$= \lim_{\Delta t \to 0} \{E[s^{X(t)} Ec[s^{\Delta X(t)}]] - E[s^{X(t)}]\}/\Delta t$$

上式における $E[\cdot]$ は二つとも $X(t)$ に関する平均値を表わすから, これらをまとめると

$$\partial P(s,t)/\partial t = E[s^{X(t)} \lim_{\Delta t \to 0}\{Ec[s^{\Delta X(t)}] - 1\}/\Delta t] \cdots\cdots (18.17)$$

$X(t)$ が与えられたとき, 一般に

$$\left. \begin{array}{l} \Delta X(t) = j \ (=1,2,\cdots) \text{ となる条件つき確率を } \lambda(j|X)\Delta t \ (j \neq 0) \\ \Delta X(t) = 0 \text{ となる条件つき確率を } 1 - \sum_{j=1}^{\infty} \lambda(j|X)\Delta t \end{array} \right\} \cdot (18.18)$$

とおくと (微小項 $o(\Delta t)$ は省略),

$$Ec[s^{\Delta X(t)}] = \sum_{j=1}^{\infty} s^j \lambda(j|X)\Delta t + s^0\{1 - \sum_{j=1}^{\infty} \lambda(j|X)\Delta t\}$$
$$= \sum_{j=1}^{\infty} (s^j - 1)\lambda(j|X)\Delta t + 1$$

となるから, 式 (18.17) は

$$\partial P(s,t)/\partial t = E[s^{X(t)} \sum_{j=1}^{\infty} (s^j - 1)\lambda(j|X)]$$
$$= \sum_{j=1}^{\infty} (s^j - 1) E[s^{X(t)} \lambda(j|X)] \cdots\cdots (18.19)$$

これが確率母関数 $P(s,t)$ に関する方程式である. モーメント母関数 (式 (6.32)) についても同様であり, 式 (18.19) において $s = \exp(\theta)$ とおけば, モーメント母関数 $M(\theta,t)$ に関する方程式が得られる.

ポアソン過程では常に $j=1$ であり, $\lambda(j|X) = \lambda$ であるから, 式 (18.19) は,

$$\partial P(s,t)/\partial t = (s-1)\lambda E[s^{X(t)}] = \lambda(s-1)P(s,t) \cdots\cdots (18.20)$$

となる. 初期条件は, $t=0$ のとき変化が起きていない, すなわち $X(0)=0$ であるから, $X(t)=n$ となる確率 $p_n(t)$ の初期値は, $p_0(0)=1$, $p_n(0)=0$ ($n \geq 1$), したがって確率母関数 $P(s,t)$ の初期値は,

$$P(s,0) = \sum_{n=0}^{\infty} p_n(0) s^n = 1 \cdots\cdots (18.21)$$

となる. この初期条件のもとで式 (18.20) を解くと, ポアソン過程の確率母関数は exp

$$P(s,t) = \exp\{\lambda t(s-1)\} \cdots\cdots (18.22)$$

となる. モーメント母関数は, $s = \exp(\theta)$ とおいて

$$M(\theta,t) = \exp[\lambda t\{\exp(\theta) - 1\}] \cdots\cdots (18.23)$$

さらに $\theta=ju$ $(j=\sqrt{-1})$ とおくと，ポアソン過程の特性関数（式(7.23)）が得られる．ポアソン過程の平均値，分散などは式(6.35)より

$$E[X(t)]=[\partial M(\theta,t)/\partial \theta]_{\theta=0}=\lambda t$$
$$E[X(t)^2]=[\partial^2 M(\theta,t)/\partial \theta^2]_{\theta=0}=\lambda t(1+\lambda t) \quad \cdots\cdots\cdots\cdots(18.24)$$

となり，式(7.20), (7.21), (7.22)と同様な結果が得られる．

単純出生過程では，式(18.19)において $j=1, \lambda(j|X)=\lambda X(t)$ となるから，確率母関数に関する方程式は

$$\partial P(s,t)/\partial t=(s-1)\lambda E[Xs^X]$$

しかるに $\partial P(s,t)/\partial s = E[Xs^{X-1}] = E[Xs^X]/s$ であるから，

$$\partial P(s,t)/\partial t = \lambda s(s-1)\partial P(s,t)/\partial s \quad \cdots\cdots\cdots\cdots(18.25)$$

となる．初期条件は $X(0)=i\geq 1$ とすれば，$p_i(0)=1$，$p_n(0)=0$ $(n\neq i)$ であるから，

$$P(s,0)=\sum_{n=0}^{\infty}p_n(0)s^n=s^i \quad \cdots\cdots\cdots\cdots(18.26)$$

式(18.25)の偏微分方程式は変数分離によって解ける．すなわち $P(s,t)=P_1(t)P_2(s)$ とおいて式(18.25)に代入すると，

$$\{\mathrm{d}P_1(t)/\mathrm{d}t\}/P_1(t)=\lambda s(s-1)\{\mathrm{d}P_2(s)/\mathrm{d}s\}/P_2(s)=C \quad (:定数)$$

となるから，

$\mathrm{d}P_1/\mathrm{d}t=CP_1$ より　　　$P_1(t)=A\exp(Ct)$　(A：定数)

$\mathrm{d}P_2/\mathrm{d}s=CP_2/\lambda s(s-1)$ より　$P_2(s)=B(1-1/s)^{C/\lambda}$ (B：定数)

$\therefore P(s,t)=C_0\{(1-1/s)\exp(\lambda t)\}^{C/\lambda}$　$(C_0=AB)$

係数 C_0 およびべき C/λ は任意定数であるから，一般解は $(1-1/s)\exp(\lambda t)$ の任意関数 f として表わされる．すなわち

$$P(s,t)=f\{(1-1/s)\exp(\lambda t)\} \quad \cdots\cdots\cdots\cdots(18.27)$$

ここで初期条件を考えると，式(18.26)より $s^i=f(1-1/s)$ となるから，$1-1/s=x$，すなわち $s=1/(1-x)$ とおくと，$f(x)=1/(1-x)^i$ となり，任意関数の形が決まる．したがって式(18.27)より

$P(s,t)=1/\{1-(1-1/s)\exp(\lambda t)\}^i$

　　　$=s^i\exp(-i\lambda t)/[1-\{1-\exp(-\lambda t)\}s]^i$　$(i\geq 1)$ $\cdots\cdots\cdots$(18.28)

$i=1$ のときは，$P(s,t)=s\exp(-\lambda t)/[1-\{1-\exp(-\lambda t)\}s]$ $\cdots\cdots$(18.29)

式(18.29)はユール・ファーリ分布〔式(18.10)〕の確率母関数である．モー

メント母関数は，式 (18.28) で $s=\exp(\theta)$ とおいて求められる．すなわち，

$$M(\theta,t)=1/[1-\{1-\exp(-\theta)\}\exp(\lambda t)]^i \quad (i\geqq 1) \cdots\cdots\cdots (18.30)$$

単純出生過程における変数 $X(t)$ の平均値 $E[X(t)]$ と分散 $V[X(t)]$ は，式 (18.30) より

$$E[X(t)]=[\partial M(\theta,t)/\partial \theta]_{\theta=0}=i\exp(\lambda t)\cdots\cdots\cdots\cdots\cdots (18.31)$$

$$E[X^2(t)]=[\partial^2 M(\theta,t)/\partial \theta^2]_{\theta=0}=i\exp(\lambda t)\{(i+1)\exp(\lambda t)-1\}\cdot (18.32)$$

$$V[X(t)]=E[X^2(t)]-E[X(t)]^2=i\exp(\lambda t)\{\exp(\lambda t)-1\}\cdots\cdots (18.33)$$

平均値も分散も初期値 i に比例することがわかる．また平均値は時間 t に対して指数関数的に増加し，$t\to\infty$ において $E[X(t)]\to\infty$ となる．これは決定論的現象として，Δt の間に $\Delta X(t)=\lambda X(t)\Delta t$ だけ増加する場合の結果に一致している．分散は 0 から次第に増加して，t が十分に大きくなれば，$V[X(t)]=i\exp(2\lambda t)$ となり，やはり指数関数的に増加する[11]．

（2）単純死滅過程

単純死滅過程（simple death process）では，時間 Δt における変化 $\Delta X(t)$ が負となり，$X(t)$ が k から $k-1$ に減少する確率が $k\mu\Delta t+o(\Delta t)$（μ：正の定数）として与えられ，$X(t)$ が k のままで変化しない確率が $1-k\mu\Delta t+o(\Delta t)$ として与えられる．単純出生過程の式 (18.2) に対応する関係は

$$\lambda_k(t)=k\mu,\quad q_{k,k-1}(t)=1,\quad q_{kj}(t)=0 \quad (j\geqq k, j\leqq k-2)(k=1,2,\cdots)$$
$$\cdots\cdots\cdots\cdots\cdots\cdots\cdots\cdots\cdots\cdots\cdots\cdots\cdots\cdots\cdots\cdots\cdots (18.34)$$

となる．このモデルも生物現象，物理現象を問わず，広い適用範囲を有するモデルである．この場合，確率母関数の方程式 (18.19) は，$j=-1$，$\lambda(j|X)=\mu X(t)$ とおくと，

$$\partial P(s,t)/\partial t=(1/s-1)\mu E[Xs^X]$$

式 (18.25) と同様にして，上式は

$$\partial P(s,t)/\partial t=-\mu(s-1)\partial P(s,t)/\partial s \cdots\cdots\cdots\cdots\cdots (18.35)$$

となる．これを変数分離によって解くと，式 (18.27) と同様にして一般解は

$$P(s,t)=f\{(s-1)\exp(-\mu t)\} \cdots\cdots\cdots\cdots\cdots\cdots\cdots (18.36)$$

となる．初期条件は式 (18.26) と同じとすれば，任意関数の形は $f(x)=(1+x)^i$ となり，式 (18.36) は

$$P(s,t)=\{1-(1-s)\exp(-\mu t)\}^i$$

$$= [s\exp(-\mu t) + \{1-\exp(-\mu t)\}]^i \quad (i \geq 1) \cdots\cdots\cdots\cdots (18.37)$$

これが単純死滅過程の確率母関数である．モーメント母関数は

$$M(\theta,t) = [1-\{1-\exp(\theta)\}\exp(-\mu t)]^i \quad (i \geq 1) \cdots\cdots\cdots\cdots (18.38)$$

となるから，単純死滅過程における変数 $X(t)$ の平均値 $E(X(t))$ と分散 $V[X(t)]$ は，

$$E[X(t)] = i\exp(-\mu t) \cdots\cdots\cdots\cdots\cdots\cdots\cdots\cdots\cdots\cdots\cdots\cdots (18.39)$$

$$V[X(t)] = i\exp(-\mu t)\{1-\exp(-\mu t)\} \cdots\cdots\cdots\cdots\cdots (18.40)$$

平均値は時間とともに指数関数的に減少し，$t\to\infty$ において 0 となるが，これはやはり決定論的現象として，Δt の間に $\Delta X(t) = -\mu X(t)\Delta t$ だけ減少する場合の結果に一致している．分散は 0 からいったん増加するが，$t\to\infty$ において再び 0 となる．

(3) 単純出生死滅過程

出生と死滅の両方を考える場合，Δt の間に $X(t)$ が k から $k+1$ に増加する確率が $k\lambda\Delta t + o(\Delta t)$ で，k から $k-1$ に減少する確率が $k\mu\Delta t + o(\Delta t)$ で与えられ (λ, μ：正の定数)，$X(t)$ が k のままで変化しない確率が $1-k(\mu+\lambda)\Delta t + o(\Delta t)$ となるような確率過程を**単純出生死滅過程** (simple birth and death process) という．この場合，式 (18.2), (18.34) に対応する関係は，

$$\lambda_k(t) = k(\lambda+\mu)$$

$$q_{k,k+1}(t) = \lambda/(\lambda+\mu), \quad q_{k,k-1}(t) = \mu/(\lambda+\mu)$$

$$q_{k,j}(t) = 0 \quad (j \geq k+2, j \leq k-2) \quad (k=0,1,2,\cdots) \cdots\cdots\cdots (18.41)$$

となる．確率母関数の方程式 (18.19) は，

$$j=1 \text{ のとき} \quad \lambda(j|X) = \lambda X(t)$$

$$j=-1 \text{ のとき} \quad \lambda(j|X) = \mu X(t)$$

とおいて導かれる．すなわち

$$\partial P(s,t)/\partial t = (s-1)\lambda E[Xs^X] + (1/s-1)\mu E[Xs^X]$$

$$= (\lambda s - \mu)(s-1)\partial P(s,t)/\partial s \cdots\cdots\cdots\cdots\cdots\cdots (18.42)$$

これを変数分離によって解くと，$\lambda \neq \mu$ のときの一般解は，式 (18.27) と同様にして

$$P(s,t) = f[\{(s-1)/(\lambda s - \mu)\}\exp\{(\lambda-\mu)t\}] \cdots\cdots\cdots\cdots (18.43)$$

初期条件は式 (18.26) と同じであるから，$s^i = f[(s-1)/(\lambda s - \mu)]$．したが

って $(s-1)/(\lambda s-\mu)=x$ とおけば，$s=(1-\mu x)/(1-\lambda x)$ となり，任意関数の形は $f(x)=\{(1-\mu x)/(1-\lambda x)\}^i$. したがって式 (18.43) は

$$P(s,t)=[[\alpha(t)+\{1-(1+\lambda/\mu)\alpha(t)\}s]/\{1-(\lambda/\mu)\alpha(t)s\}]^i$$
$$(i\geqq 1)\quad (\lambda\neq\mu)\quad\cdots\cdots\cdots\cdots (18.44)$$

となる．ただし

$$\alpha(t)=\mu[1-\exp\{(\lambda-\mu)t\}]/[\mu-\lambda\exp\{(\lambda-\mu)t\}]\cdots\cdots (18.45)$$

$\lambda=\mu$ のときの一般解も同様にして求めると，

$$P(s,t)=f[\exp\{\lambda t-1/(s-1)\}]\cdots\cdots\cdots\cdots\cdots (18.46)$$

初期条件より任意関数の形は $f(x)=(1-1/\log x)^i$ となるから，

$$P(s,t)=[\{\lambda t+(1-\lambda t)s\}/(1+\lambda t-\lambda ts)]^i\quad (i\geqq 1)\ (\lambda=\mu)\cdots (18.47)$$

式 (18.44), (18.47) が単純出生死滅過程の確率母関数である．モーメント母関数 $M(\theta,t)$ は s のかわりに $\exp(\theta)$ を入れて求められるから，これらを用いて単純出生死滅過程における変数 $X(t)$ の平均値 $E(X(t))$ と分散 $V[X(t)]$ を，式 (18.31), (18.32), (18.33) と同様にして求めると，

$$E[X(t)]=i\{1-\alpha(t)\}/\{1-(\lambda/\mu)\alpha(t)\}=i\exp\{(\lambda-\mu)t\}\ (\lambda\neq\mu)$$
$$E[X(t)]=i\qquad\qquad\qquad\qquad\qquad\qquad (\lambda=\mu)\ (18.47)$$
$$E[X(t)^2]=i[\{1-\alpha(t)\}/\{1-(\lambda/\mu)\alpha(t)\}^2]$$
$$\cdot[i\{1-\alpha(t)\}+(1+\lambda/\mu)\alpha(t)]$$
$$=i\exp\{(\lambda-\mu)t\}[\{i+(\lambda+\mu)/(\lambda-\mu)\}\exp\{(\lambda-\mu)t\}-(\lambda+\mu)/(\lambda-\mu)]$$
$$(\lambda\neq\mu)$$
$$E[X(t)^2]=i(i+2\lambda t)\qquad\qquad\qquad (\lambda=\mu)$$
$$\cdots\cdots\cdots\cdots\cdots\cdots\cdots\cdots\cdots\cdots (18.48)$$

$$V[X(t)]=i(1+\lambda/\mu)\alpha(t)\{1-\alpha(t)\}/\{1-(\lambda/\mu)\alpha(t)\}^2$$
$$=i\{(\lambda+\mu)/(\lambda-\mu)\}\exp\{(\lambda-\mu)t\}[\exp\{(\lambda-\mu)t\}-1]\ (\lambda\neq\mu)$$
$$V[X(t)]=2i\lambda t\qquad\qquad\qquad\qquad (\lambda=\mu)\ (18.49)$$

平均値も分散も初期値 i に比例することがわかる．$\lambda=\mu$ のときは，平均値が一定で分散が時間に比例して増加する．$t\to\infty$ における平均値は

$$\begin{array}{rl} E[X(t)] & \to 0\quad (\lambda<\mu) \\ & i\quad (\lambda=\mu) \\ & \infty\quad (\lambda>\mu) \end{array}\Bigg\}\cdots\cdots\cdots (18.50)$$

となり，決定論的現象と同じ傾向を示している．$t\to\infty$ における分散は

$$V[X(t)] \quad \begin{aligned} &\to 0 \quad (\lambda<\mu) \\ &\quad \infty \quad (\lambda=\mu) \\ &\quad \infty \quad (\lambda>\mu) \end{aligned} \Biggr\} \cdots\cdots\cdots\cdots (18.51)$$

となる．$(\lambda<\mu)$ のときは，$t\to\infty$ において平均値が 0 で，かつ分散が 0 であるから，$X(t)\to 0$ となり，必ずすべてが死滅する．$\lambda=\mu$ のときは，平均値が常に初期値 i に等しくても，分散が無限大になるから，やはりいつか必ずすべてが死滅する．平均値は決定論的現象と同じ傾向を示しているにもかかわらず，このように平均値とは異なる結果を生じるのは確率論的現象の一つの特徴である．$X(t)=0$ は吸収状態（第 13 章参照）であり，一度死滅すれば再生しない．$\lambda>\mu$ のときは，平均値も分散も無限大となるが，このときの最終的に死滅する確率は $(\mu/\lambda)^i$ となる（証明略）．このことは 1 次元酔歩モデル〔第 14 章 式 (14.29) 参照〕と同様であり，一歩右にでる確率が λ，左に出る確率が μ $(\mu<\lambda)$ として，$X=i$ から出発して吸収壁 $X=0$ に到達する確率と同じである．

19. 待ち行列過程

　駅の出札口の前に並ぶ行列の長さは，切符を買い終えて行列から離れる人と切符を買うために行列に加わる人が，どの位の頻度で出入りするかによって決まる．これは出生死滅過程と同じで，行列から離れるのは死滅に相当し，行列に加わるのは出生に相当する．単純出生死滅過程のように，行列の長さが1人増えたり減ったりする確率が，そのときの行列の長さに比例するとは限らないが，このような行列の長さは一つの確率変数であり，一般に**待ち行列過程**（queueing process）という．待ち行列が長くなれば待ち時間による損失が増えるし，といって窓口の数を増やせばそれだけ経費がかかるわけで，この問題は**オペレーションズリサーチ**（operations research）の問題の一つとなっている．また，行列の長さが一定の限度を越える確率，または0になる確率を問題とする場合もあり，これらは出生死滅過程における問題と同様である．客が不規則な間隔をおいて偶発的にやってきて，サービスを受ける時間の長さも不規則であれば，客が列から離れるのも偶発的であって，これはマルコフ過程，またはマルコフ連鎖として扱うことができる．

　待ち行列の問題は，一般に (1) 列への加わり方，(2) 行列の作り方，(3) サービスの受け方 の三つに分けて考える．(1) の問題は，多くの場合ポアソン過程と見なされる．すなわち Δt 時間に新しい客が列に加わる確率が $\lambda \Delta t$（$\lambda =$一定）で与えられる．もし列の長さに応じて加わる確率が変わるとすれば，λ は列の長さ x の関数となる．また病院の予約制の外来患者のような場合は，列に加わる時刻の間隔が一定かもしれない．一般にはこの時刻の間隔の確率密度を与えて問題を解くことになる．(2) の問題は，一般に先着優先の原則に従う．あとから来た人はうしろに並び，先頭の人から順番にサービスを受ける．もちろんこの原則から外れた扱いを受ける人がいるかもしれない．(3) の問題では，多くの場合サービスの窓口の数とサービスを受ける時間の確率密度が与え

られれば十分である．

(1) サービス窓口が一つの場合

窓口が一つの場合の平衡状態における待ち行列の長さについて考えてみよう．時刻 t における行列の人数（サービスを受けている最中の人も含む）を $X(t)$ とすると，1人のサービスが終わった時刻 τ に残っている人数は，

$$Q = X(\tau + \Delta\tau) = X(\tau) - 1 \cdots\cdots\cdots\cdots\cdots\cdots\cdots\cdots (19.1)$$

（$\tau + \Delta\tau$ はサービスが終って一人立ち去った時刻）

となる．次の客が受けるサービス時間を V として，この時間内に新しく到着する客が R 人であったとする．いま $Q \geq 1$ とすると，次の客のサービスが終わったときに残っている行列の人数は，$Q' = Q + R - 1$ となるが，$Q = 0$ とすると，サービスが終わって立ち去る客がいないわけであるから，$Q' = Q + R$ である．このことを一つの式にまとめて表わすと，

$$Q' = Q + R - 1 + \delta(Q) \cdots\cdots\cdots\cdots\cdots\cdots\cdots\cdots (19.2)$$

ただし $\delta(Q) = 0 \ (Q \geq 1), \ \delta(Q) = 1 \ (Q = 0) \cdots\cdots\cdots\cdots (19.3)$

式 (19.2) の両辺の平均をとると，

$$E[Q'] = E[Q] + E[R] - 1 + E[\delta]$$

もし行列の長さが平衡状態に達したとすれば，$E[Q'] = E[Q]$ となるから，上式は

$$E[\delta] = 1 - E[R] = 1 - \rho \cdots\cdots\cdots\cdots\cdots\cdots\cdots\cdots (19.4)$$

ここで $\rho = E[R]$ を**往来密度** (traffic intensity) といい，平均サービス時間 $E[V]$ における到着人数の平均値を表わす．

次に式 (19.2) の両辺の二乗平均をとると，

$$E[Q'^2] = E[Q^2] + E[(1-R)^2] + E[\delta^2] + 2E[Q\delta] + 2E[(R-1)\delta]$$
$$+ 2E[Q(R-1)] \cdots\cdots\cdots\cdots (19.5)$$

式 (19.3) より $\delta^2 = \delta$，$Q\delta = 0$．また R と Q は独立であるから，R と δ も独立である．ここで平衡状態を考えると，$E[Q'^2] = E[Q^2]$ であるから，式 (19.5) は

$$0 = E[(1-R)^2] + E[\delta] + 2E[R-1]E[\delta] + 2E[Q]E[R-1]$$
$$= 1 - 2E[R] + E[R^2] + E[\delta] + 2(E[R]-1)E[\delta] + 2E[Q](E[R]-1)$$
$$= 1 - 2\rho + E[R^2] + 1 - \rho + 2(\rho-1)(1-\rho) + 2E[Q](\rho-1)$$

19. 待ち行列過程

$$= -2\rho(\rho-1) - \rho + E[R^2] + 2E[Q](\rho-1)$$

$$\therefore E[Q] = \rho + (E[R^2] - \rho)/2(1-\rho) \quad \cdots\cdots\cdots\cdots\cdots\cdots\cdots (19.6)$$

これは行列の平均長さを，平均サービス時間における到着人数の平均値 ρ と二乗平均値 $E[R^2]$ によって表わした式である．

入力過程が，単位時間あたりの平均到着人数 λ のポアソン過程であるとすれば（この場合，到着時刻の間隔は平均値 λ^{-1} の指数分布に従う），1人のサービス時間 V における平均到着人数〔式(7.20)〕は λV となるから，往来密度は

$$\rho = E[R] = \lambda E[V] \quad \cdots\cdots\cdots\cdots\cdots\cdots\cdots\cdots\cdots\cdots\cdots\cdots (19.7)$$

また到着人数の二乗平均〔式(7.21)〕は，

$$E[R^2] = \lambda E[V] + \lambda^2 E[V^2] = \lambda E[V] + \lambda^2 (E[V]^2 + \sigma_V^2)$$

$$= \rho + \rho^2 + \lambda^2 \sigma_V^2 \quad \cdots\cdots\cdots\cdots\cdots\cdots\cdots\cdots\cdots\cdots (19.8)$$

ただし σ_V^2：サービス時間 V の分散

式(19.8)を式(19.6)に代入すると，

$$E[Q] = \{\rho(2-\rho) + \lambda^2 \sigma_V^2\}/2(1-\rho) \quad \cdots\cdots\cdots\cdots\cdots (19.9)$$

さて，サービス時間 V が平均値 μ^{-1} の指数分布（式(7.25), (7.28), (7.29)）に従う場合を考えてみよう．式(19.7)より $E[V] = \mu^{-1} = \rho/\lambda$，$\sigma_V^2 = \mu^{-2} = (\rho/\lambda)^2$ であるから，式(19.9)より行列の平均長さは，

$$E[Q] = \rho/(1-\rho) \quad \cdots\cdots\cdots\cdots\cdots\cdots\cdots\cdots\cdots\cdots\cdots (19.10)$$

サービス時間が一定の場合は，$\sigma_V^2 = 0$ であるから，

$$E[Q] = \rho(2-\rho)/2(1-\rho) \quad \cdots\cdots\cdots\cdots\cdots\cdots\cdots\cdots (19.11)$$

往来密度 ρ が1より大きければ，1人のサービスが終わるまでに平均的に2人以上の客が到着するから，行列の長さは平衡状態に達することがない．しかし $\rho=1$ ならば平衡するように思えるが，式(19.10), (19.11)から明らかなように，行列は無限大に発散する．したがって行列が平衡状態に達するためには，$\rho<1$ でなければならない．サービス時間が一定で，その時間に到着する客がいつも1人であれば，行列が平衡するの当然であるが，すこしでもそこに不規則なゆらぎがはいると，平衡状態に達しないのである．

客が到着してからサービスを受けるまで，行列の中で待たされる時間 W の平均値を調べてみよう．サービス時間を V とすると，到着してから立ち去るまでに要する時間は $W+V$ となるが，この時間に彼のあとから行列に加わった人

数が Q であり，これが行列の長さに相当する．到着がポアソン過程であれば，この時間における平均到着人数は $\lambda(W+V)$ であるから，式 (19.9) より

$$\lambda E(W+V) = E[Q] = \{\rho(2-\rho) + \lambda^2 \sigma_V^2\}/2(1-\rho)$$

しかるに式 (19.7) より $E[V] = \rho/\lambda$ であるから，上式より

$$E[W] = (\rho^2 + \lambda^2 \sigma_V^2)/2\lambda(1-\rho) \quad \cdots\cdots\cdots\cdots\cdots\cdots\cdots\cdots\cdots (19.12)$$

サービス時間が一定の場合，$\sigma_V^2 = 0$ であるから，

$$E[W] = \rho^2/2\lambda(1-\rho) \quad \cdots\cdots\cdots\cdots\cdots\cdots\cdots\cdots\cdots\cdots\cdots (19.13)$$

となり，平均待ち時間は最小となり，最も効率的である．前述のようにサービス時間が指数分布に従う場合には，$\sigma_V^2 = (\rho/\lambda)^2$ であるから，

$$E[W] = \rho^2/\lambda(1-\rho) \quad \cdots\cdots\cdots\cdots\cdots\cdots\cdots\cdots\cdots\cdots\cdots\cdots (19.14)$$

となり，平均待ち時間はサービス時間一定の場合の 2 倍になる．

（2）サービス窓口が二つ以上の場合

次にサービスの窓口の数 s が二つ以上の場合を考えよう．客の到着間隔とサービス時間はともに指数分布に従うとする．すなわちこれまでに述べたように，到着の平均頻度は単位時間あたり λ，客 1 人に対するサービス終了の平均頻度は単位時間あたり μ とする．サービスを受けている人も含めて，時刻 t において n 人がこのシステムの中にいる確率を $p_n(t)$ としよう．もしこの人数が窓口の数を越えなければ，すなわち $n \leq s$ であれば，Δt 時間に 1 人のサービスが終了する確率は $n\mu\Delta t$ であるが，$n \geq s$ であれば，これが常に $s\mu\Delta t$ に固定され，$(n-s)$ 人は行列の中に待つことになる．$p_n(t)$ に関する微分差分方程式は，ポアソン分布を導いたときと同じようにして導かれる〔式 (7.15)〕．すなわち，時間領域 $(0, t+\Delta t)$ を $(0, t)$ と $(t, t+\Delta t)$ とに分けて，確率 $p_n(t+\Delta t)$ を 4 個の排反事象の確率の和として表わし，それぞれを二つの区間における独立事象の確率の積として表わし，最後に $\Delta t \to 0$ とする．まず $n \leq s$ のとき

$$\begin{aligned} p_n(t+\Delta t) &= p_{n-1}(t)(\lambda \Delta t)\{1-(n-1)\mu\Delta t\} + p_n(t)(1-\lambda\Delta t)(1-n\mu\Delta t) \\ &\quad + p_n(t)(\lambda\Delta t)(n\mu\Delta t) + p_{n+1}(t)(1-\lambda\Delta t)\{(n+1)\mu\Delta t\} \\ &= p_{n-1}(t)\lambda\Delta t + p_n(t)(1-\lambda\Delta t - n\mu\Delta t) + p_{n+1}(t)(n+1)\mu\Delta t \end{aligned}$$

$$\therefore \ dp_n(t)/dt = \lambda p_{n-1}(t) - (\lambda + n\mu)p_n(t) + (n+1)\mu p_{n+1}(t) \quad (0 \leq n \leq s)$$
$$\cdots\cdots\cdots\cdots\cdots\cdots\cdots\cdots\cdots\cdots\cdots\cdots\cdots\cdots\cdots\cdots\cdots (19.15)$$

$s \leq n$ のときは，同様にして

$$dp_n(t)/dt = \lambda p_{n-1}(t) - (\lambda + s\mu) p_n(t) + s\mu p_{n+1}(t) \quad (s \leq n < \infty) \quad (19.16)$$

$t \to \infty$ における平衡状態が存在する場合,平衡状態における解は,$dp_n(t)/dt = 0$ とおいて求められる.このとき式(19.15)の右辺は,$n = 0, 1, 2, \cdots, s$ とおくと,

$n = 0$ のとき, $0 = \lambda p_0 - \mu p_1,$

$n = 1$ のとき, $\lambda p_0 - \mu p_1 = \lambda p_1 - 2\mu p_2,$

$n = 2$ のとき, $\lambda p_1 - 2\mu p_2 = \lambda p_2 - 3\mu p_3, \cdots$ となるから,

$$0 = \lambda p_0 - \mu p_1 = \lambda p_1 - 2\mu p_2 = \lambda p_2 - 3\mu p_3 = \cdots = \lambda p_{s-1} - s\mu p_s$$

式(19.16)の右辺も,$n = s, s+1, \cdots, m, \cdots$ とおくと,

$$\lambda p_{s-1} - s\mu p_s = \lambda p_s - s\mu p_{s+1} = \cdots = \lambda p_{m-1} - s\mu p_m = \cdots$$

したがって

$$p_n = (\lambda/\mu) p_{n-1}/n = (\lambda/\mu)^2 p_{n-2}/n(n-1) = \cdots = (\lambda/\mu)^n p_0/n!$$
$$(0 \leq n < s) \cdots (19.17)$$

$$p_n = (\lambda/\mu) p_{n-1}/s = (\lambda/\mu)^2 p_{n-2}/s^2 = \cdots = (\lambda/\mu)^{n-s} p_s/s^{n-s}$$
$$= (\lambda/\mu)^{n-s+1} p_{s-1}/s^{n-s} s = \cdots = (\lambda/\mu)^n p_0/s^{n-s} s! \quad (s \leq n) \cdots (19.18)$$

式(19.17),(19.18)における p_0 は,$\sum_{n=0}^{\infty} p_n = 1$ が成り立つように決定される.すなわち

$$p_0^{-1} = 1 + \sum_{n=1}^{s-1} (\lambda/\mu)^n/n! + (s^s/s!) \sum_{n=s}^{\infty} (\lambda/\mu s)^n$$
$$= \sum_{n=0}^{s-1} (s\rho)^n/n! + (s\rho)^s/(1-\rho) s! \cdots (19.19)$$

ただし往来密度 ρ は Δt 時間に客1人が列の加わる確率と離れる確率との比に相当するから,次式のように定義した.

$$\rho = \lambda/s\mu \cdots (19.20)$$

式(19.19)が収束するためには,$\rho < 1$ でなければならない.

待ち行列の中にいる客の数(サービスを受けている人は含まない)の平均値は,式(19.17),(19.18),(19.19),(19.20)を用いて求められる.すなわち

$$E[Q] = \sum_{n=s+1}^{\infty} (n-s) p_n = \sum_{n=s+1}^{\infty} (n-s) s^s \rho^n p_0/s!$$
$$= (s\rho)^s (p_0/s!) \sum_{n=s+1}^{\infty} (n-s) \rho^{n-s} = \rho(s\rho)^s p_0/(1-\rho)^2 s! \cdots (19.21)$$

サービスを受けるまでの待ち時間は,もし $n \leq s-1$ であれば,ゼロである.もし $n \geq s$ であれば,$(n-s+1)$ 人のサービスが終わるまで待たなければなら

ない.この場合,単位時間に1人のサービスが終了する確率(これは単位時間に終了する平均人数に等しい)は $s\mu$ であるから,待ち時間の平均値 $E[W]$ は $(n-s+1)/s\mu$ となる.すなわち

$$E[W] = \sum_{n=s}^{\infty}\{(n-s+1)/s\mu\}p_n = \{(s\rho)^s p_0/s\mu(s!)\}\sum_{n=s}^{\infty}(n-s+1)\rho^{n-s}$$
$$= (s\rho)^s p_0/(1-\rho)^2 s\mu(s!) \cdots\cdots\cdots\cdots\cdots\cdots\cdots\cdots (19.22)$$

(3) モンテカルロ法

行列の長さや待ち時間を,これまでに述べたような理論計算式によらないで,数値シミュレーションによって求めることもできる.実際問題として理論モデルを構築してもその解を求めるのが困難な場合や,見通しの悪い結果しか得られない場合がある.その場合は列への加わり方やサービスの受け方について,数学モデルを仮定しないで,客の到着時刻やサービス時間を実際に観測して得たデータに基づいて計算する.このような不規則な現象を扱う数値シミュレーションは**モンテカルロ法**(Monte Carlo method)として知られている.たとえば,サービスを受ける窓口の数を一つ増やしたら,待ち時間がどのくらい減るか調べることにしよう.まず(1)人が列に到着した時刻を調べる.また(2)過去100回のデータから窓口でのサービス時間の分布を調べる.これを図19.1のように時間軸に到着時刻 $\varDelta$ を記入して,分布の中から無作為に抽出したサービス時間を,それぞれの到着時刻におけるサービス時間として線分を記入する.もし窓口を二つにすれば,図に示されるように待ち時間が線分で示される.またそれぞれの窓口のサービス時間の累計も求められる.いま,1日分の待ち時間の合計を n 日間にわたって調べた結果を $u_1, u_2, \cdots, u_n$ としよう.その累計平均値 $w_1 = u_1$,$w_2 = (u_1+u_2)/2$,$w_3 = (u_1+u_2+u_3)/3$,$\cdots$,$w_n = (u_1+u_2+\cdots+u_n)/n$ を日数に対して図示すると,図19.2のようになり,折れ線の収束の様子を見て1日の平均待ち時間 $E[W]$ が求められる.窓口

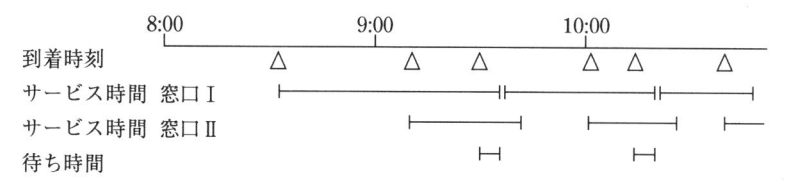

図19.1 待ち時間とサービス時間

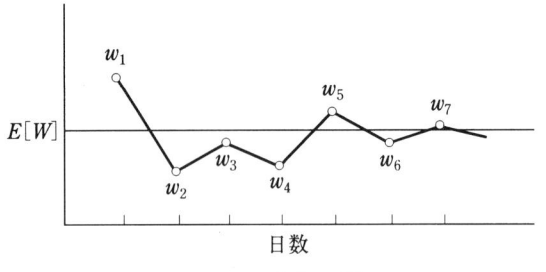

図19.2 平均待ち時間

が一つのときの平均待ち時間と比較すれば，待ち時間減少による費用の節減が推定されるから，これを窓口の増設による費用と比較して，経済上の検討もできる．

20. 初通過問題と極値分布

生物の個体数はその環境に応じて増減し，時には死滅して種が絶えることがある．ギャンブラーが賭事を繰り返すうちに破産することもある．ロケットの構造部材に生ずる応力が限界値を越えると部材が破断する．このように不規則に変動する変数 $X(t)$（個体数や資金や応力）が一定の許容限 a を越える確率について考えてみよう（図 20.1）．

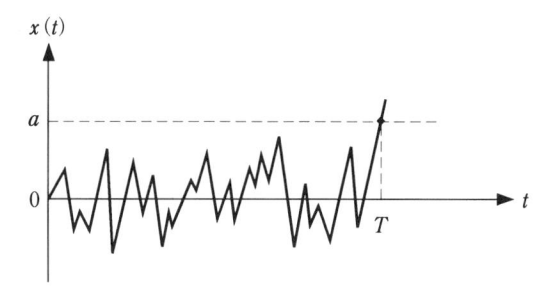

図 20.1 $x(t)$ が許容限 a を越えるまでの時間 T

生物の個体数のような離散変数では，出生死滅過程（第 18 章）のモデルがあるが，これは主として個体数の平均値や分散がどのように変化するか，そして最終的に破滅する確率，すなわち個体数がゼロとなる確率はどうかという問題には答えてくれるが，その計算の基礎となる出生率や死亡率に対応するパラメータ λ, μ の値がどのようなメカニズムで決まるかという問題には答えてくれない．

ここでは連続な確率変数の問題として，変数の値が特定の許容限を初めて越える時刻の問題，すなわち**初通過問題**（first passage problem）について考察することにする．これは拡散過程（第 14 章）の問題の一つであるが，信頼性工学の問題として考えると，**突発故障**（catastrophic failure）の問題となる．これに対

して，たとえば材料の疲れ破壊や摩耗や腐食のように，だんだんに小さいき裂や損傷が成長して，それがある大きさに達したとき故障する，いわゆる**劣化故障**（marginal failure）の問題では，突発故障とは異なるメカニズムを考えることになる．これらの概念については，ポアソン分布に関連して第7章の末尾でも簡単に触れている．

さて，変数 X の確率密度関数 $f(x)$ が与えられていれば，X が一定の許容限 $\pm a$ を越える確率は容易に求められる．すなわち

$$P[X>a]=\int_a^\infty f(x)dx \quad \text{または} \quad P[X<-a]=\int_{-\infty}^{-a} f(x)dx \cdots\cdots\cdots (20.1)$$

X が平均値 0，標準偏差 σ の正規分布に従うとすれば，$|X|>\alpha\sigma$ となる確率はガウスの誤差関数 $\mathrm{erf}(\alpha/\sqrt{2})=1-\mathrm{erfc}(\alpha/\sqrt{2})$（式 (8.7)）を用いて計算される．定常エルゴード過程であれば，式 (20.1) のような確率は，$x(t)$ が一定値 a を越える（または越えない）時間の累積値が，全観測時間の何％に当たるかを示すものである．

しかし，ある種族がいつ全滅するか，ギャンブラーがいつ破産するか，部材がいつ破断するかという問題を考えるときは，$x(t)$ が一定値 a を最初に通過するまでの時間 t の長さ，すなわち寿命 t を問題にしなければならない．そこでこの時間 t の確率密度関数 $f(t)$ を調べて，寿命が特定の時間 t_a を越える（または越えない）確率

$$P[t>t_a]=\int_{t_a}^\infty f(t)dt \quad \text{または} \quad P[t<t_a]=\int_0^{t_a} f(t)dt \cdots\cdots\cdots (20.2)$$

を求めることになる．このような死滅や破滅は，ある時突然やってくるわけであるが，突発故障の場合の寿命 t の確率密度関数 $f(t)$ を考えるには，$x(t)$ が a を越える時刻の列（時系列）がどのような性質をもつかをまず知る必要がある．もしこれが第7章に述べたポアソン過程であれば，時間 t の間に a を n 回越える確率は，式 (7.18) のポアソン分布で与えられ，t の間に1回も越えない確率は，式 (7.24) となる．この場合，最初に a を通過するまでの時間 t の確率密度関数 $f(t)$ は，式 (7.25) の指数分布となる．すなわち

$$f(t)=\lambda_a \exp(-\lambda_a t) \cdots\cdots\cdots\cdots\cdots\cdots\cdots\cdots\cdots\cdots\cdots\cdots\cdots\cdots (20.3)$$

ここで λ_a は単位時間に a を越える平均回数に相当する．ここで $x(t)$ が a を越える時刻の列が果たしてポアソン過程かという問題が残る．すなわち λ_a が時刻 t の値と無関係に決まるかという問題である．たとえば，$x(t)$ が航空機の翼

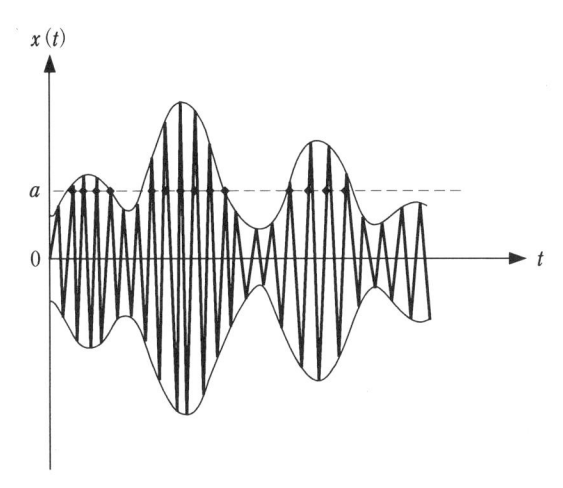

図 20.2 狭帯域の不規則振動

の振動であれば，多くの場合狭帯域の不規則振動となるから，振動数が接近した成分の間でうなりが発生し，包絡線がゆっくり不規則に変動する形の振動となる（図 20.2）．すなわち中心振動数の波形の振幅が，帯域幅に近い振動数でゆらぐ形となる．したがって一定値 a を越える時刻が群をなして集まる傾向を示す．このような時刻列はもはやポアソン過程とはいえない．しかし a の値が高ければ，一つの群に属する時刻の数はすくなくなり，ポアソン過程の仮定が成り立つようになる．

ここではポアソン過程が成り立つとして，λ_a を求めることにしよう．いま $x(t)$ が微小時間 $(t, t+\Delta t)$ において，一定値 a を正の傾斜で 1 回だけ通過する確率を $\lambda_a \Delta t$，1 回も通過しない確率を $1-\lambda_a \Delta t$ とする．図 20.3 (a) から明らかなように，正の傾斜で 1 回だけ通過するためには，

$$x(t) \leqq a, \quad \{a-x(t)\}/\Delta t \leqq \mathrm{d}x(t)/\mathrm{d}t \leqq \infty \cdots\cdots\cdots\cdots\cdots\cdots\cdots (20.4)$$

が成り立たなければならない（Δt の 2 次以上の項は省略）．この二つの条件を満足する領域を $x\dot{x}$ 平面上に示すと図 20.3 (b) の斜線部分となる．そこで x と $\dot{x}$ との同時確率密度関数を $f(x, \dot{x})$ とすれば，この条件が成立する確率，いいかえると正の傾斜で 1 回だけ通過する確率 $\lambda_a \Delta t$ は，斜線領域上における $f(x, \dot{x})$ の積分値に等しい．すなわち

20. 初通過問題と極値分布

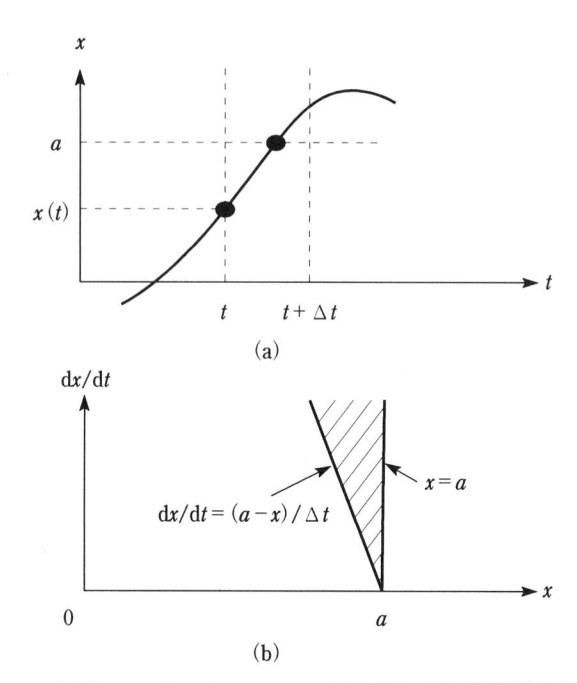

図 20.3 区間 $(t, t+\Delta t)$ において $x=a$ を正の傾斜で1回だけ通過する条件

$$\lambda_a \Delta t = \int_0^\infty \int_{a-\dot{x}\Delta t}^a f(x, \dot{x}) \mathrm{d}x \mathrm{d}\dot{x} \cdots\cdots\cdots\cdots\cdots\cdots\cdots\cdots (20.5)$$

Δt は微小であるから,$\lambda_a \Delta t = \int_0^\infty \dot{x} \Delta t f(a, \dot{x}) \mathrm{d}\dot{x}$ と近似すると,

$$\lambda_a = \int_0^\infty \dot{x} f(a, \dot{x}) \mathrm{d}\dot{x} \cdots\cdots\cdots\cdots\cdots\cdots\cdots\cdots\cdots\cdots\cdots (20.6)$$

$x(t)$ が定常エルゴード性をもつ平均値0の正規分布に従うとすれば,x と $\dot{x}$ との相関係数が0であるから〔式 (10.20)〕,同時確率密度関数 $f(x, \dot{x})$ は式 (8.18) より

$$f(x, \dot{x}) = (1/2\pi\sigma_x\sigma_{\dot{x}}) \exp\{-(x^2/\sigma_x^2 + \dot{x}^2/\sigma_{\dot{x}}^2)/2\} \cdots\cdots\cdots (20.7)$$

$\sigma_x^2, \sigma_{\dot{x}}^2$: それぞれ $x, \dot{x}$ の分散

として与えられる.これを式 (20.6) に代入すると,

$$\lambda_a = (1/2\pi\sigma_x\sigma_{\dot{x}}) \exp(-a^2/2\sigma_x^2) \int_0^\infty \dot{x} \exp(-\dot{x}^2/2\sigma_{\dot{x}}^2) \mathrm{d}\dot{x}$$
$$= \lambda_0 \exp(-a^2/2\sigma_x^2) \cdots\cdots\cdots\cdots\cdots\cdots\cdots\cdots\cdots\cdots (20.8)$$

ただし $\lambda_0 = \sigma_{\dot{x}}/2\pi\sigma_x \cdots\cdots\cdots\cdots\cdots\cdots\cdots\cdots\cdots\cdots\cdots\cdots\cdots (20.9)$

λ_0 は単位時間に $x=0$ を正の傾斜で通過する平均回数であり,狭帯域の不規則

振動ではその中心振動数 $f_0 = \omega_0/2\pi$ に相当する．したがって中心角振動数は

$$\omega_0 = \sigma_{\dot{x}}/\sigma_x \quad \cdots\cdots\cdots\cdots\cdots\cdots\cdots\cdots\cdots\cdots\cdots\cdots\cdots\cdots\cdots\cdots\cdots\cdots\cdots\cdots\cdots\cdots (20.10)$$

しかるに式 (10.23), (10.26) の関係により，

$$\omega_0^2 = \sigma_{\dot{x}}^2/\sigma_x^2 = -R_{xx}(0)''/R_{xx}(0)$$
$$= \int_{-\infty}^{\infty} \omega^2 S_{xx}(\omega)\,d\omega / \int_{-\infty}^{\infty} S_{xx}(\omega)\,d\omega \quad \cdots\cdots\cdots\cdots\cdots\cdots (20.11)$$

となるから，ω_0^2 は $x(t)$ のパワースペクトル密度 $S_{xx}(\omega)$ によって重み付けをした ω^2 の平均値に相当する．

式 (20.8) の λ_a を式 (20.3) に代入すれば，$x(t)$ が a を越える初通過時刻の確率密度関数が求められる．a が大きくなると，λ_a は単調に減少する．

例 20.1

送電線に中心振動数 10 Hz の狭帯域振動が発生している．その振動変位の rms 値は 10 mm であるが，隣接の送電線と 24 時間以内に接触する確率は 0.1 % に押さえたい．隣接の線は何 mm 以上離して設置すればよいか．

［答］

$\lambda_0 = 10$ Hz, $\sigma_x = 10$ mm,

式 (20.3) より $1 - \exp(-\lambda_a t_1) = 0.001 (= 0.1\%)$，ただし $t_1 = 24 \times 3600$ s,

∴ $\lambda_a = 1.158 \times 10^{-8}$ Hz,

式 (20.8) より $\exp(-a^2/2\sigma_x^2) = \lambda_a/\lambda_0 = 1.158 \times 10^{-8}/10$,

∴ $a^2/2\sigma_x^2 = 20.58$, ∴ $a = \sqrt{2 \times 20.58} \times 10 = 64.2$ mm,

すなわち 64.2 mm 以上離して設置すればよい．

次に劣化故障の一例として，疲れ破壊の簡単なモデルを考えることにしよう．この場合は変数 $x(t)$ が部材の応力変動を表わすものとするが，疲れ破壊では部材に発生する亀裂の進展が問題であり，そこには応力変動の極値の大きさとその繰返し数が関与している．したがって図 20.2 に示されるような狭帯域の不規則振動では，その極値がどのように分布しているか，すなわち極値の包絡線がどのような確率密度を有するかを調べなければならない．狭帯域の振動では，ほぼ一定の振動数をもつ種々の振幅の振動が現われるから，いろいろな振幅の繰返し応力によって生ずる非可逆的効果が次第に累積されて材料にき裂が生じ，それが進展して破断することになる．これは極値が単にある限界を

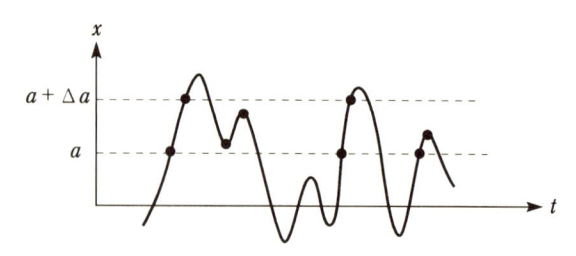

図20.4　a と $a+\Delta a$ との間にはいる極大値の数

越えるかどうかという問題ではなく，劣化故障の問題の一つとなる．そこでまず，どのような振幅の振動がどの位の割合で含まれているか，すなわち極値 a の確率密度（極値分布）$f(a)$ を調べることになる．

　いま図20.4に示される波形が，レベル a およびレベル $a+\Delta a$ を正の傾斜でよぎる回数を調べると，それぞれ3および2であり，a と $a+\Delta a$ の間に存在する極大値は2個，極小値は1個である．一般にこの極大値の数（この例では2）から極小値の数(1)を差し引いた数(1)が，レベル a をよぎる回数(3)からレベル $a+\Delta a$ をよぎる回数(2)を差し引いた数(1)に等しくなる．もし狭帯域振動の波形のように，$x>0$ の領域に極小値が存在しなければ，単位時間あたりに a と $a+\Delta a$ の間に存在する極大値の数が，$\lambda_a-\lambda_{a+\Delta a}$ に等しくなる．単位時間あたりに $x>0$ の領域に存在するすべての極大値の数は，狭帯域振動の場合 $x=0$ を正の傾斜でよぎる回数 λ_0 に等しいから，a と $a+\Delta a$ の間に存在する極大値の数の割合，すなわち極大値の存在確率は

$$f(a)\Delta a=(\lambda_a-\lambda_{a+\Delta a})/\lambda_0 \cdots\cdots\cdots\cdots\cdots\cdots\cdots (20.12)$$

となる．$\lim(\lambda_a-\lambda_{a+\Delta a})/\Delta a=-\mathrm{d}\lambda_a/\mathrm{d}a$ とおくと，極値の確率密度は

$$f(a)=-(\mathrm{d}\lambda_a/\mathrm{d}a)/\lambda_0 \cdots\cdots\cdots\cdots\cdots\cdots\cdots\cdots\cdots (20.13)$$

式(20.8)より $\mathrm{d}\lambda_a/\mathrm{d}a=-\lambda_0(a/\sigma_x^2)\exp(-a^2/2\sigma_x^2)$ であるから，

$$f(a)=(a/\sigma_x^2)\exp(-a^2/2\sigma_x^2) \cdots\cdots\cdots\cdots\cdots\cdots (20.14)$$

　式(20.14)は**レイリー分布**（Rayleigh distribtuion）の形であり，$a/\sigma_x=\xi$ とおくと，

$$\phi(\xi)=\xi\exp(-\xi^2/2) \quad (=f(a)\sigma_x) \quad (\xi\geq 0) \cdots\cdots\cdots (20.15)$$

は図20.5のようになる．レイリー分布の主な性質をあげると，

　　平均値：$E[\xi]=\sqrt{2}\,\Gamma(3/2)\approx 1.253,$

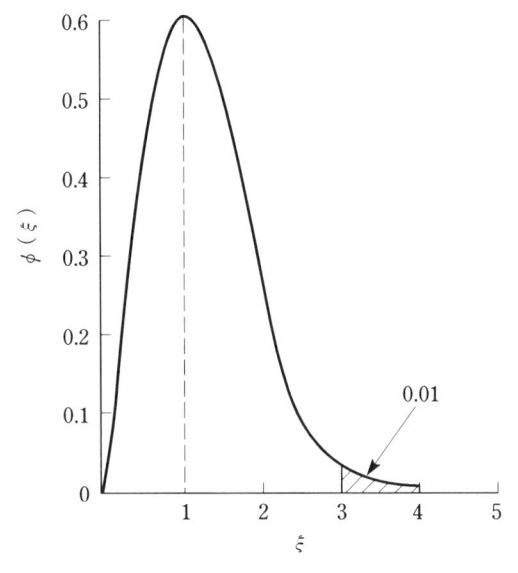

図 20.5　レイリー分布

標準偏差：$\sigma_\xi = \sqrt{2}\sqrt{1-\Gamma^2(3/2)} \approx 0.656$
ただし $\Gamma(x) = \int_0^\infty t^{x-1}\exp(-t)\,dt$：ガンマ関数

$\xi \geq 3$ における積分値は約 0.01，すなわち極値が標準偏差の 3 倍以上となる確率は約 1 % である．なお，極小値の分布も平均値 0 の正規分布に従う変数であれば，$x=0$ に関して極大値の分布と対称になる．

狭帯域の振動の極値分布 $f(a)$ を導くもう一つの方法として，図 20.6 のような位相平面 $(x, \dot{x}/\omega_0)$ 上の軌跡の確率密度を考える方法がある．極値の包曲線を $a(t)$ とすると，近似的に

$$x(t) = a(t)\sin(\omega_0 t + \phi) \quad \dot{x}(t) = a(t)\omega_0\cos(\omega_0 t + \phi)$$

と書くことができるから，

$$x(t)^2 + \dot{x}(t)^2/\omega_0^2 = a(t)^2 \quad \cdots\cdots\cdots\cdots\cdots\cdots\cdots\cdots (20.16)$$

が成り立つ．$a(t)$ が不規則に変動すれば，位相平面上の軌跡は 2 次元の酔歩モデルのように不規則にゆらぐ．$x(t)$ が平均値 0 の正規分布に従えば，$x(t)$ と $\dot{x}(t)/\omega_0$ の同時確率密度は式 (20.7)，(20.10) より

$$f(x, \dot{x}/\omega_0) = \omega_0 f(x, \dot{x}) = (\sigma_{\dot{x}}/\sigma_x) f(x, \dot{x})$$

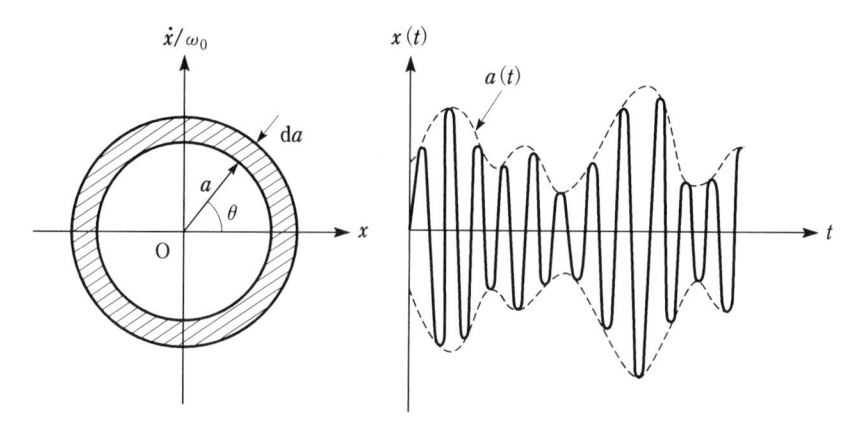

図20.6 位相平面における極値の包曲線の分布

$$= (1/2\pi\sigma_x^2)\exp\{-(x^2/\sigma_x^2 + \dot{x}^2/\sigma\dot{x}^2)/2\}$$
$$= (1/2\pi\sigma_x^2)\exp\{-(x^2 + \dot{x}^2/\omega_0^2)/2\sigma_x^2\}$$

ここで式 (20.16) を用いると,

$$f(x, \dot{x}/\omega_0) = (1/2\pi\sigma_x^2)\exp(-a^2/2\sigma_x^2) \quad \cdots\cdots\cdots\cdots (20.17)$$

$a(t)$ が a と $a+\Delta a$ との間に入る確率 $f(a)\Delta a$ は, 図 20.6 の斜線を施した面分上で式 (20.17) を積分したものに等しい. すなわち

$$f(a)\Delta a = \int_0^{2\pi}\int_a^{a+\Delta a}(1/2\pi\sigma_x^2)\exp(-a^2/2\sigma_x^2)a\,da\,d\theta$$
$$= (a/\sigma_x^2)\exp(-a^2/2\sigma_x^2)\Delta a \quad (a\geq 0) \quad \cdots\cdots\cdots\cdots (20.18)$$

となり, 両辺を Δa で割れば, 式 (20.14) のレイリー分布に一致する.

例20.2

疲れ寿命の推定:材料の疲れによる劣化故障の過程は, 一般にマルコフ過程とはいえないが, n 番目の繰返し応力による被害の増分 ΔD_n は, $(n-1)$ 番目までの累積被害 D_{n-1} と n 番目の応力振幅 s_n によってきまるものである. しかしここではさらに簡単化して, 1 回の繰返し応力による被害は, それまでの累積過程やそのときの被害状況には無関係に一定であるとしよう. 被害は最初 0, すなわち $D_0=0$ で, N 番目の繰返し応力で破壊したとすれば, $D_N=1$ に達したと見なす. その場合, 振幅 s_i $(i=1, 2, \cdots)$ の応力による破壊までの繰返し数を N_i とすれば, s_i によって n_i 回まで繰り返されたときの累積被害は n_i/N_i $(0 \leq n_i/N_i \leq 1)$ によって表わされる. したがって狭帯域の振動のように, いろ

20. 初通過問題と極値分布

いろいろな振幅の応力がいろいろな繰返し数で作用する場合には，

$$\sum_i n_i/N_i = 1 \quad \cdots\cdots\cdots (a)$$

に達したとき，疲れ破壊が生じると考えられる．これを**累積被害**（cumulative damage）の法則という．実際には材料の性質，形状，応力の種類によって必ずしも式（a）の関係が成り立たないが，一つの目安として実用される．

いろいろな振幅の応力が繰り返される場合でも，これを一つの応力振幅 s_r で等価的に置き換えられると便利である．それには式（a）は成立するものとして，s_r で $\sum n_i = N_r$ 回だけ繰り返したときに破壊が生ずるように s_r を決定すればよい．このような s_r を**等価疲れ応力**（equivalent fatigue stress）という．一般に応力振幅 s と破壊までの繰返し数 N との関係が

$$s^a N = B \quad (a, B : 定数) \quad \cdots\cdots\cdots (b)$$

で与えられるとすれば，等価疲れ応力については

$$s_r{}^a N_r = B \quad \cdots\cdots\cdots (c)$$

応力振幅 s_i については，

$$s_i{}^a N_i = B \quad (i = 1, 2, \cdots) \quad \cdots\cdots\cdots (d)$$

が成り立つ．式（a），（c），（d）を用いると，

$$\sum s_i{}^a n_i = \sum (B/N_i) n_i = B \sum n_i/N_i = B \quad \cdots\cdots\cdots (e)$$

$$\therefore \ s_r = (B/N_r)^{1/a} = (\sum s_i{}^a n_i / \sum n_i)^{1/a} \quad \cdots\cdots\cdots (f)$$

応力振幅が s_i となる割合は $n_i/\sum n_i$ であるが，応力振幅が連続的に分布しているときは，応力変動の極値が s_i と $s_i + \Delta s_i$ との間にはいる確率 $f(s_i) \Delta s_i$ が $n_i/\sum n_i$ に相当する．ここで $f(s)$ は応力の極値の確率密度であり，狭帯域の振動では式（20.14）のレイリー分布として与えられる．そこで式（f）の等価疲れ応力を連続分布の場合に書き換えると，

$$\begin{aligned} s_r &= \{\sum s_i{}^a f(s_i) \Delta s_i\}^{1/a} = \left\{\int_0^\infty s^a f(s) \, ds\right\}^{1/a} \\ &= \left\{(1/\sigma_s{}^2) \int_0^\infty s^{a+1} \exp(-s^2/2\sigma_s{}^2) \, ds\right\}^{1/a} \\ &= \sqrt{2}\, \sigma_s \{\Gamma(1 + a/2)\}^{1/a} \quad \cdots\cdots\cdots (g) \end{aligned}$$

ただし　$\Gamma(x)$：ガンマ関数

σ_s：応力の標準偏差，　a：$s-N$ 曲線（式（b））から決まる定数．

等価疲れ応力 s_r が決まれば，式（c）より破壊までの繰返し数 N_r が決まる．これに繰返し周期 $2\pi/\omega_0$ をかければ，疲れ寿命が推定される．

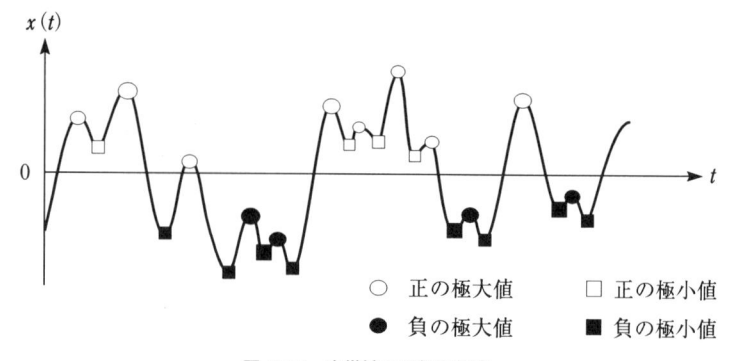

(166)　20. 初通過問題と極値分布

図20.7 広帯域の不規則振動

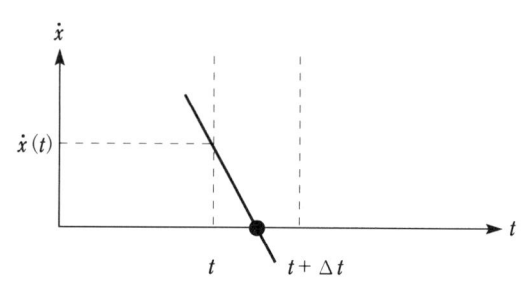

○ 正の極大値　　□ 正の極小値
● 負の極大値　　■ 負の極小値

図20.8 区間 $(t, t+\Delta t)$ において $\dot{x} = 0$ を負の傾斜で1回だけ通過する条件（極大値が生ずる条件）

　次に，広帯域の振動の極値分布について考えよう．広帯域のときは，図 20.7 のように，極大値，極小値ともに x の正負の領域にまたがって分布する．$x(t)$ が極値（極大値とする）をとるとき，$\dot{x}(t)=0$，$\ddot{x}(t)<0$ であるから，微小時間 $(t, t+\Delta t)$ において極値が1回だけ現われる条件は，図 20.8 から明らかなように，

$$\dot{x}(t) \geqq 0, \quad -\dot{x}(t)/\Delta t \geqq \ddot{x}(t) \geqq -\infty \quad \cdots\cdots\cdots\cdots\cdots (20.19)$$

となる（Δt の2次以上の項は省略）．そこで $x, \dot{x}, \ddot{x}$ の同時確率密度関数を $f(x, \dot{x}, \ddot{x})$ とすれば，式 (20.19) が成り立つ確率 $\mu(x)\Delta t$ は，

$$\mu(x)\Delta t = \int_{-\infty}^{0} \int_{0}^{-\ddot{x}\Delta t} f(x, \dot{x}, \ddot{x}) \, d\dot{x} d\ddot{x} \quad \cdots\cdots\cdots\cdots (20.20)$$

となる．Δt が微小であるから，$\dot{x}$ に関する積分を近似して，両辺を Δt で割ると，

$$\mu(x) = -\int_{-\infty}^{0} \ddot{x} f(x, 0, \ddot{x}) \, d\ddot{x} \quad \cdots\cdots\cdots\cdots\cdots (20.21)$$

時間 $(t, t+\varDelta t)$ における極値の数は 0 または 1 とすれば，$\mu(x)\varDelta t$ は $\varDelta t$ 時間に現われる極値の平均回数を表わす．したがって $\mu(x)$ は単位時間に現われる平均回数に相当する．ただし，これは x の密度関数であり，一般に $x_1 \leqq x \leqq x_2$ において単位時間に現われる極値の平均回数 μ_{12} は，$\mu(x)$ を区間 (x_1, x_2) において積分したものになる．すなわち

$$\mu_{12} = \int_{x_1}^{x_2} \mu(x)\,\mathrm{d}x = -\int_{x_1}^{x_2}\int_{-\infty}^{0} \ddot{x} f(x, 0, \ddot{x})\,\mathrm{d}\ddot{x}\,\mathrm{d}x \quad \cdots\cdots\cdots (20.22)$$

したがって，極値の確率密度関数は

$$f(x) = \mu(x)/\mu_0 \qquad \mu_0 = \int_{-\infty}^{\infty} \mu(x)\,\mathrm{d}x \quad \cdots\cdots\cdots (20.23)$$

$x(t)$ が定常エルゴード性をもつ平均値 0 の正規分布に従うとすれば，3 次元の同時確率密度関数 $f(x, \dot{x}, \ddot{x})$ は，式 (8.17) より

$$f(X) = \{1/\sqrt{(2\pi)^3 |M|}\}\exp(-X M^{-1} X^T / 2) \quad \cdots\cdots\cdots (20.24)$$

ただし $X = [x_1\, x_2\, x_3]$ （平均値 $E[X] = [\mu_1, \mu_2, \mu_3] = 0$），

$M = [\sigma_{ij}^2] : 3\times 3$ 共分散行列，$\sigma_{ij}^2 : x_i$ と x_j の共分散，

$x_1 = x,\ x_2 = \dot{x},\ x_3 = \ddot{x}$

定常エルゴード性があれば，式 (10.20) より

$$\sigma_{12} = \sigma_{21} = \sigma_{23} = \sigma_{32} = 0$$

また，式 (10.23), (10.24) より

$$\sigma_{11}^2 = R_{xx}(0) = R_0,\ \sigma_{22}^2 = -R_{xx}(0)'' = -R_2,\ \sigma_{33}^2 = R_{xx}(0)'''' = R_4$$
$$\sigma_{13}^2 = \sigma_{31}^2 = R_{xx}(0)'' = R_2 \quad \cdots\cdots\cdots (20.25)$$

とおくと，共分散行列は

$$M = \begin{bmatrix} R_0 & 0 & R_2 \\ 0 & -R_2 & 0 \\ R_2 & 0 & R_4 \end{bmatrix} \qquad \therefore\ |M| = R_2(R_2^2 - R_0 R_4) \quad \cdots\cdots\cdots (20.26)$$

したがって

$$f(x, 0, \ddot{x}) = \{1/\sqrt{(2\pi)^3 |M|}\}\exp\{(R_2 R_4 x^2 + R_0 R_2 \ddot{x}^2 - 2R_2^2 x\ddot{x})/2|M|\}$$
$$\cdots\cdots\cdots (20.27)$$

となり，これを式 (20.21) に入れて積分すれば，$\mu(x)$ が求められ，さらに式 (20.23) より極値の確率密度 $f(x)$ が求められる．

一般に単位時間に $x=0$ を正の傾斜で通過する平均回数は，式 (20.9) に与えられており，式 (20.25) の記号を用いて表わすと，

$$\lambda_0 = \sigma_{22}/2\pi\sigma_{11} = (1/2\pi)\sqrt{-R_2/R_0} \quad \cdots\cdots\cdots\cdots\cdots\cdots (20.28)$$

一方,単位時間あたりの極値の平均回数は,$\dot{x}(t)$ が $\dot{x}=0$ を負の傾斜で通過する平均回数に相当するから,これを μ_0 とすると,式 (20.28) と同様にして

$$\mu_0 = \sigma_{33}/2\pi\sigma_{22} = (1/2\pi)\sqrt{-R_4/R_2} \quad \cdots\cdots\cdots\cdots\cdots\cdots (20.29)$$

となる.これは式 (20.23) の μ_0 に相当するから,極値の確率密度 $f(x)$ は次のようになる.

$$f(x) = (R_2/\sqrt{R_0 R_4})(x/2R_0)\exp(-x^2/2R_0)\{1+\mathrm{erf}(kx/\sqrt{2R_0}) + (1/\sqrt{\pi})(\sqrt{2R_0}/kx)\exp(-k^2x^2/2R_0)\} \quad \cdots\cdots\cdots (20.30)$$

ここで $k^2 = R_2^2/(R_0 R_4 - R_2^2) \quad \cdots\cdots\cdots\cdots\cdots\cdots\cdots\cdots (20.31)$

  erf(-) は式 (8.7) の誤差関数.

式 (20.28),(20.29) より

$$\lambda_0/\mu_0 = R_2/\sqrt{R_0 R_4} \quad \cdots\cdots\cdots\cdots\cdots\cdots\cdots\cdots\cdots (20.32)$$

であるから,式 (20.31) の k^2 を書き換えると,

$$k^2 = 1/\{(\mu_0/\lambda_0)^2 - 1\} \quad \cdots\cdots\cdots\cdots\cdots\cdots\cdots\cdots (20.33)$$

$\mu(x)$ を $0 \leq x \leq \infty$ の範囲で積分すると,単位時間あたりの正の極大値の平均回数 (μ^+) が求められる.すなわち

$$\mu^{(+)} = \int_0^\infty \mu(x)\mathrm{d}x = \mu_0\int_0^\infty f(x)\mathrm{d}x = (\lambda_0/2)(1+\sqrt{1+k^2}/k) = (\mu_0+\lambda_0)/2$$
$$\cdots\cdots\cdots\cdots\cdots\cdots\cdots\cdots\cdots\cdots\cdots\cdots\cdots (20.34)$$

同様にして,負の極大値の平均回数は,

$$\mu^{(-)} = \int_{-\infty}^0 \mu(x)\mathrm{d}x = \mu_0\int_{-\infty}^0 f(x)\mathrm{d}x = (\lambda_0/2)(-1+\sqrt{1+k^2}/k)$$
$$= (\mu_0-\lambda_0)/2 \quad \cdots\cdots\cdots\cdots\cdots\cdots (20.35)$$

式 (20.34),(20.35) より

$$\mu^{(+)} + \mu^{(-)} = \mu_0 \quad \cdots\cdots\cdots\cdots\cdots\cdots\cdots\cdots\cdots\cdots\cdots (20.36)$$

$$\mu^{(+)} - \mu^{(-)} = \lambda_0 \quad \cdots\cdots\cdots\cdots\cdots\cdots\cdots\cdots\cdots\cdots\cdots (20.37)$$

x が平均値 0 に関して対称に分布していれば,極値も対称に分布するから,$\mu^{(+)}$ は負の極小値の回数でもあり,$\mu^{(-)}$ は正の極小値の回数でもある.図 20.7 からわかるように,$x(t)$ が正の傾斜で $x=0$ を通過してから,次に負の傾斜で $x=0$ を通過するまでの正の極大値と正の極小値の数の差は 1 であるから,一般に単位時間に正の傾斜で $x=0$ を通過する平均回数 λ_0 は,単位時間あたりの正の極大値の平均回数 $\mu^{(+)}$ から負の極大値の平均回数 $\mu^{(-)}$ を差し引いた数に

等しい〔式 (20.37)〕.

正の極大値の数の割合は,式 (20.34) より

$$\mu^{(+)}/\mu_0 = (1+\lambda_0/\mu_0)/2 \quad \cdots\cdots\cdots\cdots\cdots\cdots\cdots\cdots\cdots\cdots (20.38)$$

同様に,負の極大値の数の割合は,式 (20.35) より

$$\mu^{(-)}/\mu_0 = (1-\lambda_0/\mu_0)/2 \quad \cdots\cdots\cdots\cdots\cdots\cdots\cdots\cdots\cdots\cdots (20.39)$$

狭帯域の振動では,極大値の数と $x=0$ を正の傾斜で通過する回数とは近似的に等しいから,$\lambda_0/\mu_0 \to 1$. したがって式 (20.33) より $k \to \infty$. また,式 (20.38), (20.39) より,$\mu^{(+)} \to \mu_0$, $\mu^{(-)} \to 0$. 式 (20.30) において $k \to \infty$ のときは,$\mathrm{erf}(kx/\sqrt{2R_0}) \to 1$, $(\sqrt{2R_0}/kx)\exp(-k^2x^2/2R_0) \to 0$ であるから,極値の確率密度は

$$f(x) = (R_2/\sqrt{R_0 R_4})(x/R_0)\exp(-x^2/2R_0)$$

式 (20.32) より $(R_2/\sqrt{R_0 R_4}) \to 1$,また $R_0 = \sigma_x^2$ であるから,上式は式 (20.14) のレイリー分布に一致する. すなわち

$$f(x) = (x/\sigma_x^2)\exp(-x^2/2\sigma_x^2) \quad \cdots\cdots\cdots\cdots\cdots\cdots\cdots\cdots\cdots (20.40)$$

広帯域の振動では,一般に $\lambda_0/\mu_0 < 1$ となって,k の値は小さくなる. $\lambda_0/\mu_0 \to 0$ で $k \to 0$ のときは,式 (20.38), (20.39) より $\mu^{(+)}/\mu_0 = \mu^{(-)}/\mu_0 = 1/2$ となり,正の極大値と負の極大値が同数で現われる. このとき,式 (20.37) より $\lambda_0 = 0$. 一般に広帯域になるほど,極値分布のばらつきが大きくなり,分布のひずみは小さくなり,正規分布の形に近づく.

21. 負荷・強度モデル

構造物に作用する負荷が，その構造物の強度を越えると，構造物は故障する．このような故障のモデルは初通過問題（第20章）でも扱ったが，ここでは一般に負荷も強度も共に確率変数と見なされる**負荷・強度モデル**（stress-strength model）について考える．

負荷 x が強度 y を越える確率 $F=P[x>y]$ が故障する確率を表わし，x が y を越えない確率 $R=P[x\leq y]$ が故障しない確率（信頼度）を表わす．ただし $F+R=1$ とする．

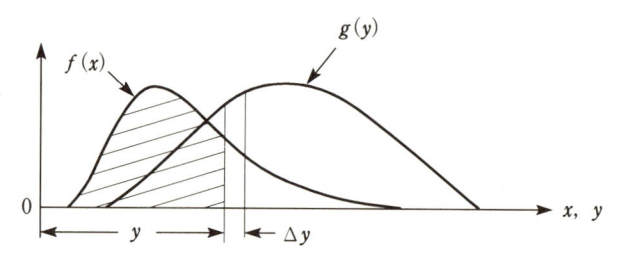

図21.1 負荷 x と強度 y の確率密度関数

さて，負荷 x，強度 y の確率密度をそれぞれ $f(x), g(y)$ としよう．ただし x と y は同じ次元をもつ変数で，$x, y \geq 0$ とする．$f(x), g(y)$ が図21.1のように与えられた場合，故障確率 F または信頼度 R は次のようにして求められる．強度が y と $y+\Delta y$ との間にある確率は $g(y)\Delta y$ であり，負荷 x が y よりも小さい確率（図21.1の斜線部）は

$$F(y) = \int_0^y f(x)\,dx \quad (F(x):負荷 x の累積分布関数) \quad \cdots\cdots (21.1)$$

であるから，x と y がお互いに独立であれば，故障しない確率は $F(y)g(y)\Delta y$ を y について加えたものに等しい．すなわち信頼度は

$$R = \int_0^\infty F(y)g(y)\,dy \quad \cdots\cdots\cdots\cdots\cdots\cdots\cdots\cdots\cdots\cdots\cdots (21.2)$$

として求められる．一方，負荷が x と $x+\Delta x$ との間にある確率は $f(x)\Delta x$ であり，強度 y が x よりも大きい確率（これは y が x よりも小さい確率を1から引いたものに等しい）は

$$1-G(x)=1-\int_0^x g(y)\,\mathrm{d}y \quad (G(y):強度 y の累積分布関数)\cdots(21.3)$$

であるから，信頼度は

$$R=\int_0^\infty \{1-G(x)\}f(x)\,\mathrm{d}x \cdots\cdots\cdots\cdots\cdots\cdots\cdots\cdots\cdots\cdots(21.4)$$

として求めることもできる．故障確率は $F=1-R$ として求められるが，負荷が x と $x+\Delta x$ との間にある確率 $f(x)\Delta x$ と，強度 y が x よりも小さい確率 $G(x)$ とを掛けて，それを x について加えて求めることもできる．または，強度が y と $y+\Delta y$ との間にある確率 $g(y)\Delta y$ と，負荷 x が y よりも大きい確率 $\{1-F(y)\}$ とをかけて，それを y について加えて導くこともできる．すなわち

$$F=\int_0^\infty G(x)f(x)\,\mathrm{d}x = \int_0^\infty \{1-F(y)\}g(y)\,\mathrm{d}y \cdots\cdots\cdots\cdots\cdots(21.5)$$

なお，負荷と強度の分布が完全に重なるとき，すなわち $f(x)=g(x), F(x)=G(x)$ のときは，式(21.2) より

$$R=\int_0^\infty F(x)f(x)\,\mathrm{d}x = |F(x)^2|_{x=0}^\infty - \int_0^\infty f(x)F(x)\,\mathrm{d}x = 1-R$$
$$\therefore R=1/2$$

となり，信頼度は50％である．

負荷と強度の差 $z=y-x$ の確率密度を $h(z)$ とすると，式(4.25) に示されるように，お互いに独立な2変数の差の確率密度関数はたたみこみ積分の形になるから，

$$h(z)=\int_0^\infty f(y-z)g(y)\,\mathrm{d}y \cdots\cdots\cdots\cdots\cdots\cdots\cdots\cdots\cdots\cdots(21.6)$$

信頼度 R は $z\geq 0$ となる確率であるから，

$$R=\int_0^\infty h(z)\,\mathrm{d}z = \int_0^\infty \int_0^\infty f(y-z)g(y)\,\mathrm{d}y\,\mathrm{d}z = \int_0^y \int_0^\infty f(x)g(y)\,\mathrm{d}y\,\mathrm{d}x$$
$$=\int_0^\infty F(y)g(y)\,\mathrm{d}y$$

となり，式(21.2) に一致する．

負荷と強度の比 $s=y/x$ を**安全係数**（safety factor）と呼ぶことにすれば，安全係数が1より小さいときに故障が生ずることになる．s の確率密度関数を $k(s)$ とすれば，第4章の例4.6 より

$$k(s)=(1/s^2)\int_0^\infty yf(y/s)g(y)\,\mathrm{d}y \cdots\cdots\cdots\cdots\cdots\cdots\cdots\cdots(21.7)$$

となる．式(21.7) を $1\leq s\leq \infty$ の範囲で積分したものが信頼度 R となる．

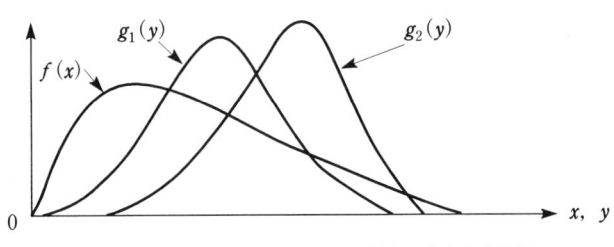

図 21.2　二つの故障モードをもつ場合の確率密度関数

ある要素が故障するか，故障しないかという二つの状態しかない負荷・強度モデルについて考えてきたが，たとえば，半導体リレーや安全弁や踏切遮断機などでは故障の状態として，開いたままになる開放故障と閉じたままになる閉止故障とを分けて考えなければならない．このように二つの故障モードをもつシステムの負荷・強度モデルでは，それぞれのモードに対して負荷と強度の確率密度関数が与えられる．

いま，二つのモードに対して負荷の確率密度関数 $f(x)$ は同じで，強度のそれはそれぞれ $g_1(y)$, $g_2(y)$ であるとすれば（図 21.2），それぞれのモードによる故障確率 F_1, F_2 は式 (21.5) と同様にして，

$$F_1 = \int_0^\infty G_1(x)f(x)\,dx, \quad F_2 = \int_0^\infty G_2(x)f(x)\,dx \cdots\cdots (21.8)$$

ただし　$G_1(x) = \int_0^x g_1(y)\,dy, \quad G_2(x) = \int_0^x g_2(y)\,dy \cdots\cdots (21.9)$

負荷が x と $x+\Delta x$ との間にあると同時に，二つの強度がともに x よりも小さい確率は $G_1(x)G_2(x)f(x)\Delta x$ であるから，二つのモードによる故障が同時に生ずる確率は

$$F_{12} = \int_0^\infty G_1(x)G_2(x)f(x)\,dx \cdots\cdots (21.10)$$

によって与えられる．ただし負荷および二つの故障モードに対する強度はお互いに独立とする．

システムの故障確率 F を事象空間で表わせば，図 21.3 における F_1 と F_2 の和集合の部分に相当するから，システムの信頼度 R は

$$R = 1 - F = 1 - (F_1 + F_2 - F_{12}) \cdots\cdots (21.11)$$

二つのモードが独立であれば，$F_{12} = F_1 F_2$ であるから，

$$R = 1 - F_1 - F_2 + F_1 F_2 = (1 - F_1)(1 - F_2) = R_1 R_2 \cdots\cdots (21.12)$$

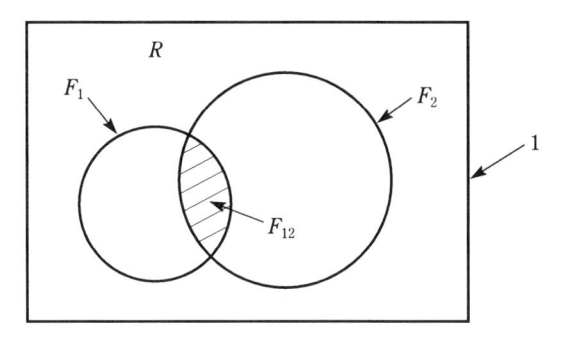

図 21.3 二つのモードによる故障確率

ただし R_1, R_2 はそれぞれのモードに対する信頼度である．信頼度が十分に高ければ，$F_1 \ll 1, F_2 \ll 1$ であるから，$F_1 F_2 \ll F_1 + F_2$ となり，式 (21.12) は

$$R = 1 - F_1 - F_2 = -1 + R_1 + R_2 \cdots\cdots (21.13)$$

と近似することができる．これを式 (21.12) と比較すると，信頼度が高い場合には，システムの信頼度 R が個々の信頼度の積ではなく，信頼度の和によって計算されることがわかる．

二つのモードが独立のとき，$F_{12} = F_1 F_2$ に式 (21.10) と式 (21.8) を代入すると，

$$\int_0^\infty G_1(x) G_2(x) f(x) \mathrm{d}x = \int_0^\infty G_1(x_1) f(x_1) \mathrm{d}x_1 \int_0^\infty G_2(x_2) f(x_2) \mathrm{d}x_2$$
$$\cdots\cdots (21.14)$$

となり，式 (21.14) が成立するためには，

$$G_1(x) = \int_0^\infty G_1(x_1) f(x_1) \mathrm{d}x_1 \quad \text{または} \quad G_2(x) = \int_0^\infty G_2(x_2) f(x_2) \mathrm{d}x_2$$
$$\cdots\cdots (21.15)$$

なる条件が必要である．すなわち二つの故障モードが独立であるための必要条件は，

$$f(x) = \delta(x - a) : \text{デルタ関数〔式 (4.12) 参照〕} \cdots\cdots (21.16)$$

となり，負荷が一定値 a をとることである．近似的には負荷のばらつきが強度のそれよりも十分に小さいときに，二つのモードは独立ということができる．式 (21.16) を式 (21.8), (21.10) に代入すると，

$$F_1 = G_1(a), \ F_2 = G_2(a), \ F_{12} = G_1(a) G_2(a) \cdots\cdots (21.17)$$

となるから，式 (21.12) より信頼度は

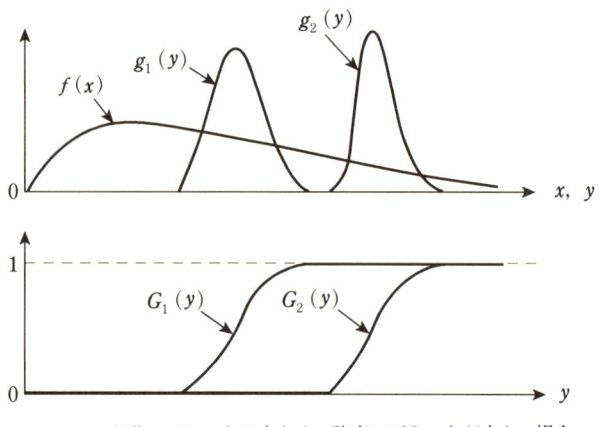

図21.4 負荷のばらつきが大きく,強度のばらつきが小さい場合

$$R = \{1 - G_1(a)\}\{1 - G_2(a)\} \cdots\cdots (21.18)$$

信頼度が十分に高いときは,式(21.13)より次式のように近似される.

$$R = 1 - G_1(a) - G_2(a) \cdots\cdots (21.19)$$

一方,負荷のばらつきが大きくて,強度のばらつきが十分に小さい場合を考えてみると,強度が低いほうのモードで故障するであろう.図21.4のように,第1のモードに対する強度のほうが低いとすれば,$G_2(y) > 0$ となる y の範囲では $G_1(y) = 1$ となるから,式(21.10)は

$$F_{12} = \int_0^\infty G_2(x) f(x) \, dx = F_2 \cdots\cdots (21.20)$$

したがって式(21.11)より

$$R = 1 - F_1 \cdots\cdots (21.21)$$

となり,システムの信頼度は第1のモードに対する信頼度できまる.

一般に n 個の故障モードをもつ場合でも,モードがお互いに独立であるための必要条件は,負荷のばらつきが強度のそれらよりも十分に小さいことであり,この場合のシステムの信頼度は,式(21.12),(21.16)と同様に

$$R = \prod_{i=1}^n (1 - F_i) = \prod_{i=1}^n \{1 - G_i(a)\} \cdots\cdots (21.22)$$

信頼度が高いときは,式(21.13),(21.19)と同様に

$$R = 1 - \sum_{i=1}^n F_i = 1 - \sum_{i=1}^n G_i(a) \cdots\cdots (21.23)$$

となる.逆にそれぞれの強度のばらつきが十分に小さい場合には,最も低い強

度のモードで故障する．これを第1モードとすれば，システムの信頼度は式 (21.21) と同じである．これを式 (21.23) と比較すると，

$$1-\sum F_i < 1-F_1 \quad \cdots\cdots\cdots\cdots\cdots\cdots\cdots\cdots\cdots\cdots\cdots\cdots\cdots\cdots (21.24)$$

であるから，一般に信頼度が高い範囲では，故障モードが独立の場合の信頼度は，独立でない場合のそれよりも低いことがわかる．換言すると故障モードの相関が強いほど信頼度が高くなる．したがってモードの相関が不明確な場合に，これらを独立とみなして扱えば，信頼度が過小評価されることになる．

　実際問題として，たとえば構造物の強度は，材質，寸法，形状，組立方法，その他の因子によってきまるものであるが，そのばらつきはかなり制御できるものである．一方，負荷はそのシステムの運用環境によってきまるものであるから，そのばらつきは一般に強度のばらつきよりも大きいと考えられる．したがって多くの場合，故障モードの相関を考えて，最も低い強度の故障モードに対して十分な注意を払う必要がある．逆に強度のばらつきのほうが大きくて，モードが独立と考えられるシステムの信頼度は，すべてのモードに対する信頼度の積によってきまるから，システムを単純化して故障モードの数をできるだけ減らすことが肝要である．

　負荷が間欠的に作用する場合には，毎回の負荷と強度（劣化による変化などを含む）の分布をもとにして故障確率を計算し，一般に n 回目の負荷が作用するまで（または任意の時刻 t まで）故障しない確率を求めることができる．このように時間を含んだモデルで信頼度を計算するには，まず負荷の発生時刻に関する性質が与えられなければならない．

　ここでは負荷の発生時刻がポアソン過程となる場合について述べる．この場合，時刻 t までに n 回の負荷が作用する確率はポアソン分布〔式 (7.18)〕

$$p_n(t)=(1/n!)(\lambda t)^n \exp(-\lambda t) \quad (n=0,1,2,\cdots) \cdots\cdots\cdots\cdots (21.25)$$

によって与えられるから，毎回の負荷による故障確率を F，信頼度を $R=1-F$ とすれば，時刻 t までに故障しない確率は

$$\begin{aligned}
R_s(t) &= p_0(t)R^0 + p_1(t)R^1 + \cdots = \sum p_n(t)R^n \\
&= \exp(-\lambda t)\sum (\lambda t R)^n/n! = \exp(-\lambda t)\exp(\lambda t R) \\
&= \exp\{-(1-R)\lambda t\} = \exp(-F\lambda t) \cdots\cdots\cdots\cdots\cdots (21.26)
\end{aligned}$$

となり，信頼度はパラメータ $F\lambda$ の指数関数となる．ただし負荷の発生と故障

の発生は独立事象とする．

　負荷が繰り返されると，強度が次第に低下して強度分布が変化する場合には，R（または F）の値が時間の関数となる．強度分布の変化としては，その平均値が小さくなって分散はあまり変化しない場合が多い．ここでは負荷 x は常に一定値 a をとり，強度 y はレイリー分布（式 (20.14)）に従うとしよう．すなわち，x, y の確率密度関数は

$$f(x) = \delta(x-a), \quad g(y) = by\exp(-by^2/2) \cdots\cdots (21.27)$$

このとき，y の平均値と標準偏差は $E[y] \approx 1.253/\sqrt{b}$，$\sigma_y \approx 0.656/\sqrt{b}$ であるから（式 (20.15)），パラメータ b が大きいほど強度の平均値は小さくなる．したがって強度が劣化する場合には，b が時間の増加関数として与えられる．式 (21.27) より

$$G(x) = \int_0^x g(y)\,dy = 1 - \exp(-bx^2/2)$$

となるから，式 (21.5) より

$$F = \int_0^\infty \{1 - \exp(-bx^2/2)\}\delta(x-a)\,dx = 1 - \exp(-ba^2/2) \cdots (21.28)$$
$$R = 1 - F = \exp(-ba^2/2)$$

したがって式 (21.26) より，信頼度は

$$R_s(t) = \exp[-\lambda t\{1 - \exp(-ba^2/2)\}] \cdots\cdots (21.29)$$

例 21.1

　加速試験：信頼度試験において，その試験時間を短縮するために基準よりも厳しい条件で行なう試験を，**加速試験**（accelerated test）という．加速試験による信頼度の評価が有効であるためには，加速によって故障モードおよびその原因が変わらないことが要求される．

　いま，式 (21.29) のような信頼度 $R_s(t)$（簡単のためパラメータ b は一定とする）をもつシステムの加速試験を行なうために，負荷 a を $a_1 (> a)$ に高め，試験時間 t を t_1 に縮めて，同じ信頼度が得られるようにすると，

$$\exp[-\lambda t\{1 - \exp(-ba^2/2)\}] = \exp[-\lambda t_1\{1 - \exp(-ba_1^2/2)\}] \cdots (a)$$

が成立しなければならない．したがって

$$t/t_1 = \{1 - \exp(-ba_1^2/2)\}/\{1 - \exp(-ba^2/2)\} \cdots\cdots (b)$$

となる．このような時間の比率を**加速係数**（acceleration factor）という．もし $ba_1^2/2 \ll 1$，$ba^2/2 \ll 1$ であれば，加速係数が近似的に

$$t/t_1 = (a_1/a)^2 \cdots\cdots\cdots\cdots\cdots\cdots\cdots\cdots\cdots\cdots\cdots\cdots (c)$$

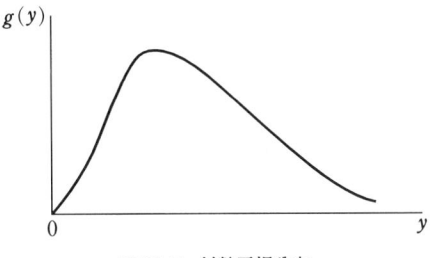

となり，たとえば，負荷を2倍にして加速試験を行なえば，時間は1/4に短縮される．

図 21.5 対数正規分布

例 21.2

対数正規分布：材料の強度の分布などは，すこし左にひずんだ正規形の分布となる場合が多い．強度の分布として式 (21.27) ではレイリー分布を仮定したが，これも左にひずんだ分布である（図 20.5）．左にひずんだ分布としては，次のような**対数正規分布** (logarithmic normal distribution) をあてはめると便利な場合が多い（図 21.5）．

$$g(y) = (1/\sqrt{2\pi}\, y\sigma)\exp\{-(\ln y - \mu)^2/2\sigma^2\} \quad (y \geq 0) \cdots\cdots\cdots\cdots (a)$$

これは正規分布〔式 (8.1)〕における変数 x を $\ln y$ で置き換えて，$dx/dy = 1/y$ をかけたものであり，$g(0)=0$ となる．平均値と分散はそれぞれ

$$E[y] = \exp(\mu + \sigma^2/2) \cdots\cdots\cdots\cdots\cdots\cdots\cdots\cdots\cdots\cdots\cdots\cdots (b)$$

$$\sigma_y^2 = \exp(2\mu + 2\sigma^2) - \exp(2\mu + \sigma^2) \cdots\cdots\cdots\cdots\cdots\cdots\cdots (c)$$

であり，$\mu \gg \sigma$ のときは正規分布に近い．

例 21.3

ワイブル分布：分布の形として広い適用範囲をもつのが**ワイブル分布** (Weibull distribution) である．これは一般に

$$f(t) = \lambda m (t-\gamma)^{m-1} \exp\{-\lambda(t-\gamma)^m\} \quad t \geq \gamma \geq 0, \; \lambda > 0, \; m > 0 \cdots\cdots (a)$$

と書かれ，λ は**尺度母数** (scale factor)，m は**形状母数** (shape factor)，γ は**位置母数** (location factor) という．$\lambda^{1/m}(t-\gamma) = x$ に対する $\lambda^{-1/m}f(t) = mx^{m-1}\exp(-x^m)$ の変化を図示すると，図 21.6 のようになる．x の平均値と分散を

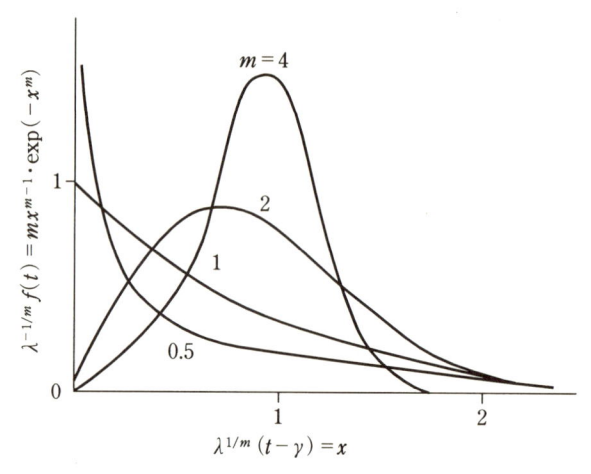

図21.6 ワイブル分布

計算すると，
$$E[x]=\int_0^\infty mx^m\exp(-x^m)\,dx=\int_0^\infty u^{1/m}\exp(-u)\,du=\Gamma(1+1/m) \cdots\text{(b)}$$
$$\sigma_x^2=\Gamma(1+2/m)-\Gamma^2(1+1/m) \cdots\text{(c)}$$
ただし $\Gamma(x)=\int_0^\infty t^{x-1}\exp(-t)\,dt$: ガンマ関数.

したがって t の平均値と分散は，
$$E[t]=\lambda^{-1/m}E[X]+\gamma,\ \ \sigma_t^2=\lambda^{-2/m}\sigma_x^2 \cdots\text{(d)}$$

信頼度と故障率は，それぞれ
$$R(t)=\int_t^\infty f(t)\,dt=\exp\{-\lambda(t-\gamma)^m\} \cdots\text{(e)}$$
$$\lambda(t)=f(t)/R(t)=\lambda m(t-\gamma)^{m-1}\quad(\text{式 (7.27) 参照}) \cdots\text{(f)}$$

$m=1$ のとき，$f(t)$ は指数分布となり，$\lambda(t)=\lambda$ は一定である．$m<1$ のときは，$\lambda(t)$ が時間とともに減少して，初期故障による寿命分布を表わし，$m>1$ のときは，$\lambda(t)$ が時間とともに増加して，摩耗故障による分布を表わす（第7章参照）．$m\approx 3.2$ のとき，最も正規分布に近い．γ は0とおく場合が多いが，品物を使い始めてからしばらくは故障がまったく発生しないという時間おくれがある場合には $\gamma>0$ となる．

寿命がワイブル分布に従う場合，λ, m などの母数を推定するには，寿命試験で得られたデータを**ワイブル確率紙**（Weibull probability paper）に記入する．いま $\gamma=0$ とすると，式 (e) より $1/R(t)=\exp(\lambda t^m)$ であるから，この両辺の対

図 21.7 ワイブル確率紙

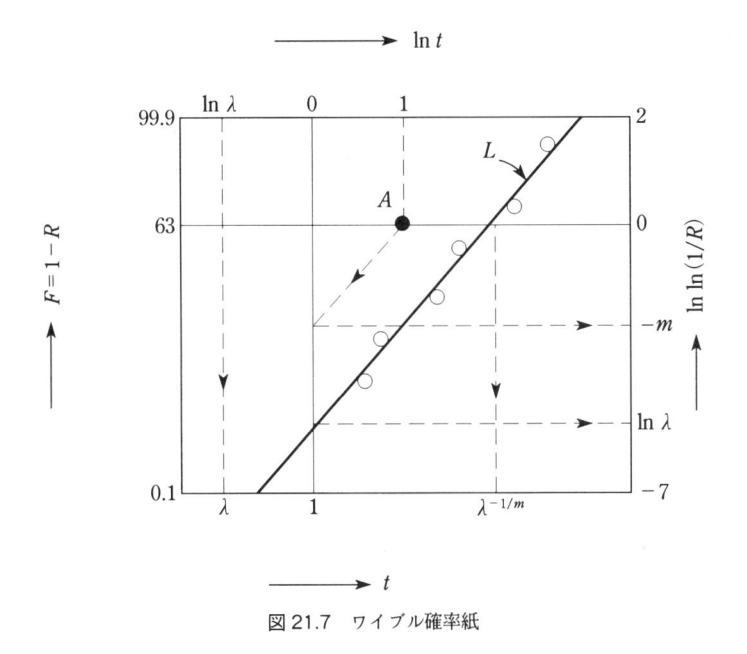

数を2回とると,

$$\ln\ln\{1/R(t)\} = m\ln t + \ln\lambda \quad \cdots\cdots\cdots\cdots\cdots\cdots\cdots\cdots\cdots\cdots (\text{g})$$

式 (g) の左辺を縦座標にとって $F(t) = 1 - R(t)$ の値を % で目盛り,右辺の $\ln t$ を横座標にとって時間 t を目盛ったものがワイブル確率紙である.したがって寿命がワイブル分布に従えば,式 (g) から明らかなように,データは直線上に並ぶはずであり,その傾斜から m が決定され,$t=1$ ($\ln t=0$) における縦座標から λ が決定される.その説明図を図 21.7 に示す.まずデータに直線 L をあてはめて,これに平行な直線を点 A から引き,矢印に沿って進むと右側の縦座標から m が読み取れる.次に直線 L と縦軸 ($t=1$) との交点から右に進むと $\ln\lambda$ が読み取れるから,これを上の横座標 $\ln\lambda$ に移して対応する下の横座標を読むと λ が得られる.

例 21.4

ガンマ分布:ある構造物に不規則な間隔で一定の衝撃が作用し,その作用時刻の列がパラメータ λ のポアソン過程に従うとしよう.もし1回でも衝撃が作用すれば構造物が破壊されるものとすれば,この構造物の寿命は指数分布に従

う．もし m 回目の衝撃によってはじめて破壊されるものとすれば，寿命分布はつぎのような**ガンマ分布**（Gamma distribution）に従う．

$$f(t)=\{\lambda/(m-1)!\}(\lambda t)^{m-1}\exp(-\lambda t) \quad (t\geqq 0,\ \lambda>0,\ m>0) \cdots\cdots(a)$$

これはまず t 時間に m 回以上の衝撃が発生する確率，すなわち寿命が t 時間以内である確率（累積分布関数）$F(t)$ を求めて導くことができる．すなわちポアソン分布を用いると，

$$F(t)=\sum_{n=m}^{\infty}(1/n!)(\lambda t)^n\exp(-\lambda t)=1-\sum_{n=0}^{m-1}(1/n!)(\lambda t)^n\exp(-\lambda t)\cdots(b)$$

であるから，寿命の確率密度関数は

$$f(t)=dF(t)/dt=\sum_{n=0}^{m-1}[(1/n!)(\lambda t)^n-\{1/(n-1)!\}(\lambda t)^{n-1}]\lambda\exp(-\lambda t)$$
$$=\{1/(m-1)!\}(\lambda t)^{m-1}\lambda\exp(-\lambda t)\cdots\cdots\cdots\cdots\cdots\cdots\cdots\cdots\cdots(c)$$

となる．ここで λ は尺度母数，m は形状母数である．寿命の平均値と分散は

$$E[t]=m/\lambda,\quad \sigma_t^2=m/\lambda^2 \cdots\cdots\cdots\cdots\cdots\cdots\cdots\cdots\cdots\cdots\cdots\cdots(d)$$

となり，$m=1$ のときは指数分布と一致する．

　寿命がガンマ分布に従うような場合には，時刻 t まで動作してきた機械が次の $\varDelta t$ 時間内に故障する確率を，時刻 t における状態から一意的に決定することができない．すなわち過去にすでに何回の衝撃を受けているかによって異なる．このような確率過程はマルコフ過程といえない．

22. 信頼性設計

　どういう使い方をしたら，どういう機能が，いつまで保たれるか，その確率，すなわち信頼度，を高くするために，システムの構成がいろいろ工夫される．ここではシステムの信頼度について，代表的な例を紹介するとともに，社会システムの信頼度との相似性についても考える．第5章では，複数の部品から構成される直列系や並列系の信頼度を，最大値と最小値の分布との関連で解説したが，本章では，いくつかの部品が故障しても大丈夫なシステム，故障した部品は取換えが効くシステム，さらに故障した部品は修復して再利用できるシステムなどの信頼性について述べる．

（1） r - out - of - n system

　クレーンなどに使われる鋼索は，数本の鋼索を束ねて用いることが多い．たとえ1本や2本の索が切れても大丈夫なようにするためである．いま，n 本の鋼索を束ねて使うことにして，そのうちの r 本（$r \leq n$）で荷重を支えることはできるとしよう．もしすべての鋼索の信頼度は等しいとすれば，このように束ねられた鋼索システムの信頼度はどのようにして評価できるだろうか．

(a) 信頼性ブロック線図　　　　(b) 信頼性グラフ

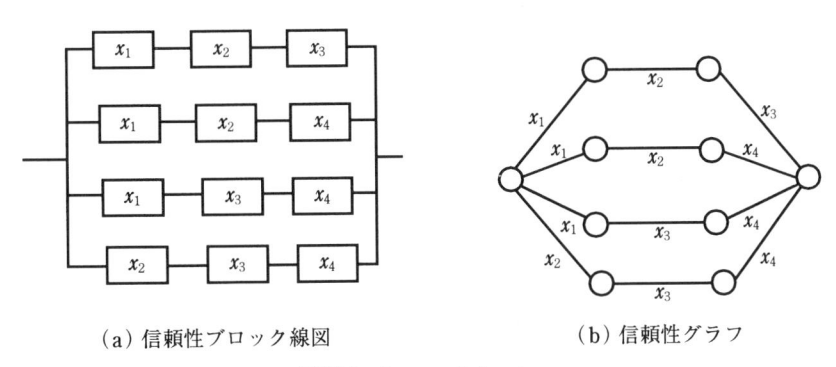

図 22.1　3 - out - of - 4 system

これは n 個の要素から r 個を選び出して直列に結合し，これを ${}_nC_r$ 通りの組合せの数だけ並列に結合したシステムに相当する．たとえば $n=4$, $r=3$ の場合を，信頼性ブロック線図または信頼性グラフで表わすと，図22.1 (a), (b) のようになり，一般にこのようなシステムを **r-out-of-n system** という．なお図22.1 のシステムには，同一要素，たとえば x_1 が複数個あることに注意しなければならない．

参考：一般にグラフは点（node）と線（branch）から成り立つもので，図22.1 (a) は点（ブロック）で主要概念を表わしており，線は2点の関係を表わす補助概念に過ぎない．(b) ではこれが逆になっている．

要素の信頼度を p として，すべての要素は独立とすれば，n 個のうち k 個が故障しない確率は二項分布に従う〔式 (7.1)〕．すなわち

$$ {}_nC_k p^k q^{n-k} \quad (q=1-p) $$

したがって r 個以上が故障しない確率，すなわち r-out-of-n system の信頼度は，

$$ R = \sum_{k=r}^{n} {}_nC_k\, p^k q^{n-k} \quad\cdots\cdots (22.1) $$

$n=4$, $r=3$ の場合は，

$$ R = {}_4C_3 p^3 q + {}_4C_4 p^4 q^0 = 4p^3 - 3p^4 \quad\cdots\cdots (22.2) $$

もし図22.1 において，12個の要素が別のものであれば（ただし信頼度は同じ），直列3個の信頼度は p^3，これが4個並列であれば，信頼度は $1-[1-p^3]^4 = 4p^3 - 6p^6 + 4p^9 - p^{12}$ となり，式 (22.2) の値とは異なる．

（2）多数決選択系

$n\,(=2r-1$，奇数) 個の要素をもつシステムにおいて，r 個以上の要素が正常であればシステムが正常であるように，システムの状態を選択することができる場合，このシステムを**多数決選択系** (majority voting system) という．これはデジタル回路などに冗長性をもたせるためにしばしば用いられる方法であるが，r-out-of-n system と本質的には同じであり，その信頼度は式 (22.1) によって計算される．すなわち

$$ R = \sum_{k=r}^{2r-1} {}_{2r-1}C_k\, p^k q^{2r-1-k} \quad\cdots\cdots (22.3) $$

$r \to \infty$ のときは，二項分布〔平均値 $\mu=(2r-1)p$，分散 $\sigma^2=(2r-1)pq$〕が正規分布に近づくから（第8章参照），式 (22.3) は

$$R = \frac{1}{\sqrt{2\pi}} \int_{r'}^{\infty} \exp\left(-\frac{u^2}{2}\right) du = 1 - \frac{1}{\sqrt{2\pi}} \int_{-\infty}^{r'} \exp\left(-\frac{u^2}{2}\right) du \cdots\cdots (22.4)$$

ただし $r' = \lim_{r \to \infty} \dfrac{r-\mu}{\sigma} = \lim_{r \to \infty} \dfrac{r-(2r-1)p}{\sqrt{(2r-1)pq}}$

$$= \begin{cases} \infty & (0 < p < 1/2) \\ 0 & (p = 1/2) \\ -\infty & (1/2 < p < 1) \end{cases} \cdots\cdots\cdots\cdots\cdots\cdots\cdots\cdots\cdots\cdots\cdots (22.5)$$

$$\therefore R = \begin{cases} 0 & (0 < p < 1/2) \\ 1/2 & (p = 1/2) \\ 1 & (1/2 < p < 1) \end{cases} \quad (式(8.7)参照) \cdots\cdots\cdots\cdots\cdots (22.6)$$

$n=1$ ($r=1$) のときは $R=p$ であり，システムの信頼度 R は要素の数 n がすくなければ，大体要素の信頼度 p とともに変化するが，要素の数が多くなると，p の値に応じて急激な変化を示すようになり，無限個になると，式 (22.6) のようにステップ状の変化となる．これは一般に冗長性を有するシステムの特徴で

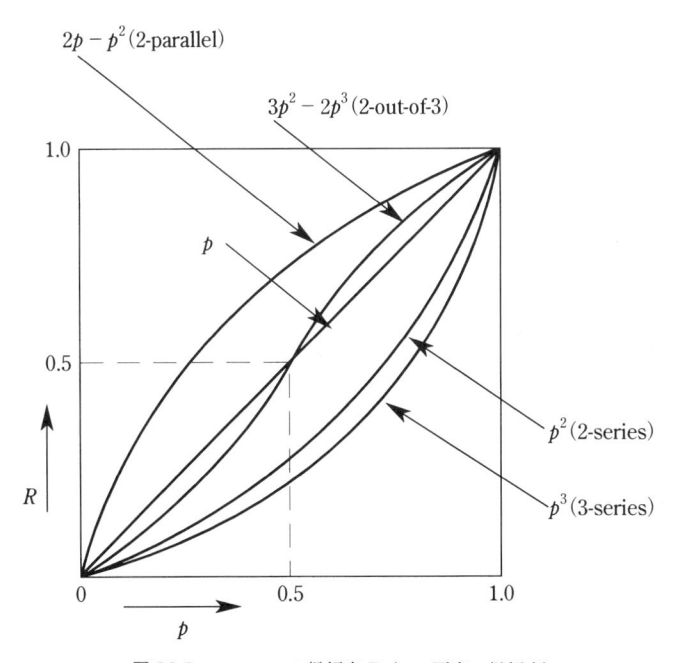

図 22.2 システムの信頼度 R (p：要素の信頼度)

あり，その傾向を示すと図22.2のようになる．横軸は要素の信頼度p，縦軸はシステムの信頼度Rで，図中の直線pは1要素系，下に凸の曲線は2要素および3要素の直列系，上に凸の曲線は並列系（2要素の直列系と並列系は直線pに関して対象），S字曲線が2-out-of-3 systemである．なお，**冗長性**（redundancy）とは一般にシステムの一部が故障しても全体としては故障とならない性質のことである．多数決選択系では要素の信頼度が低いとシステムの信頼度が要素のそれよりもかえって低くなるから，要素の信頼度がすくなくとも1/2以上でないと多数決選択系を作る意味がなくなる．これは民主主義の国家を形成する場合と同じで，愚民を対象にした民主主義は国家を危うくするわけである．

(3) 待機系

図22.3のように，2個の要素x_1, x_2から成るシステムにおいて，最初はx_1だけが動作しており，もしx_1が故障すればスイッチが切り替わってx_2が動作するものとしよう．x_2は待機しているから，このようなシステムを**待機系**（standby system）という．x_1とx_2が並列のときは，x_2も最初から動作しているが，待機系ではx_1が故

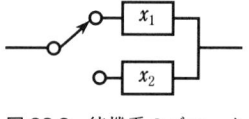

図22.3 待機系のブロック線図

障する時刻が関係するため，信頼度グラフで表現して単純に信頼度を計算することができない．

時間的な経過を示すと図22.4の (a) または (b) のように動作することになる．x_1, x_2の信頼度をそれぞれ$R_1(t), R_2(t)$とすれば，(a)となる確率は$R_1(t)$，(b)となる確率は，x_1が時間$(\tau, \tau+\Delta\tau)$内で故障する確率$f_1(\tau)\Delta\tau = -\Delta R_1(\tau)$（$f_1(t)$は$x_1$の寿命の確率密度）と$x_2$が残り時間$(t-\tau)$を故障しないで動作する確率$R_2(t-\tau)$との積（独立事象の確率の積）によって与えられるが，時刻τは0からtまでの値をとり得るから，τについてこれを積分すればよい（排反事象の確率の和）．したがって待機系の信頼度は一般に

$$R(t) = R_1(t) - \int_0^t R_2(t-\tau) dR_1(\tau) \cdots\cdots\cdots\cdots\cdots\cdots (22.7)$$

によって与えられる．いまx_1とx_2の寿命が同じ指数分布に従うものとすれば，

$$R_1(t) = R_2(t) = \exp(-\lambda t) = p \quad (\lambda：故障率) \cdots\cdots\cdots\cdots (22.8)$$

であるから，式 (22.7) は

$$R(t) = \exp(-\lambda t) + \lambda t \exp(-\lambda t) = \exp(-\lambda t)(1+\lambda t) = p(1-\ln p)$$
.... (22.9)

となる．式 (22.9) の p に対する変化を図 22.5 に示す．お互いに独立な 2 要素

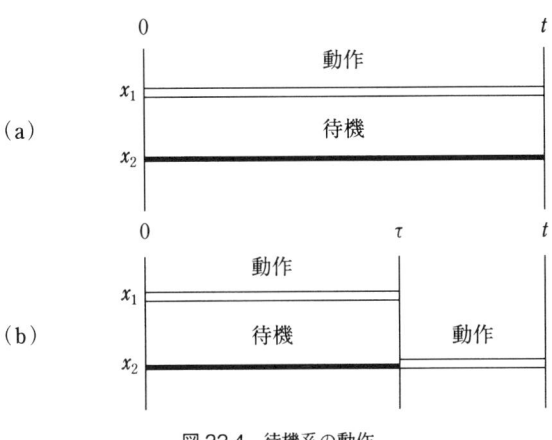

図 22.4 待機系の動作

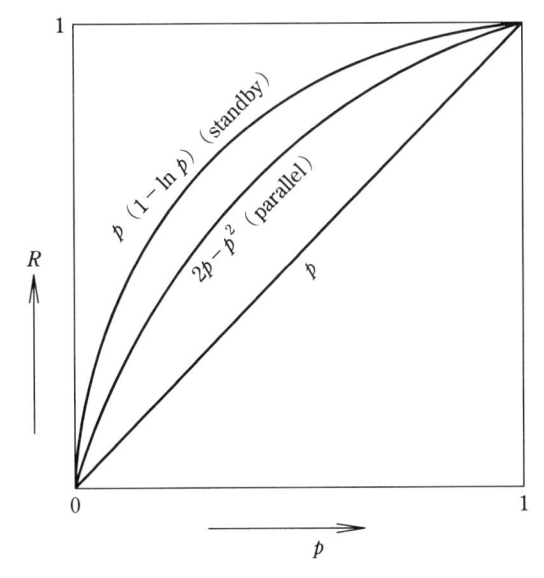

図 22.5 待機系と並列系との比較

から成る並列系の信頼度 ($2p-p^2$) と比較すると，待機系の信頼度のほうが高いことがわかる．待機系では2要素がお互いに独立でなくなるわけで，一般に要素間に相関をもたせることにより，システムの信頼度を高めることができる．すなわち待機冗長性は並列冗長性よりも高い．

（4）保全系

待機系では x_1 が一度故障すればそれまでであるが，これを修復して待機させ，次に x_2 が故障したとき再びスイッチを切り換えて x_1 を動作させることができる場合がある．x_2 も修復して待機させ，これを繰り返せばシステムの信頼度はさらに高くなるであろう．このようなシステムを**保全系**（repairable system）という．

修復に要する時間は故障の状況に応じてばらつきをもつのが普通であるから，一般に規定の条件下で修復が実施されるとき，規定の時間内に修復を終了する確率を**保全度**（maintainability）といい，修復の容易さを表わすことにする．保全度は信頼度と同じようにそのシステム，機械，部品などに備わった一つの性質と考えられる．

2要素の保全系について時間的経過を示すと，図22.6のようになる．x_1, x_2 の信頼度をそれぞれ $R_1(t)$, $R_2(t)$，保全度をそれぞれ $M_1(t)$, $M_2(t)$ とすれば，x_1 が最初に動作したときの保全系の信頼度は，

$$R_{1s}(t) = R_1(t) - \int_0^t R_{2s}(t-\tau) M_2(\tau) dR_1(\tau) \cdots\cdots\cdots\cdots (22.10)$$

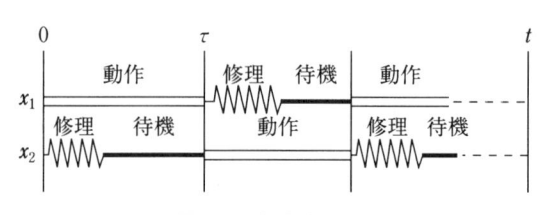

となる．右辺第1項は x_1 が時刻 t まで故障しない確率である．第2項は x_1 が $(\tau, \tau+d\tau)$ で故障する確率 $-dR_1(\tau)$ と，それまでに x_2 の修復が終わっている確率 $M_2(\tau)$ と，そのあと x_2 から始まって時刻 t までシステムが故障しない確率 $R_{2s}(t-\tau)$ とをかけたものであるが，時刻 τ は0から t までの値をとり得るから，τ についてこれを積分している．一方，x_2 が最初に動作したときの信

図22.6 保全系の動作

頻度は，同様にして
$$R_{2s}(t) = R_2(t) - \int_0^t R_{1s}(t-\tau) M_1(\tau) \mathrm{d}R_2(\tau) \quad \cdots\cdots (22.11)$$
となるから，式 (22.10) と式 (22.11) とを連立させて $R_{1s}(t)$ と $R_{2s}(t)$ を解くことができる．

修復に要する時間の分布は，対数正規分布（図 21.5）に近い場合が多いが，ここでは簡単のため x_1 も x_2 も同じ指数分布に従うとして保全度を表わすと
$$M_1(t) = M_2(t) = 1 - \exp(-\mu t) \quad \cdots\cdots (22.12)$$
ただし μ は**修復率**（repair rate）という（故障率 λ に相当する）．なお修復に要する時間の平均値を**平均修復時間** MTTR (mean time to repair) といい，指数分布に従うときは，MTTR $= 1/\mu$ である．

x_1, x_2 の寿命も指数分布に従うとして，式 (22.8), (22.12) を式 (22.10) に代入すると，$R_{1s}(t) = R_{2s}(t) = R_s(t)$ であるから，
$$R_s(t) = \exp(-\lambda t) + \lambda \int_0^t \{1 - \exp(-\mu \tau)\} \exp(-\lambda \tau) R_s(t-\tau) \mathrm{d}\tau$$
$$\cdots\cdots (22.13)$$
式 (22.13) は $R_s(t)$ に関する積分方程式となる．一般に
$$f(t) = g(t) + \int_0^t h(\tau) f(t-\tau) \mathrm{d}\tau \quad \cdots\cdots (22.14)$$
の形の積分方程式は，両辺のラプラス変換を行なうと，
$$F(s) = G(s) + H(s) F(s) \quad \cdots\cdots (22.15)$$
ただし F, G, H はそれぞれ f, g, h のラプラス変換である．式 (22.15) より
$$F(s) = G(s) / \{1 - H(s)\} \quad \cdots\cdots (22.16)$$
となるから，式 (22.16) を逆変換すれば，$f(t)$ が求められる．

参考：$f(t)$ のラプラス変換：$F(s) = \int_0^\infty f(t) \exp(-st) \mathrm{d}t$

式 (22.13) の場合，$g(t) = \exp(-\lambda t)$, $h(t) = \lambda\{1 - \exp(-\mu t)\} \exp(-\lambda t)$,
$\therefore G(s) = 1/(s+\lambda)$
$$H(s) = \lambda/(s+\lambda) - \lambda/(s+\lambda+\mu) = \lambda\mu/(s+\lambda)(s+\lambda+\mu) \quad \cdots\cdots (22.17)$$
したがって式 (22.16) より
$$F(s) = (s+\mu+\lambda)/(s^2 + 2\lambda\mu s + \lambda^2) = A_1/(s-s_1) + A_2/(s-s_2) \quad \cdot (22.18)$$
$$\left.\begin{array}{l} \text{ただし} \quad A_1 = (1 + 1/\sqrt{1+4\rho})/2, \quad A_2 = (1 - 1/\sqrt{1+4\rho})/2 \\ s_1 = (\mu/2)\{-(1+2\rho) + \sqrt{1+4\rho}\} \\ s_2 = (\mu/2)\{-(1+2\rho) - \sqrt{1+4\rho}\}, \quad \rho = \lambda/\mu \end{array}\right\} \cdots (22.19)$$

式 (22.18) の逆変換により，システムの信頼度は

$$f(t) = R_s(t) = A_1 \exp(s_1 t) + A_2 \exp(s_2 t)$$
$$= \exp\{-(\mu/2)(1+2\rho)t\}[\cosh\{(\mu/2)\sqrt{1+4\rho}\}t$$
$$+ (1/\sqrt{1+4\rho})\sinh\{(\mu/2)\sqrt{1+4\rho}\}t] \cdots\cdots (22.20)$$

保全系には，各要素が規定の機能を果たしうる状態にある時間（これを**動作可能時間**（up time）という）と，そうでない時間（これを**動作不可能時間**（down time）という）とがある．一般にシステムが必要なときに使える確率を**アベイラビリティ**（availability）といい，これは

$$A = (動作可能時間) / \{(動作可能時間) + (動作不可能時間)\}$$

によって定義される．これは信頼度と保全度とを結合した概念であって，アベイラビリティを向上させるために信頼度を高めるか保全度を高めるかは，経済性などを考慮して決定される．

故障が修復してから次に故障するまでの時間が動作可能時間であり，その平均値を**故障間平均時間 MTBF**（mean time between failures）という．寿命が指数分布に従うときは，MTBF = $1/\lambda$（λ は故障率）である．アベイラビリティは一般に

$$A = \text{MTBF}/(\text{MTBF} + \text{MTTR})$$

と表わすこともでき，信頼度も保全度も指数分布に従うとすれば，

$$A = \mu/(\mu + \lambda) \cdots\cdots\cdots\cdots\cdots\cdots\cdots\cdots\cdots\cdots\cdots\cdots (22.21)$$

となる．故障率 λ が大きければアベイラビリティは小さくなり，修復率 μ が大きければアベイラビリティは 1 に近づく．

(5) 予 防 保 全

保全には故障が発生したのちに行なう**事後保全**（corrective maintenance）のほかに，故障を未然に防止するために，計画的に点検，調整などを行なう**予防保全**（preventive maintenance）がある．予防保全の一つとして定期点検を行なう場合には，その点検周期 T は信頼度が最大になるように，また期待費用が最小になるように決定される．

偶発故障（故障率 λ）のみを考えれば，点検周期 T における信頼度の平均値は，

$$E[R(t)] = (1/T)\int_0^{T-\tau} \exp(-\lambda t)\,dt = (1/\lambda T)[1-\exp\{-\lambda(T-\tau)\}]$$
$$\cdots\cdots(22.22)$$

ここで τ は点検時間で，$T-\tau$ が実働時間である．λ は十分に小さいとして，式 (22.22) の指数関数を展開して λ の2次の項までとって近似し，$dE[R(t)]/dT=0$ とおくと，信頼度最大のときの点検周期が

$$T = \sqrt{2\tau/\lambda + \tau^2} = \sqrt{2\tau/\lambda} \quad (\tau \ll 1/\lambda) \cdots\cdots(22.23)$$

となる．点検時間 τ が長いほど点検周期を長くし，故障率 λ が高いほど点検周期を短くすればよいことがわかる．

点検1回あたりの費用が c_1，動作不可能時間における単位時間あたりの損失が c_2 であれば，単位時間あたりの総期待費用は，

$$C(T) = (c_1 + c_2 \tau_D)/T \cdots\cdots(22.24)$$

ここで τ_D は点検周期 T における動作不可能時間の平均値である．時間 $(t, t+\Delta t)$ において故障すれば，動作不可能時間は $(T-t)$ であり，その確率は $\lambda \exp(-\lambda t)\Delta t$ であるから，

$$\tau_D = \int_0^T (T-t)\lambda \exp(-\lambda t)\,dt = T - \{1-\exp(-\lambda T)\}/\lambda \cdots\cdots(22.25)$$

これを式 (22.24) に代入し，指数関数を展開して近似すると，

$$C(T) = c_1/T + c_2 \lambda T/2 \quad (\lambda T \ll 1) \cdots\cdots(22.26)$$

そこで $dC(T)/dT = 0$ とおいて，期待費用最小のときの点検周期を求めると，

$$T = \sqrt{2c_1/c_2 \lambda} \cdots\cdots(22.27)$$

(6) 二つの故障モードをもつ場合

半導体ダイオードや安全弁などでは，故障の状態（故障モード）として，開いたままになる開放故障と閉じたままになる閉止故障とを分けて考えなければならない．その回路や装置の使い方によってそれが正常として扱われることもあり，故障として扱われることもある．

そこで要素が三つの状態，すなわち正常 X，開放 O および閉止 S，をとり得るとして，それぞれの確率を $P(X), P(O), P(S)$ とすれば，お互いに排反な事象であるから，

$$P(X+O+S) = P(X) + P(O) + P(S) = 1 \cdots\cdots(22.28)$$

が成り立つ．したがってこの要素の信頼度は，

$$P(X) = 1 - P(O+S) = 1 - P(O) - P(S) \cdots\cdots(22.29)$$

(a) 直列系　　　　　　　　(b) 並列系

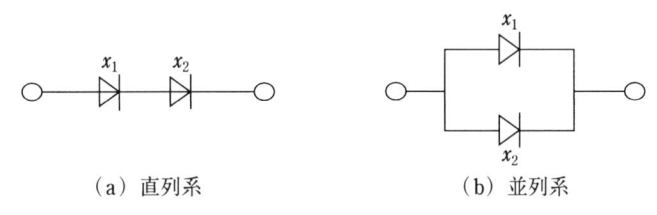

図22.7　2個のダイオードから成るシステム

　図22.7 (a) のように，お互いに独立な2個のダイオードを直列に結合して1要素としての機能をもたせるとすれば，その信頼度は次のようにして求められる．まずこのシステムが正常に動作する状態では，2要素がともに正常な状態 $X_1 X_2$，または1要素が閉止状態になっても他の要素が正常な状態 $X_1 S_2$，$S_1 X_2$ にある．一方，システムが故障の状態では，どちらかの要素が開放状態 $X_1 O_2, O_1 X_2, S_1 O_2, O_1 S_2$，または2要素とも開放 $O_1 O_2$，閉止 $S_1 S_2$ の状態にある．したがってシステムの信頼度は，

$$R = P(X_1 X_2 + X_1 S_2 + S_1 X_2) = P(X_1 X_2) + P(X_1 S_2) + P(S_1 X_2) \cdot (22.30)$$

または

$$R = 1 - \{P(X_1 O_2) + P(O_1 X_2) + P(S_1 O_2) + P(O_1 S_2) + P(O_1 O_2) + P(S_1 S_2)\} \cdots (22.31)$$

もしすべての故障モードが独立で，

$$P(X_i) = p, \quad P(O_i) = q_O, \quad P(S_i) = q_S \quad (i = 1, 2) \cdots (22.32)$$

ただし　$p + q_O + q_S = 1$

であれば，式 (22.30) または式 (22.31) よりシステムの信頼度は

$$R = p^2 + 2 p q_S \cdots (22.33)$$

　図22.7 (b) のように，並列に結合して1要素としての機能をもたせるとすれば，このシステムが正常に動作する状態では，2要素がともに正常な状態 $X_1 X_2$，または1要素が開放状態になっても他の要素が正常な状態 $X_1 O_2$，$O_1 X_2$ にある．したがってシステムの信頼度は，

$$R = P(X_1 X_2 + X_1 O_2 + O_1 X_2) \cdots (22.34)$$

すべての故障モードが独立で，式 (22.32) が成り立つときは，

$$R = p^2 + 2 p q_O \cdots (22.35)$$

となり，直列の場合と異なる．$q_S > q_O$ のときは直列に，$q_S < q_O$ のときは並列にしたほうがよい．

23. 最適購入計画

　市場価格がランダムに変動する商品を，なるべく安く購入する問題を考えてみよう．明日の価格を知ることはできないが，過去における価格変動を調べれば，その確率密度関数を知ることはできる．ただしここでは定常エルゴード性（第 9 章参照）が成り立つとしよう．すなわち十分に長い期間にわたる価格変動をもとにして確率密度を調べたものとする．そこで一般に第 k 日における価格が X_k よりも安ければ第 k 日に購入することにし，X_k よりも高ければ見送ることにする．価格変動の確率密度関数をもとにして，このような X_k を定めることがわれわれの問題である．ただしその商品は遅くとも第 N 日までには購入しなければならないという最終期限を設けることにする．

（1）最も簡単なモデル

　いま市場価格を x，第 k 日 $(k=1, 2, \cdots, N)$ における x の確率密度関数を $f_k(x)$ とすると，第 k 日に購入する確率は，

$$P_k = \int_0^{X_k} f_k(x)\,dx \quad (X_k: \text{第 } k \text{ 日における購入限界価格}) \quad (P_N = 0) \tag{23.1}$$

第 k 日における期待購入価格（第 $k-1$ 日までは購入しないという条件つき）は，

$$e_k = \int_0^{X_k} x f_k(x)\,dx \tag{23.2}$$

もし第 $k-1$ 日までの購入確率 P_i $(i=1, 2, \cdots, k-1)$ が高ければ，第 k 日における期待購入価格は低くなる．したがって第 $k-1$ 日まで購入しない確率 $\prod_{i=1}^{k-1}(1-P_i)$ を e_k に乗じた値が，第 k 日における期待購入価格 E_k となる．すなわち

$$E_k = e_k \prod_{i=1}^{k-1}(1-P_i) \tag{23.3}$$

最終期限（第 N 日）までの総期待価格は

$$V = \sum_{k=1}^{N} E_k \tag{23.4}$$

となるから，これを最小にする購入限界価格 X_k は，$\partial V/\partial X_k=0$ とおいて求められる．すなわち

$$\partial V/\partial X_k = X_k f_k(X_k) \prod_{i=1}^{k-1}(1-P_i) - f_k(X_k) \sum_{j=k+1}^{N} e_j \prod_{i\neq k}^{j-1}(1-P_i) = 0 \cdot (23.5)$$

$$\therefore X_k = \sum_{j=k+1}^{N} e_j \prod_{i=k+1}^{j-1}(1-P_i) \quad (k=1,2,\cdots,N) \cdots\cdots\cdots\cdots (23.6)$$

例23.1

市場価格 x が常に 1,000 円と 1,200 円の間で一様に分布しているとすれば，

$$f_k(x) = 1/200 \quad 1000 \leq x \leq 1200 \quad (k=1,2,\cdots,N)$$

したがって x の平均値は，$k=N$ のとき $e_N = E[X] = 1100$

式 (23.6) の購入限界価格は，$k=N-1$ のとき，$X_{N-1} = e_N = 1100$ 円

式 (23.1) より $\quad P_{N-1} = \int_{1000}^{1100}(1/200)\mathrm{d}x = 0.5$

式 (23.2) より $\quad e_{N-1} = \int_{1000}^{1100}(x/200)\mathrm{d}x = 525$

式 (23.6) より $k=N-2$ のときの購入限界価格は，

$$X_{N-2} = e_{N-1} + e_N(1-P_{N-1}) = 525 + 1100(1-0.5) = 1075 \text{ 円}$$

式 (23.1) より $\quad P_{N-2} = \int_{1000}^{1075}(1/200)\mathrm{d}x = 0.375$

式 (23.2) より $\quad e_{N-2} = \int_{1000}^{1075}(x/200)\mathrm{d}x = 389$

式 (23.6) より $k=N-3$ のときの購入限界価格は，

$$X_{N-3} = e_{N-2} + e_{N-1}(1-P_{N-2}) + e_N(1-P_{N-2})(1-P_{N-1}) = 1061 \text{ 円}$$

同様にして逐次 $X_{N-4}, X_{N-5}, \cdots$ を求めると，図 23.1 のようになり，購入限

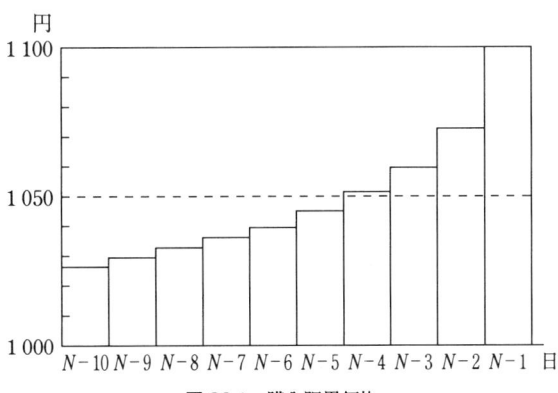

図 23.1 購入限界価格

界価格は最終期限に近づくほど急速に高くなり，最後は市場価格の平均値となる．

(2) 在庫費を考えたモデル

商品を購入しなければならない最終期限よりも早く購入すれば，商品を最終日まで寝かせておくことになり，その間の在庫費がかかる．このような在庫費を考えると購入限界価格はどのようになるだろうか．

いま，1円の商品を1日保持するために必要な費用をc円とすれば，第k日における期待購入価格は，最終日までの在庫費$c(N-k)e_k$だけ高くなると考えればよい．すなわち，在庫費を考えないときの期待購入価格e_kの代りに，

$$e_k' = \{1 + c(N-k)\}e_k \cdots\cdots\cdots\cdots\cdots\cdots\cdots\cdots (23.7)$$

を用いて，式(23.6)の購入限界価格X_k'が求められる．しかしこのX_k'は在庫費を含めた価格であり，第k日における実際の購入限界価格は

$$X_k = X_k' / \{1 + c(N-k)\}$$
$$= [1/\{1+c(N-k)\}] \sum_{j=k+1}^{N} \{1 + c(N-j)\} e_j \prod_{i=k+1}^{j-1} (1-P_i) \cdots (23.8)$$

として求められる．

(3) 運用利益を考えたモデル

購入した商品が一つの生産手段として収益を上げることができる場合には，最終期限よりも早く購入すればそれだけ費用を下げることができる．すなわち前述の在庫費が負の場合に相当する．ただし1日あたりの利益pが商品の価格と無関係に一定とすれば，期待購入価格は

$$e_k'' = e_k - p(N-k)P_k \cdots\cdots\cdots\cdots\cdots\cdots\cdots\cdots (23.9)$$

ただしP_kは第k日に購入する確率〔式(23.1)〕．したがって購入限界価格はe_kをe_k''に置き換えて求められるが，収益分$p(N-k)$だけ加えたものが実際の購入限界価格となる．すなわち

$$X_k = \sum_{j=k+1}^{N} e_j'' \prod_{i=k+1}^{j-1} (1-P_i) + p(N-k) \cdots\cdots\cdots\cdots (23.10)$$

(4) 寿命を考えたモデル

購入した商品が最終期限までに陳腐化，腐敗，その他の理由で無効となるときは，再購入する必要がある．再購入は最終期限において1回だけ行なうものとし，無効商品の処分価格は0とする（0でないときは再購入価格を補正す

る）．

購入してから無効になるまでの日数（すなわち寿命）を ν として，第 k 日に購入した商品の寿命の確率密度関数を $g_k(\nu)$ とすると，

最終期限までに寿命がつきる確率（再購入の確率）： $Q_k = \sum_{\nu=1}^{N-k} g_k(\nu)$

第 k 日に購入した商品の平均寿命： $h_k = \sum_{\nu=1}^{N-k} \nu g_k(\nu)$

$$\left.\begin{array}{l}\end{array}\right\} \quad (23.11)$$

となるから，再購入価格の期待値を e_N として，在庫費を考えると，第 k 日における期待購入価格は，

$$e_k''' = e_k + c e_k \{(N-k)(1-Q_k) + h_k\} + e_N Q_k P_k \cdots\cdots (23.12)$$

もし商品の寿命が十分に長いとすれば，$1 \leq \nu \leq N-k$ において $g_k(\nu) = 0$ であるから，$Q_k = 0$, $h_k = 0$，したがって式 (23.12) は式 (23.7) に一致する．再購入の確率 Q_k が 1 であれば，上式は $e_k''' = e_k + c e_k h_k + e_N P_k$ となり，在庫費は平均寿命 h_k の分だけになる．一般には第 k 日に購入した商品の平均寿命は，

$$T_k = (N-k)(1-Q_k) + h_k \cdots\cdots\cdots\cdots\cdots\cdots\cdots (23.13)$$

となる．式 (23.6) の購入限界価格は，在庫費と再購入費を含めたものに相当するから，

$$X_k [1 + c\{(N-k)(1-Q_k) + h_k\}] + e_N Q_k = \sum_{j=k+1}^{N} e_j''' \prod_{i=k+1}^{j-1} (1-P_i) \cdot (23.14)$$

が成り立つ．したがって実際の購入限界価格は，

$$X_k = \left\{\sum_{j=k+1}^{N} e_j''' \prod_{i=k+1}^{j-1} (1-P_i) - e_N Q_k\right\} / [1 + c\{(N-k)(1-Q_k) + h_k\}]$$

$$= [\sum_{j=k+1}^{N} \{e_j(1+cT_j) + e_N Q_j P_j\} \prod_{i=k+1}^{j-1} (1-P_j) - e_N Q_k]/(1+cT_k) \cdot (23.15)$$

（5）利子を考えたモデル

複利法で購入費 e_k を最終期限における価格（これを現価とする）に換算すると，

$$e_k(1+r)^{N-k} \quad (r: 利率) \cdots\cdots\cdots\cdots\cdots\cdots\cdots (23.16)$$

同様にして在庫費の現価は，

$$\sum_{i=1}^{N-k} c e_k (1+r)^{N-k-i} = c e_k \{(1+r)^{N-k} - 1\}/r \cdots\cdots\cdots (23.17)$$

寿命を考えると，在庫費の期待値は，

$$c e_k [\{(1+r)^{N-k} - 1\}/r](1-Q_k) + \sum_{\nu=1}^{N-k} c e_k (1+r)^{N-k-\nu} g_k(\nu) \cdots (23.18)$$

ただし Q_k は再購入の確率（式 (23.11)），$g_k(\nu)$ は寿命の確率密度．

したがって第 k 日における期待購入価格は,

$$e_k'''' = e_k\{(1+r)^{N-k} + cT_k'\} + e_N Q_k P_k \quad \cdots\cdots\cdots (23.19)$$

ただし $\quad T_k' = [\{(1+r)^{N-k} - 1\}/r](1-Q_k) + \sum_{\nu=1}^{N-k} (1+r)^{N-k-\nu} g_k(\nu)$

$$\cdots\cdots\cdots (23.20)$$

したがって購入限界価格は,

$$X_k = \left\{ \sum_{j=k+1}^{N} e_j'''' \prod_{i=k+1}^{j-1} (1-P_i) - e_N Q_k \right\} / \{(1+r)^{N-k} + cT_k'\} \quad \cdots\cdots (23.21)$$

（6）運用利益と寿命を考えたモデル

運用利益（1日あたり p 円）を生むけれども途中で寿命がつきるような商品を考えよう．この場合最終期限がきても再購入は行なわないものとすれば，期待購入価格は,

$$e_k^* = e_k - pT_k P_k \quad \cdots\cdots\cdots\cdots\cdots\cdots\cdots\cdots\cdots\cdots\cdots\cdots\cdots (23.22)$$

ただし T_k は第 k 日に購入した商品の平均寿命である（式(23.13)）．したがって購入限界価格は,

$$X_k = \sum_{j=k+1}^{N} e_j^* \prod_{i=k+1}^{j-1} (1-P_i) + pT_k \quad \cdots\cdots\cdots\cdots\cdots\cdots (23.23)$$

利子を考えれば，期待購入価格は,

$$e_k^{**} = e_k(1+r)^{N-k} + pT_k' P_k \quad \cdots\cdots\cdots\cdots\cdots\cdots\cdots (23.24)$$

ただし T_k' は式(23.20)に与えられている．したがって購入限界価格は,

$$X_k = \sum_{j=k+1}^{N} e_j^{**} \prod_{i=k+1}^{j-1} (1-P_i) + pT_k' \quad \cdots\cdots\cdots\cdots\cdots (23.25)$$

（7）資金の制約を考えたモデル

これまでは購入する商品を1単位として考えたが，一般に複数単位の商品を購入する場合，1日当たりの購入資金 K に制約があれば，分割して購入することになる．この場合，価格 x が安いときは多量に購入し，高いときは少量ということになり，もし限界価格 X_k を設けなければ，1日の購入量は $m = K/x$ となる．したがって第 k 日の期待購入量および最終期限までの期待購入量は，それぞれ

$$E[m_k] = \int_0^\infty (K/x) f_k(x) \, dx \quad \cdots\cdots\cdots\cdots\cdots\cdots (23.26)$$

$$\sum_{k=1}^{N} E[m_k] = K \sum_{k=1}^{N} \int_0^\infty (1/x) f_k(x) \, dx \quad \cdots\cdots\cdots\cdots (23.27)$$

となる．したがって1単位あたりの平均価格は,

$$e = KN / \sum_{k=1}^{N} E[m_k] = N / \sum_{k=1}^{N} \int_0^\infty (1/x) f_k(x) \, dx \quad \cdots\cdots\cdots (23.28)$$

価格 x の分布が毎日同じで，$f_k(x)=f(x)$ ($k=1, 2, \cdots, N$) のときは，
$$e = 1/\int_0^\infty (1/x) f(x) dx \cdots\cdots\cdots\cdots\cdots\cdots\cdots\cdots\cdots\cdots (23.29)$$
資金制約がないときの平均価格 $E[x] = \int_0^\infty x f(x) dx$ も毎日同じであれば，$e < E[x]$ となる．

(8) 受注問題としてのモデル

購入問題としては，X_k は購入価格の上限を与えるが，受注問題としては，X_k は受注価格の下限を与える．第1の受注商品の納期を N_1 とすれば，第2の受注の最終期限が N_1 となる．第2の受注商品の納期 N_2 ($>N_1$) は第3の受注の最終期限となり，順次それ以前の受注商品の納期によって，次の受注の最終期限が決まる．受注残が多いほど，納期が長くなって，次の受注の最終期限 N が長くなるから，受注価格 x の下限 X_k の値は高くなる．第 k 日における受注価格の確率密度関数を $f_k(x)$ とすると，第 k 日に受注する確率は，
$$1 - P_k = \int_{X_k}^\infty f_k(x) dx \quad (P_k = \text{第 } k \text{ 日に受注を見送る確率}) \cdots\cdots (23.30)$$
第 k 日の期待受注価格（第 $k-1$ 日までは受注しないという条件つき）は，
$$b_k = \int_{X_k}^\infty x f_k(x) dx \cdots\cdots\cdots\cdots\cdots\cdots\cdots\cdots\cdots\cdots (23.31)$$
したがって第 k 日における期待受注価格は，
$$B_k = b_k \prod_{i=1}^{k-1} P_i \cdots\cdots\cdots\cdots\cdots\cdots\cdots\cdots\cdots\cdots\cdots\cdots (23.32)$$
最終期限（第 N 日）までの総期待受注額
$$V = \sum_{k=1}^N B_k \cdots\cdots\cdots\cdots\cdots\cdots\cdots\cdots\cdots\cdots\cdots\cdots\cdots\cdots (23.33)$$
を最小にする受注限界価格 X_k は，$\partial V/\partial X_k = 0$ とおいて求められる．すなわち
$$\frac{\partial V}{\partial X_k} = -X_k f_k(X_k) \prod_{i=1}^{k-1} P_i + f_k(X_k) \sum_{j=k+1}^N b_j \prod_{i \neq k}^{j-1} P_i = 0 \cdots\cdots\cdots (23.34)$$
$$\therefore X_k = \sum_{j=k+1}^N b_j \prod_{i=k+1}^{j-1} P_i \cdots\cdots\cdots\cdots\cdots\cdots\cdots\cdots\cdots\cdots (23.35)$$

注文の取消しを考えるときは，寿命を考えたモデルと同様に，最終期限において再受注を行なうものとして，注文取消しに伴う賠償を0とする．第 k 日に受注してから取消しになるまでの日数 ν の確率密度関数を $g_k(\nu)$ とすると，最終期限までに取消しとなる確率（再受注の確率）は，
$$Q_k = \sum_{\nu=1}^{N-1} g_k(\nu) \cdots\cdots\cdots\cdots\cdots\cdots\cdots\cdots\cdots\cdots\cdots\cdots\cdots (23.36)$$
再受注価格の期待値を b_N とすると，第 k 日における期待受注価格は，

$$b_k^* = b_k + b_N Q_k (1 - P_k) \cdots\cdots\cdots\cdots\cdots\cdots\cdots\cdots\cdots\cdots\cdots (23.37)$$

したがって第 k 日における受注限界価格は,

$$X_k = \sum_{j=k+1}^{N} b_j \prod_{i=k+1}^{j-1} P_i - b_N Q_k \cdots\cdots\cdots\cdots\cdots\cdots\cdots\cdots\cdots (23.38)$$

となる.

例23.2

受注問題としてのモデルにおいて, 受注の取消しがない場合, すなわち $Q_k = 0$ $(k=1, 2, \cdots, N)$ として, 受注価格 x がいつも $1000 \leqq x \leqq 1200$ 円において一様に分布する場合, すなわち $f_k(x) = f(x) = 1/200$ $(k=1, 2, \cdots, N)$ として, 受注限界価格 X_k $(k=1, 2, \cdots, N-1)$ を求めよう.

第 N 日の期待受注価格は, 式 (23.31) より $b_N = E[x] = 1100$

第 $N-1$ 日の受注限界価格は, 式 (23.35) より $X_{N-1} = b_N = 1100$ 円

第 $N-2$ 日の受注見送り確率は, 式 (23.30) より

$$P_{N-1} = 1 - \int_{1100}^{1200} (1/200) \, dx = \int_{1000}^{1100} (1/200) \, dx = 0.50$$

同様にして式 (23.31) より $b_{N-1} = \int_{1100}^{1200} (x/200) \, dx = 575$

第 $N-2$ 日の受注限界価格は, 式 (23.35) より

$$X_{N-2} = b_{N-1} + b_N P_{N-1} = 575 + 1100 \times 0.50 = 1125 \text{ 円}$$

式 (23.30) より $P_{N-2} = \int_{1000}^{1125} (1/200) \, dx = 0.625$

式 (23.31) より $b_{N-2} = \int_{1125}^{1200} (x/200) \, dx = 436$

第 $N-3$ 日の受注限界価格は, 式 (23.35) より

$$X_{N-3} = b_{N-2} + b_{N-1} P_{N-2} + b_N P_{N-2} P_{N-1} = 1139 \text{ 円}$$

以下同様にして $X_{N-4}, X_{N-5}, \cdots$ が求められる.

(9) その他のモデル

価格がランダムに変動する商品の最適購入計画と最適受注計画について述べたが, このようなモデルは, 投機モデル, 取替モデル, 在庫モデル, 配分モデル等にも適用されるものである.

文　献

1) R. H. Thaler : The Winner's Curse (Paradoxes and Anomalles of Economic Life), The Free Press, a division of Simon & Schustre, Inc. (1992) ; 篠原　勝　訳：市場と感情の経済学 (勝者の呪いはなぜ起きるのか), ダイヤモンド社 (1998).
2) たとえば, F. B. Hildebrand : Advance Calculus for Application, Maruzen Asian Edition (1963) p. 81
3) たとえば, 日本機械学会編：振動・騒音計測技術 第5章, 朝倉書店 (1985).
4) 下郷・田島：振動学 第2章, コロナ社 (2002).
5) H. W. Liepmann : On the Application of Statistical Concepts to the Buffeting Problem, J. Aero. Sci., 19 (1952) p. 793.
6) Y. C. Fung : An Introduction to the Theory of Aeroelasticity, Wiley (1955) p. 296.
7) N. T. J. Bailey : The Elements of Stochastic Processes with applications to the natural sciences, John Wiley & Sons, Inc., 2 nd ed. (1965) p. 47.
8) 文献 7), p. 33.
9) たとえば, E. クライツィグ, (田島一郎・近藤二郎 訳)：技術者のための高等数学 第3巻, 培風館 (1965) p. 23. または, 文献 2), p. 596.
10) T. T. Soong : Random Differential Equations in Science and Engineering, Academic Press (1973) p. 200.
11) 文献 7), p. 87.

索　引

あ　行

アベイラビリティ ･･･････････････ 188
安全係数 ････････････････････････ 171
rms 値 ･･････････････････････････ 42
r‐out‐of‐n system ････････････ 182
位置母数 ････････････････････････ 177
一様マルコフ連鎖 ････････････････ 104
インパルス応答 ･･････････････････ 82
ウィーナ過程 ････････････････････ 126
ウィーナ・ヒンチンの式 ････････････ 74
エルゴード過程 ･･････････････････ 69
往来密度 ････････････････････････ 151
オペレーションズリサーチ ･･･････ 150
温度伝導率 ･･････････････････････ 128

か　行

回帰直線 ････････････････････････ 45
ガウス分布 ･･････････････････････ 59
拡散過程 ･･････････････････ 115, 116
拡散係数 ････････････････････････ 128
拡大システム ････････････････････ 132
確率 ･･････････････････････････ 3, 13
確率重みつき平均値 ･･････････････ 40
確率過程 ････････････････････････ 66
確率関数 ････････････････････････ 12
確率行列 ････････････････････････ 105
確率の流量 ･･････････････････････ 123
確率微分方程式 ･･････････････････ 125
確率変数 ････････････････････････ 26
確率母関数 ･･････････････････････ 49

確率保存方程式 ･･････････････････ 123
確率密度関数 ････････････････････ 29
確率論 ･･････････････････････････ 4
加速係数 ････････････････････････ 176
加速試験 ････････････････････････ 176
可測条件 ････････････････････････ 26
偏り ･･････････････････････ 111, 116
偏り誤差 ････････････････････････ 27
可附番集合 ･･････････････････････ 7
加法的集合族 ････････････････････ 14
可約 ････････････････････････････ 106
ガンマ分布 ･･････････････････････ 180
期待値 ･･････････････････････････ 40
既約 ････････････････････････････ 106
吸収状態 ････････････････････････ 107
吸収壁 ･･････････････････････ 108, 123
キュムラント ････････････････････ 42
共分散 ･･････････････････････････ 44
極限分布 ････････････････････････ 105
偶然誤差 ････････････････････････ 27
偶発故障 ････････････････････････ 58
経験的確率 ･･････････････････････ 4
形状母数 ････････････････････････ 177
系統誤差 ････････････････････････ 27
高速フーリエ変換 ････････････････ 72
誤差関数 ････････････････････････ 61
故障 ･･････････････････････ 37, 107
故障間平均時間 MTBF ････････････ 188
故障率 ･･････････････････････････ 57
コヒーレンス関数 ････････････････ 80
コルモゴロフの後退方程式 ･･･････ 123

コルモゴロフの前進方程式 122

さ　行

最頻値 42
時間平均 69
自己相関関数 68
自己相関係数 68
事後保全 188
事象空間 12
二乗平均値 42
指数分布 58
システム 82
尺度母数 177
集合 7
集合関数 11
集合族 7
集合の演算 7
集合の理論 7
集合平均 69
周波数応答 82
修復 107
修復率 187
出力 82
純粋ランダム 76
条件つき確率 21
冗長性 184
初期故障 58
初期分布 104
初通過問題 157
信頼度 20, 37
推移確率 104
推移行列 105
酔歩モデル 111
数学的確率 3
スタイリング (Stirling) の近似式 20

ストローハル数 90
正確さ 27
正規分布 59
成形フィルタ 131
精密さ 27
制約のあるモデル 111
制約のないモデル 111
絶対確率 104
摂動法 97
線形出生過程 142
先見的確率 3
相関係数 44
相互スペクトル密度関数 78
相互相関係数 69

た　行

第1次近似解 101
待機系 184
対称モデル 111
対数正規分布 177
大数の法則 47
たたみこみ積分 32
単位インパルス関数 29
単純事象 12
単純死滅過程 146
単純出生過程 141, 142
単純出生死滅過程 147
弾性壁 112
中央値 41
中心極限定理 59
超幾何分布 20
直列系 20, 38
定常確率過程 69
点関数 11
等価減衰係数 98

等価線形化法 …………………… 97
等価疲れ応力 ………………… 165
等価ばね定数 …………………… 98
統計的確率 ……………………… 4
動作可能時間 ………………… 188
動作不可能時間 ……………… 188
同時分布関数 …………………… 31
同時密度関数 …………………… 31
等出現性 ………………………… 3
桃色雑音 ………………………… 76
とがり度 ………………………… 43
特性関数 ………………………… 47
独立 …………………………… 17
突発事故 ……………………… 157
トレードオフ …………………… 89

な 行

二項分布 ………………………… 51
入力 …………………………… 82

は 行

排反事象 ………………………… 13
白色雑音 ………………………… 76
パワースペクトル密度関数 …… 72
汎関数 ………………………… 12
反射壁 ………………… 111, 123
非可附番集合 …………………… 7
ひずみ度 ……………………… 43
非線形システム ……………… 97
非マルコフ過程 ……………… 103
標準偏差 ……………………… 42
標本 …………………………… 63
標本関数 ……………………… 66
標本空間 ……………………… 12
標本点 ………………………… 12

フォッカー・プランク方程式
　　　………… 122, 123, 127
負荷・強度モデル …………… 170
複合事象 ……………………… 12
分散 …………………………… 42
分布関数 ……………………… 28
平均修復時間 MTTR ………… 187
平均値 …………………… 40, 41
閉集合 ………………………… 106
並列系 ………………………… 38
ベイズ（Bayes）の定理 ……… 21
変動係数 ……………………… 43
ポアソン過程 ………………… 55
ポアソン分布 ………………… 55
母集団 ………………………… 63
保全系 ………………………… 186
保全度 ………………………… 186

ま 行

待ち行列過程 ………………… 150
摩耗故障 ……………………… 58
マルコフ過程 ………………… 103
マルコフ性 …………………… 103
マルコフ連鎖 ………………… 103
密度関数 ……………………… 29
無限集合 ……………………… 7
モーメント …………………… 41
モーメント方程式 …………… 134
モーメント母関数 …………… 49
モンテカルロ法 ……………… 155

や 行

有限集合 ……………………… 7
有色雑音 ……………………… 131
ユール・ファーリ分布 ……… 143

予防保全 ・・・・・・・・・・・・・・・・・・・・・・ 188

ら　行

乱流の規模 ・・・・・・・・・・・・・・・・・・・・ 91
乱流のパワースペクトル密度 ・・・・・・・ 91
離散的標本空間 ・・・・・・・・・・・・・・・・・・ 12
累積被害 ・・・・・・・・・・・・・・・・・・・・・・ 165
累積分布関数 ・・・・・・・・・・・・・・・・・・・ 28

レイリー分布 ・・・・・・・・・・・・・・・・・・ 162
劣化故障 ・・・・・・・・・・・・・・・・・・・・・・ 158
連続的標本空間 ・・・・・・・・・・・・・・・・・・ 12

わ　行

ワイブル確率紙 ・・・・・・・・・・・・・・・・ 178
ワイブル分布 ・・・・・・・・・・・・・・・・・・ 177

著者略歴

下郷太郎（しもごうたろう）

1929年	東京で生まれる
1954年	慶應義塾大学工学部機械工学科卒業
1965年	工学博士
1965年	早稲田大学大学院講師（不規則振動論）
1972年	慶應義塾大学教授（機械工学科）
1986年	中国・上海交通大学顧問教授
1986年	中国・東北大学名誉教授
1986年	東京大学大学院講師（確率論応用）
1991年	日本工学アカデミー会員
1993年	神奈川工科大学教授（機械工学科）
1994年	慶應義塾大学名誉教授
1994年	日本機械学会名誉員

JCLS 〈㈱日本著作出版権管理システム委託出版物〉

2003　　　　2003年9月24日　第1版発行

これだけは知っておきたい
機械屋の確率論

著者との申し合せにより検印省略

Ⓒ著作権所有

本体 3400 円

著　作　者	下　郷　太　郎
発　行　者	株式会社　養　賢　堂 代　表　者　及　川　清
印　刷　者	株式会社　精　興　社 責　任　者　青　木　宏　至

発　行　所　〒113-0033 東京都文京区本郷5丁目30番15号
株式会社 養賢堂
TEL 東京(03)3814-0911　振替00120-7-25700
FAX 東京(03)3812-2615
URL http://www.yokendo.com/

ISBN4-8425-0351-3 C3053

PRINTED IN JAPAN　　　製本所　板倉製本印刷株式会社

本書の無断複写は、著作権法上での例外を除き、禁じられています。
本書は、㈱日本著作出版権管理システム（JCLS）への委託出版物です。本書を複写される場合は、そのつど㈱日本著作出版権管理システム（電話03-3817-5670、FAX03-3815-8199）の許諾を得てください。